Philosophen haben keine Hunde

Vera Biber

Philosophen haben keine Hunde

Hund und Pferd mit Gefühl verstehen
Eine Streitschrift

F&O

Impressum

Bibliografische Informationen der Deutschen Nationalbibliothek
Die Deutsche Nationalbibliothek verzeichnet diese Publikation
in der Deutschen Nationalbibliografie;
detaillierte bibliografische Daten sind im Internet über
http://dnb.d-nb.de abrufbar.

ISBN: 978-3-95693-061-4

Abbildungsnachweis: alle Fotos © Dr. Vera Biber

Grafisches Gesamtkonzept, Titelgestaltung, Satz und Layout: Stefan Berndt

www.fredundotto.de

Freundschaft: www.facebook.com/fredundotto

Inhalt

Einführung

Philosophen haben keine Hunde. Und wenn, dann haben sie bisher wenige Gedanken und Beobachtungen an ihre vierbeinigen Begleiter verschwendet.

Beim Studium philosophischer Schriften bin ich, die ich mich als Interessenvertreterin der Tiere verstehe, immer wieder auf Behauptungen gestoßen, die meinen Widerspruch gereizt haben, wie: Tiere können nicht denken. Tiere folgen nur ihrem Instinkt. Nur der Mensch ist zur Logik fähig. Er ist das auserkoren intelligenteste Wesen auf diesem Planeten. Ist er das wirklich?

Auch Säuglinge sind Menschen und haben nachweislich weniger Fähigkeiten als jedes Fohlen. Ab wann ist der Mensch ein Mensch? Nun könnte man einwenden, die Philosophie sei ja nur für menschliches Verständnis geschaffen. Aber eigentlich wäre es ja ihre Aufgabe, die Welt in ihren Zusammenhängen zu erklären, auch die Tierwelt mit einzuschließen. Aber sie schließt ja sogar die Hälfte der Menschheit aus. Philosophie als männliches Resort erhebt Anspruch auf Allgemeingültigkeit, des objektiven Wissens, der ewigen Wahrheit und wähnt sich der geschlechtsspezifischen Perspektive enthoben. Nur Männer denken.[163] Kommen die Philosophen näher an die ultimative Wahrheit als alle anderen, wenn sie für sie uninteressante Lebensbereiche ausschließen? Wissenschaft und Philosophie sollte sogar das in ihren Zuständigkeitsbereich aufnehmen, was nicht zu verstehen oder erklärbar ist.[171] Nur sehr zögerlich schließen sie die Tierwelt mit ein. Die Human-Animal-Studies, die in den Geisteswissenschaften seit einiger Zeit populär geworden sind, sind ein Zeichen dafür, sowie das Einstein Forum, das sich mit Tierethik befasst. Es geht um Tierrechte und Menschenpflichten.

Ich bin seit Kindesbeinen mit Tieren aufgewachsen, eng privat und beruflich-therapeutisch mit ihnen verbunden und bilde mir sogar ein, in gewissem Sinne ihre Sprache zu verstehen.

Schon der Arzt und Philosoph Paracelsus war der Meinung: „Wer die Philosophie nicht studiert hat, der gibt einen Arzt ab wie ein Kaminfeger einen Bäckerknecht.“ Aber Ärzte sind froh, dass sie nicht als Philosophen gefordert sind, die den Geist seit Jahrhunderten zu definieren versuchen. Sie sezieren lieber das Gehirn als Körperorgan bei Mensch und Tier.[131] Der zeitgenössische Philosoph M. Rowland kritisiert seine eigene Zunft, die sich immer noch nicht einig ist, ob Tiere einen Verstand haben, ob sie denken, schlussfolgern oder fühlen. Für die Beantwortung dieser Fragen sollten diese Leute eine Zeitlang ihre Nasen nicht in Bücher stecken, sondern besser einen Hund erziehen.[65]

Philosophen haben aber, wie selbst der moderne Philosoph Bernulf Kanitscheider zugibt, selten Interesse an Naturwissenschaft, um denn die Denkfähigkeit verschiedener Wesen auf anderem Wege zu erforschen. Schon der Verhaltensforscher Vitus Dröscher schrieb, dass die Einstellung von Philosophen zu Tieren seit je durch Ignoranz und Ahnungslosigkeit gekennzeichnet war, weil sie Tieren bestimmte Leistungen einfach rundweg absprechen.[132] Dabei umfasst die Natur das größte und reichste Philosophiebuch, das wir haben, zudem noch so umfangreich, dass kein Mensch es sich auszudenken je in der Lage wäre. Es wird allerdings nicht mit Denkakrobatik gelesen, sondern durch achtsames Hinschauen. Auch Religion und Spiritualität haben sich nicht besonders mit dem Befassen von Tieren hervorgetan. Ein umfassendes Weltbild ergibt sich aber nur, wenn Praxis und Empirie, Intuition und Theorie verschiedenster Einzelfachrichtungen zusammenfinden. Naturwissenschaft und Medizin bauen immer noch, obwohl von der Physik längst erweitert, auf dem einfachen Kausalitätsprinzip auf und verpflanzen kleine Ausschnitte in Laboratorien und Chemiefabriken. Die Psychologen und Psychotherapeuten beschäftigen sich mit der Seele oder was sie darunter verstehen, sozusagen als Software-Problem, die Neurowissenschaftler mit der physiologischen Funktion des Körperteils Hirn als Hardware-Problem, und die Philosophen mit den geistigen Vorgängen darin, leider nur im Menschen. Aber aus Rivalität und gegenseitigem Unverständnis durch Benutzung unterschiedlicher Begriffe über das gleiche Thema reden sie alle kaum miteinander. Naturwissenschaftler glauben an Bilder und Graphiken, Geisteswissenschaftler an Worte. Die Philosophie ist bisher eine höchstens halbherzige Synthese mit der Naturwissenschaft eingegangen, in der Hauptsache mit der Physik. Um unser Hirn kümmern sich Psychologen, Physiologen, Neurologen, Radiologen, Informatiker, Psychiater und Physiker in ihren isolierten Wissensschubladen. Der Philosoph Richard David Precht bemängelt, dass die verschiedenen universitären Disziplinen es bisher nicht sonderlich gut schaffen, bei der Frage des Lehrens und Lernens zusammenzuarbeiten. Zu groß seien die Vorbehalte vieler Pädagogen gegenüber der Biologie, wie umgekehrt viele Neurobiologen keine schmeichelhafte Einschätzung von Geistes- und Erziehungswissenschaftlern hätten.

Wir haben zu viel Spezialistenwissen, aber dabei den Blick für das Ganze, die synthetische Gesamtschau, verloren. Fachleute schauen oft nicht über den Tellerrand ihrer eigenen Disziplin hinaus. Denn weder ist alles seelisch-geistig, noch alles reparierbare Materie. Es gibt viele Religionen, aber nur eine Wissenschaft, die sich einbildet, das alleinige Primat auf Wahrheit zu haben.[79]

Der kritische Journalist Horst Stern formulierte es so: „Ein Spezialist ist ein Mensch, der von immer weniger immer mehr weiß, bis er schließlich von gar nichts mehr alles weiß.“[108] Aber schon der französische Philosoph Voltaire befand: „Ärzte geben Medikamente, über die sie wenig wissen, in Menschenleiber, über die sie noch weniger wissen, zur Behandlung von Krankheiten, über die sie überhaupt nichts wissen.“ Oder der britische Autor Aldous Huxley: „Die Medizin ist soweit fortgeschritten, dass niemand mehr gesund ist.“ Es ist wie der Blick durchs Teleskop: Von weniger mehr sehen! Aber je genauer wir den kleinen Ausschnitt kennen, desto ungenauer erfassen wir das große Drumherum. Beides gleichzeitig geht nicht. Je genauer ein Parameter bestimmt werden soll, desto unbestimmter wird dadurch ein anderer Parameter. Ich kann nicht im gleichen Moment zoomen und Weitwinkel einstellen. Beides ist möglich, aber nicht zur gleichen Zeit. Aber ich kann grundsätzlich für fokussierte und weit offene Wahrnehmung empfänglich sein, Details beachten, aber den Blick fürs große Ganze nicht verlorengehen lassen. Nur so lassen sich größere Zusammenhänge erkennen. Die reduktionistische Wissenschaft will Ganzheiten anhand kleiner und kleinster Teile erklären. Was nicht ins Bild passt, wird kaum erforscht.

Jedoch waren nicht immer die Musen von der Theorie getrennt. Noch im 18. Jahrhundert waren Denk-Kunst und Wissenschaft eng miteinander verbunden.[13] Große Geister wie Leonardo da Vinci waren zugleich Anatomen und Maler, so wie Goethe Anatom und Dichter war. Der Arzt, Philosoph und Zoologieprofessor Ernst Haeckel verband in seinen Darstellungen die ästhetische Schönheit der Pflanzen und Tiere mit wissenschaftlicher Genauigkeit. Eine Maria Sybilla Merian stand ihm da in nichts nach. Alexander v. Humboldt, nicht nur Geologe, Botaniker und Klimatologe, sparte in seinen genialen global vergleichenden Naturforschungen nicht mit Beschreibungen seiner gefühlsmäßigen eigenen Eindrücke, wie: wundervoll, malerisch, voller Lebensfülle, organisch kraftvoll. Seine Naturschilderungen sollten nicht nur beschreiben, sondern, wie er selber sagt, dem Gemüte einen Genuss der edelsten Art verschaffen. „Das geheimnisvolle In-einander-Wirken des Sinnlichen und Außersinnlichen gibt dem Naturstudium (...) einen eigenen, noch dazu wenig erkannten Reiz.“[138]

Erst während des 19. Jahrhunderts schieden sich die schönen Künste von der Wissenschaft. Von da an musste ein ernsthaftes wissenschaftliches Werk langweilig, nüchtern, seelenlos und technisch-methodisch abschreckend wirken. Die Synthese von Natur- und Geisteswissenschaften ist für ein tieferes Weltverständnis aber unerlässlich. Die Wissenschaft ist nur *ein* gangbarer Weg auf der Suche nach Erkenntnis. Ihr Geltungsanspruch beruft sich nur auf die materielle Realität, die lediglich in einer riesigen Ansammlung von Erklärungsmodellen beschrieben wird. Sie ist außerdem viel weniger objektiv als in ihrer jeweiligen Zeit angenommen. Im Gegenteil beruft sie sich allenthalben auf indirekte Beweise und baut ganze Weltbilder auf Hypothesen auf, die, je öfter sie wiederholt werden, dann fälschlicherweise als bewiesene Wahrheiten gelten. Oder es wird die für wahr gehalten, deren Verfechter den größeren ökonomischen Ehrgeiz beweist.

Methoden müssen nicht automatisch richtig sein, nur weil sie allgemein angewandt und akzeptiert sind. Im 20. Jahrhundert fing man an, wissenschaftlich zu belegen, dass Pulvermilch für Säuglinge besser als Muttermilch sei, denn Rentabilitätserwägungen verbanden sich mit immer mehr Forschungsthemen. Inzwischen, mit immer mehr neurodermitischen, allergischen und hyperaktiven Kindern, könnte uns jedoch so langsam gedämmert sein, dass doch wohl die Natur den besten Weg weiß. Ähnliches kann man auch über Industriefutter für unsere Tiere sagen. Wenn wir der Natur die Arbeit abnehmen wollen, um alles besser kontrollieren und geldwert ausschlachten zu können, werden wir selber dabei immer mechanisierter, fremdbestimmter, steuerbarer, unlebendiger und unfreier. Die Überzeugungen von heute sind nämlich die Irrtümer von morgen. Wissenschaft wird mit Gewissheit verwechselt. Wissenschaft will wissen und beweisen. Doch weise ist sie nicht. Der Mensch sucht die Wahrheit neben der Philosophie, auch in der Religion, der Kunst, der Psychologie. Oder doch lieber im Wein?[3]

Als klassischer Bildungsbereich gilt bis heute die Geisteswissenschaft. Akademiker punkten gerne mit Literatur und Geschichte. Sie halten strengen, sterilen Intellektualismus irrtümlich für einen Beweis von Vernunft und Bildung. Naturwissenschaft gilt ihnen aber nicht als Allgemeinwissen. Im Gegenteil entsetzt es mich immer wieder, wie wenig sich befreundete Studienräte und andere sogenannte Gebildete für Zusammenhänge und Vorgänge in ihrem eigenen Körper interessieren und wie wenig sie darüber wissen.

Aber selbst bei Menschen, die keine Schreibtischtäter sind, die sogar oft selbst Hunde und Pferde, ja sogar einen höheren Bildungsstand vorweisen, sehe ich oft eine große Unkenntnis der Wesensarten ihrer vierbeinigen Besitztümer. Und mehr noch: Einfach kein Wahrnehmen von unnatürlichem Benehmen, von Verletzungen, von Leiden, von ungesunder Haltung. Wen wundert's, wenn schon dem eigenen Arztbericht oder der eigenen Ernährung kaum Interesse entgegengebracht wird.

Messen wir unsere Freundschaft zu Tieren denn nur nach wissenschaftlich festgestelltem Hirngewicht? Viele Menschen sehen Hunde und Pferde nur als rangniedere Gruppenmitglieder, die nicht selber denken können. Sie glauben, alles vollständig für ihre Tiere besorgen zu müssen. Vierbeiner dürfen nichts mehr ohne ausdrückliche Aufforderung und tun wie Roboter und Menschen Dienst nach Vorschrift. Man greift in das unerwünschte Sexualverhalten der Haustiere ein und nimmt ihnen sogar den eigenen Akt der Vermehrung ab und ersetzt ihn durch Plastikspritzen. Eigentlich müssten ja nur genug Leckerlis hineingeworfen werden, damit sie ein paar Tricks und unsere Nähe ertragen lernen, um unser Bedürfnis nach warmem Körperkontakt zu befriedigen, wenn sie sich streicheln lassen. Weiches Fell als lebendige Knautschzone. Sind Tiere wirklich so einfach gestrickt? Für Futter tun sie alles? Ermöglicht die Erforschung der Struktur und Physiologie des Gehirns eine Aufklärung über Bewusstseinsvorgänge beim Menschen oder beim Tier? Moderne Verhaltensforschung sollte in Erkenntnisse umgesetzt werden, Erkenntnisse in Veränderungen des Handelns. Aber sie befasst sich lieber mit Formeln. Wissen kann unbequem sein, wenn wir Gewohntes und liebgewonnene Meinungen überdenken und vielleicht sogar über Bord werfen sollen. Dann ziehen es eben doch viele vor, sich im Umgang mit Tieren zwischen den Extremen Abschlachten oder Abknutschen zu bewegen.

Equus caballus und Canis familiaris sind die engsten Partner des Menschen, die sich in einer für sie nicht zugeschnittenen Welt zurechtfinden müssen. Eine Welt, mit der sie auf Grund ihrer Instinkte allzu oft Probleme haben. Andererseits kommen Menschen mit deren natürlichen Reaktionen häufig auch schwer zurecht. Immer mehr Leute mit immer weniger Erfahrung kaufen sich ein Ross. Vierbeinern werden oft Aufgaben gestellt, die nicht aus ihrem ursprünglichen Umfeld stammen. Gleichzeitig setzt der Mensch große emotionale Erwartungen in sie. Werden diese nicht erfüllt, ist der Weg ins Tierheim oder Schlachthaus oft vorprogrammiert. Ursache ist der erschreckend weit verbreitete Mangel an Kenntnissen der Fähigkeiten und Bedürfnisse dieser Tiere. Sensibilität für tierisches Empfinden ging oftmals durch den ökonomischen Blick verloren.

Stellen Sie sich vor, Sie würden in eine Welt von dinosaurierartigen Riesen versetzt, denen sie gerade mal bis zum Knie reichen, und Sie müssten immer den Kopf heben, um überhaupt Blickkontakt aufzunehmen. Die hätten eine völlig andere Sprache, fremde Bewegungsabläufe und seltsame Essgewohnheiten, deren Regeln Sie nicht kennen. Ihre erste Reaktion wäre Angst, weil Sie

Mit Pferden und Hunden leben

Rettungshund-Einsatz

überhaupt nicht wüssten, was Sie im nächsten Moment erwartet. Sie hätten jetzt die Alternativen fight, flight, freeze or flirt, und würden sich für das Letztere entscheiden und irgendeine Ihnen gemäße Form der Kommunikation versuchen, um sich zu verständigen und zu überleben. So etwa muss man sich die Situation unserer vierbeinigen Hausgenossen vorstellen.

Anliegen dieses Buches soll es sein, Wege der gegenseitigen furchtlosen Interaktion zwischen verschiedenen Spezies zu finden, mit Wissen ***und*** Gefühl.

Im Zusammenleben mit Einhufern und Kaniden müssen alle drei jeweils ihre andersartige Sprache und Spielregeln erlernen, wollen sie sich nicht gegenseitig in Gefahr bringen. Warum sollte es dann gerade dem Menschen, dem man eine viel höhere Lernfähigkeit zuspricht, nicht möglich sein, die Sprache der Tiere richtig zu interpretieren?

Hauswölfe wurden für Wach-, Such-, Verteidigungs-, Hüte- und Treibarbeiten domestiziert und spezialisiert, Pferde für Kriegs-, Arbeits-, Freizeit- und Sportaufgaben. Hunde wurden wegen ihrer guten Nase und die Rösser wegen ihrer Schnelligkeit zur Jagd eingesetzt und ergänzten sich perfekt. Der tierische Jäger verband sich mit dem menschlichen Jäger. Beide Vierbeiner dienten auch als Zug- und Lastentiere, als Notnahrung und heute für die Therapie. Es gibt sogar neben Blindenführhunden Ponys als Blindenführpferde, die man vor allem wegen ihrer längeren Lebensdauer im Verhältnis zur langen Ausbildungszeit schätzt.

Im Allgemeinen haben die Tiere uns aber nicht gewählt. Beide können, im Gegensatz zu anderslautenden Behauptungen, bis heute auch gut ohne uns auskommen, wie man an den streunenden Hunden südlicher Länder oder verwilderten Einhufern verschiedener Kontinente erkennen kann. Aber selbst diese bleiben Gefangene in einer Umwelt, die der Mensch nur zu seinem Nutzen verändert und in die sie sich wohl oder übel einzufügen haben. Andererseits dürfen oder müssen sie an unserem Alltag teilnehmen und kriegen dafür Bälle, Knabbermaterial, Leckerlis, Spielzeug, schmerzhafte Tätowierungen oder Metallteilchen (Indentifikationschips etc.) unter die Haut, Spritzen und Impfpässe. Wenn wir es für opportun erachten, auch gleich noch Pharmaka, die auch noch ihre Psyche gesellschaftskonform anpassen, wenn sie im Einzelfall nicht als seelische Prothese für den Menschen taugen. Die chemische Steuerung des Verhaltens dient aber lediglich der Bequemlichkeit des Halters. Tabletten heilen nämlich niemals seelische Defizite, auch wenn die Schulmedizin es immer wieder versucht. Haltungsfehler sind nicht durch Medikamente zu beheben. Die Umwelt, einschließlich Ernährung, wird kaum berücksichtigt. Konsumwahn, Vorsorgekult, Luxusindustrie, Wellnesstrends, Registrierungswut, Pillenkultur und Verschreibungsfreudigkeit werden vom Menschen auf Haustiere übertragen. Glücklich machen wir sie damit nicht.

Im Zusammensein mit uns sind die meisten dieser Tiere arbeitslos und sie leiden darunter ähnlich wie der Mensch. Wir möchten Gehorsam und Wohlverhalten beim täglichen Umgang. Fehlverhalten unseres vierbeinigen Sozialpartners wird allein vom Menschen definiert. Wir legen bei Tieren immer rein menschliche Maßstäbe an. Manche Tiere sind aber auch kolossal überfordert bei Wettkämpfen und dem Training. Die haben zwar Arbeit, dafür oft inklusive Prügelstrafe. Richtig ausgebildet können Pferde und Hunde aber zu leidenschaftlichen Working oder sogar Workaholic Animals werden, die unserem leider nicht immer ehrenwerten Ansinnen bis zur Selbstaufgabe freiwillig nachkommen. Schließlich ist es nicht möglich, einen Vierbeiner zu guten, selbständigen Leistungen zu zwingen, weder beim Cutting, noch beim Pferderennen und auch nicht beim Schafehüten. Wir sollten ihnen dafür dankbar sein.

Unverständnis schließt erstaunlicherweise die Liebe des Halters nicht aus. Tierquälerei entsteht in der Regel nicht aus reiner Böswilligkeit, sondern aus Ignoranz oder Unkenntnis der tierischen Bedürfnisse, ihrer Gefühle – und ihres Seelenlebens, jawohl.

Statt immer neuer Gesetze, Dokumente hier und Nachweise dort, die Tierhalter zunehmend beschneiden und ihnen bürokratische Unzumutbarkeiten aufbürden, Tiere immer noch mehr einengen, brauchen wir mehr Wissen, mehr Aufklärung, mehr Einfühlungsvermögen, mehr individuelles Eingehen auf die Voraussetzungen des Einzeltieres, wozu ich mit diesem Buch beitragen möchte.

In den meisten Ländern der Welt gibt es nicht so viele Registrierungen für Menschen wie bei uns für Tiere. Merkwürdigerweise gibt es aber keinen Sachkundenachweis für Halter von Cites-Exoten, auch keine allgemeine Meldepflicht für die Haltung giftiger oder gefährlicher Tiere, obwohl diese viel mehr Kenntnisse erfordern als Hunde.

Tierschutzgesetz §1: „Niemand darf einem Tier ohne vernünftigen Grund Schmerzen oder Schäden zufügen." Was aber ist ein vernünftiger Grund? Durch zu viele Unterlagenprüfungen und Checklisten besteht die Gefahr, dass sich die Dinge verschlechtern und es niemand merkt, weil nur der Papierkram kontrolliert und das lebendige Tier aus den Augen verloren wird.[38] Regelungswut ersetzt hierbei die Eigenverantwortung.

Der §2 des Tierschutzgesetzes mahnt artgerechte Haltung an. Ist eine Box artgerecht? Ein Stück Eisen im Maul? 40 Impfungen in einem Pferdeleben?[44] Metallteilchen unter die Haut? Gerade Gesetze erschweren immer mehr die wesensgemäße Haltung wie naturgemäße Draußenhaltung, Freilauf, Naturfutter etc. und sind zuweilen sogar tierschutzwidrig. Erst seit kurzem fragen Tiergenetiker nach der Verantwortung der Züchter für ihre Qualzuchten. Man fragt sich, wieso es trotz dieser vielen Vorschriften so viel Tierelend gibt. Jede Tomate unterliegt gesetzlich einer besseren Qualitätssicherung als die Zucht und die Futtermittel unserer vierbeinigen Freunde. Von Kindern ganz zu schweigen, die sich jeder ohne Führungszeugnisqualitäten zulegen darf.

Zu viele Gesetze untergraben jedoch die individuelle Verantwortlichkeit und die Flexibilität im Einzelfall. Wir meinen, uns mit Gesetzen und Versicherungen zu schützen, gleichzeitig fühlen wir uns aber ständig von Krankheiten bedroht. Mit immer mehr Regelungen allein lässt sich eine tierschutzgerechte Tierhaltung jedoch nicht gewährleisten, denn schwarze Schafe wird es auch mit noch so vielen Gesetzen immer geben. Inzwischen gibt es so viele Vorschriften, dass sie sich gegenseitig widersprechen:

Fröhlicher Freilauf der Blindenhunde

Als meine Hündin 10 Welpen geworfen hatte, war sie vom Zuchtverband für ein Jahr gesperrt. Das ist eine gute und richtige Regel, um Hündinnen nicht als Gebärmaschinen zu missbrauchen. Jedoch verlor ich dadurch meinen steuerlichen Status als Züchter, der jährlich mindestens einen Wurf vorschreibt. Meine andere Hündin war aber noch nicht im vorgeschriebenen, zuchtfähigen Alter.

Immer neue Gesetze erhöhen auch nicht immer mehr den bürgerlichen Gehorsam. Der Staat als Schäfer wird zum Wolf. Es ist auch nicht alles per se richtig, was als legal eingestuft wird. Wenn man Politiker mit ihren Vorschlägen hört, stehen einem die Haare zu Berge: In bestimmten Städten sollen Hunde nirgendwo mehr von der Leine dürfen. Es wurde erwogen, das Halten großer Hunde in Städten[30] sowie die Eigenverarbeitung von Rohfleisch für Hunde zu verbieten.[94] Collie, Boxer und Co., die solcherart gebarft werden, dürfen nach Angaben von Gesundheits- und Veterinäramt nicht als Therapiehunde eingesetzt werden.[9] Dabei sind diese erwiesenermaßen gesünder und ausgeglichener. Auch wurde schon der Ruf laut, Blinde sollten keine Führhunde mehr halten dürfen, weil die armen Viecher ja ständig in Arbeit seien.[35, 58] Was natürlich

Quatsch ist, denn selbstverständlich haben auch diese Hunde Auslauf und Freizeit, ich kenne mich da aus! Aus Tierschutzgründen (sic!) sollten alte Leute sich keine Hunde mehr anschaffen dürfen! Dabei wird übersehen, dass Menschen ab 60 Jahren statistisch mit 26 Prozent die Altersgruppe sind, die die meisten Hunde hält und die am meisten Zeit für sie haben. Beamte und Politiker haben keine Hunde, sonst wüssten sie es besser, und alt fühlen sie sich anscheinend sowieso nie.

Was mir auch noch auffiel: Krankheiten und Defizite von Mensch, Hund und Pferd ähneln sich und haben sehr oft die gleichen Ursachen und erschreckende Parallelen. Wie der Herr, so 's Gscherr! Darauf möchte ich in Kapitel 5 eingehen. Bei allen drei Spezies haben wir eine Zunahme an Zivilisationskrankheiten wie Übergewicht, Essstörungen, Diabetes, Unverträglichkeiten, Allergien, Stoffwechselentgleisungen, Krebs, Haut- und Autoimmunkrankheiten sowie Verhaltensprobleme durch Störungen der Gehirnphysiologie. Auch die Ursachen sind die gleichen: Zu viel Umweltbelastung, zu wenig Bewegung an frischer Luft, denaturierte Nahrung, die den Vitalstoffbedarf nicht mehr deckt. Die Giftküche der Schulmedizin sollte ich aus diplomatischen Gründen hier lieber unerwähnt sein lassen. Viele Menschen und Tiere essen sich krank. Jeder Mensch hat das Recht auf seinen eigenen Suizid. Haustiere aber sind unserer Verantwortung unterstellt und haben meist keine Wahl. Alle genannten Faktoren verändern die Darmflora negativ, die wiederum für 80 Prozent der Immunabwehr zuständig ist. Die wird immer mehr überfordert. Heutige Lebensweisen stehen nicht mehr im Einklang mit der genetischen Ausrüstung, nicht bei uns und nicht bei unseren Tieren. Und die Patienten werden immer jünger.

Fast alle Pferdehalter haben auch Hunde. Deshalb möchte ich mich in diesem Buch in der Hauptsache auf diese beiden Tierarten in meinen Beispielen beschränken, weil sie, Katzen ausgenommen, am engsten mit uns Menschen verbunden sind. Nur-Hundehalter mögen einwenden, dass uns aber der Hund nähersteht. Dabei wissen sie vielleicht nicht, dass die Lieblingspferde bei den Beduinen, wie ihre besten Hunde, mit im gleichen Zelt schliefen. Mir selbst stehen beide sehr nah und ich habe Hunde und Pferde schon seit Kindesbeinen beobachtet und versorgt, später dann beruflich therapeutisch behandelt. Bis heute gehe ich täglich mit ihnen um und habe sie für so manche direkten Erkenntnisse dieses Buches selbst vor Augen. Das trifft natürlich auch auf meine anderen Tiere zu.

Ein Beispiel: In einer schlauen Zeitschrift las ich, Verhaltensforscher hätten herausgefunden, dass das Teilen-Können das Menschsein ausmache. Tiere teilen nicht, seien immer egoistisch. *Meine Zweifel fühlten sich bestätigt, als ich unseren Hahn beobachtete, wie er seine Hennen zu einem leckeren Bissen rief und ihnen diesen dann auch wie selbstverständlich überließ.* Was soll man also von solchen allgemeinen Statements halten, die sich schon bei mir im Hühnerstall widerlegen? Inzwischen las ich nicht nur bei Wolfsforscher Günther Bloch[30], dass Wölfe, wenn sie einen großen Fressfund gemacht haben, das ganze Rudel dazu einladen, ja sogar Kranken Nahrung bringen und „Brautgeschenke" anschleppen. Eine Wölfin trug über 2 ½ Stunden einen schweren Rehkopf neun Kilometer weit im Schnee zu ihrer verletzten Tochter. Bonobos, die mit uns ebenso nah verwandt sind wie Schimpansen, knüpfen wie Menschen mit kleinen Geschenken neue Freundschaften.[152]

Bei Tierarten wie Schimpansen kann ich andererseits nur wenig Empirisches beisteuern und bin auf Literatur darüber angewiesen. Aber die Anthropologen scheinen mir auch auf einem Auge blind zu sein, die Philosophen auf dem anderen. Schimpansen teilen nämlich ebenfalls[32], geben auch Futter an loyale Freunde.[71] Nicht zu vergessen die Mütter, die das bei allen Säugetierspezies fast immer für ihre Kinder tun. Anthropologen fragen sich, ob sich Nächstenliebe bei der Entwicklung zum Menschen als neue Regung ergeben hat. Was für eine Frage! Dabei kann man Empathie und Freundschaft doch schon bei Wölfen, Pferden, ja sogar bei Hühnern sehen, wenn man genau hinschaut, und das sogar zuweilen speziesübergreifend. Aber Nietzsche meinte, nicht mal das Weib sei zu Freundschaft fähig. Wo haben diese Philosophen nur hingeschaut? Menschlicher Altruismus reicht allerdings meist auch nicht weit über unseren eigenen Verwandtschafts- und Freundeskreis hinaus. Auch Hunde begünstigen in Versuchen eher ihnen bekannte Genossen als fremde.

Welche Gemeinsamkeiten und welche Verschiedenheiten finden wir also zwischen unseren nächstlebenden Vierbeinern im Vergleich mit uns Zweifüßern?

Am Hund lieben wir die familientreue Ergebenheit und seine Loyalität. Am Pferd lieben wir die kraftvolle Ästhetik, Schnelligkeit und Duldsamkeit, Feinfühligkeit und Leistungsbereitschaft bis in den Tod. Wir verstehen sie ohne wissenschaftliches Räsonieren. Alles was wir brauchen, ist Toleranz und Respekt gegenüber dem Andersartigen, dem Fremden im anderen Wesen grundsätzlich. Aber das schaffen wir ja schon kaum bei unserer eigenen Spezies, weil auch die größte Verständnisbereitschaft selbst bei unserem Ehepartner oder Kind irgendwann an Grenzen stößt. Rechtsmediziner sagen: „Es ist normal, wenn Sie manchmal ihr Kind an die Wand klatschen wollen. Es ist nicht normal, wenn Sie es tun." Ähnliches trifft auch auf unsere Haustiere zu. Darauf gehe ich in Kapitel 4 ein.

Jeder Mensch, jedes Tier ist inkarnierte Ausdrucksform schöpferischer Inhalte als Art und als Individuum. Platon sprach von der Ur-Idee aller Dinge. Im kalten Protokoll des äußerlich Beobachtbaren des Wissenschaftlers erschließt sich dieses Wesen nicht. Es zerteilt, misst und teilt ein, zerpflückt. Tiere sind aber keine puren Reaktionsapparate, auch wenn berühmte Philosophen wie René Descartes dies behauptet haben. Es wäre an der Zeit, sein Modell der Leib-Seele-Trennung und die Mensch-Tier-Polarität zu hinterfragen und ad acta zu legen.

Viele besondere innere Kräfte wohnen nämlich in Tieren. Man spricht ihnen außergewöhnliche Sinnesleistungen zu, die alle menschlichen Fähigkeiten weit übertreffen können. Manches, wofür wir sie nicht für fähig halten, können sie durchaus. In manchen Experimenten, selbst kognitiven, können Tiere menschliche Teilnehmer weit übertreffen. Tiere handeln von innen heraus, subjektiv, immer authentisch. Bei ihnen nennen wir es Instinkt, wenn sie einfach das tun, was für sie richtig ist. Wir Menschen müssen dafür zum Psychiater.

Ethnologen, Philosophen, Theologen und Biologen vertraten und vertreten immer noch die Meinung, dass Verstand, Persönlichkeit und Gefühl nur menschliche Attribute seien. Nur der Mensch sei zu Emotionen und zum Denken fähig. Aber erinnern wir uns: Auch Kindern, Frauen, Sklaven und sogenannten primitiven Eingeborenen gestand Mann erst in später Historie einen Verstand zu, und eine Seele schon gar nicht. Philosophen beziehen sich im Allgemeinen einseitig auf den erwachsenen westlich geprägten, weißhäutigen, männlichen Menschen. Kinder und Tiere kommen kaum vor, spezielle menschliche Ethnien auch nicht. Wir reduzieren sämtliche Kulturen auf die Kategorie einer einzigen, nämlich unserer euro-amerikanischen. Wir sollten versuchen, unsere westlich fokussierte Brille abzusetzen und unseren überheblichen Blickwinkel aufzugeben, als ob unsere Denkweise die einzig gültige und wahre sei, der der Rest der Welt sich gefälligst anzupassen, wenn nicht sogar unterzuordnen habe.

Ganz sicher sind wir jedoch nicht die Einzigen, die Schmerz, Verzweiflung, Freude, Trauer und Angst spüren. Es gibt keine klare Grenze zwischen Tier und Mensch. Der Mensch ist auch nicht mehr als ein kluges Tier.[2]

Es gibt inzwischen wissenschaftliche Beweise vielfältiger Emotionen bei unseren felligen Gefährten. Aber ich frage mich: Brauchen wir dafür die

Wissenschaft? Ich brauche die dafür nicht! Ich finde und empfinde genügend Gewissheit über Gefühle bei meinen Tieren, jeden Tag.

Ich zitiere aus der Zeitschrift Dogs: „Früher wurde bestritten, dass Hunde Gefühle haben, die moderne Forschung hat allerdings Gefühle beim Hund längst nachgewiesen.“[93] Sieh an! Oft genug findet die sogenannte Wissenschaft doch nur, was unsere Intuition sowieso schon lange wusste. Namhafte Fachleute kommen zudem oft zu unterschiedlichen, zum Teil sogar widersprüchlichen Ergebnissen. Die meisten Menschen schalten trotzdem ihre eigenen Hirnareale aus, wenn ein sogenannter oder wirklicher Experte Rat erteilt: „Mein Arzt, meine Tierärztin etc. hat aber gesagt ...“ Verabschieden Sie sich vom betreuten Denken! Nur der Einsatz von eigenem Gehirnschmalz macht schlau – und selber die Zügel in die Hand nehmen. Misstrauen Sie allen Büchern, die mit „Alles über ...“ betitelt sind. Ich beschäftige mich seit drei Jahrzehnten mit den Zusammenhängen zwischen Ernährung und Gehirnleistung und das Lernen hört bis heute nicht auf.

Resultate, die die Forschung in Misskredit bringen könnten, die sich nicht wirtschaftlich ausschlachten lassen oder nicht den erwünschten Effekt belegen, werden erst gar nicht veröffentlicht, so interessant oder brisant sie auch sein mögen. Wissenschaft ist nicht unabhängig und deshalb auch nie vollkommen objektiv. Durch Nichterforschung bestimmter Sachverhalte kann man sich gut unliebsame Konkurrenz vom Leibe halten. Andererseits werden riesige Dateien geistiger Trockenfrüchte geschaffen. Revolutionäre Ideen wurden und werden oft genug durch dogmatische Wissenschaftspäpste, interne Machtkämpfe und konservativen Standesdünkel boykottiert und legen dem Fortschritt Fesseln an. Nicht in Englisch verfasste Erkenntnisse werden sogar völlig ignoriert, als ob nur die westliche Hemisphäre Anspruch auf Erkenntnis hätte. Gerade nichtakademische Spezialisten haben aber oft bahnbrechende Aufklärungen geleistet, wie zum Beispiel der Mönch Gregor Mendel oder die Gorillaforscherin Dian Fossey. Die bildliche Darstellung durch Röntgenstrahlen wurde zuerst von anerkannten Wissenschaftlern als Schwindel gebrandmarkt, dann in ihrer Schadenswirkung ein halbes Jahrhundert lang verharmlost. Nicht nur dem Physiker Wilhelm Conrad Röntgen, auch der Feldforscherin Jane Goodall wurden zunächst einfach die fachlichen Qualifikationen abgesprochen. Jean-Baptiste Lamarck, Philosoph der Naturwissenschaft, und der Arzt, Erfinder und Forscher Erasmus Darwin (Großvater von Charles) waren Begründer der Evolutionstheorie. Sie vertrat die Idee der Wechselwirkung von Umwelt und Körper.[69] Sie wurde verlacht

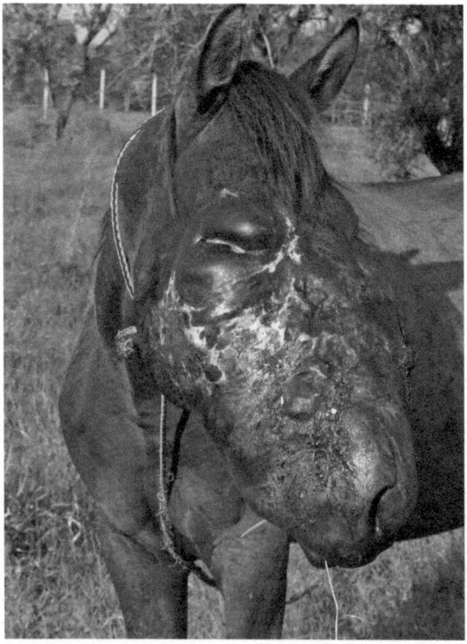

Besitzer wollte Pferd mit Pythiosis nicht erlösen lassen

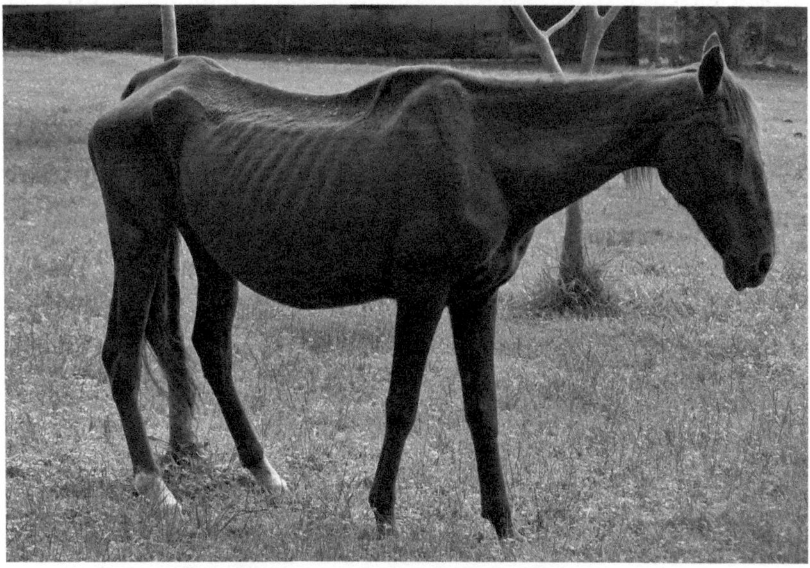

Frage, ob mit 35 Jahren einschläfern

und von Charles Darwins Theorie des Survival of the fittest zwei Jahrhunderte unterdrückt, bis sie durch die epigenetischen Erkenntnisse der Jetztzeit fröhliche Urständ feierte. Ähnliche Beispiele gibt es viele in der naturwissenschaftlichen und Medizin-Geschichte. Etwas muss nämlich nicht zwangsläufig wahr sein, nur weil es in wissenschaftlicher Form präsentiert wurde. Heute ist der Glaube an den Papst auf Wissenschaft und Technik übergegangen. Die Vielfalt der Heilmöglichkeiten wird ignoriert, weil sie, politisch gewollt, nie reproduziert oder randomisiert wurde. So lassen sich manche Heilweisen gut als „umstritten" hinstellen. Andererseits gehen wichtige Negativresultate nicht in die Statistik der Schulmedizin ein. „2/3 aller Aussagen sind gelogen, die mit ‚amerikanische Forscher haben entdeckt ...' anfangen." [3]

Die meisten Menschen wissen gar nicht, wo die Tierquälerei beginnt. Und Fachleute oder Experten, die es eigentlich wissen müssten, wollen es oft nicht sehen, weil sie selbst in diese Geschäfte involviert sind. Allein in den USA wurden 2001 siebzigtausend Hunde wie Wegwerfware für wissenschaftliche Zwecke von Kosmetika-[1] und Hundefutterherstellern (sic!) verbraucht. 2007 gab es in Deutschland 4.800 Laborhunde, die nach spätestens sieben Jahren ins Tierheim entsorgt werden, sollten sie dann noch leben. Und wir empören uns darüber, dass Chinesen und Thailänder Hunde schlachten! Das wurde übrigens in Deutschland erst 1986 gesetzlich verboten, samt gesetzlicher Hundefleischbeschau. In der Schweiz ist es nach meiner Information weiterhin erlaubt.

Mehr als drei Jahrzehnte machten amerikanische Psychologen Karriere, indem sie Hunde mit unausweichlichen Stromstößen quälten.[65] Der US-amerikanische Psychologe und Depressionsforscher Dr. Martin Seligman hat 1967 an der University of Pennsylvania solcherart Experimente mit Hunden gemacht, um experimentelle Neurosen und Depressionen und absolute erworbene Hilflosigkeit durch Aufgeben auszulösen. 350 Hunde wurden dem ausgesetzt. Kann man das als Fortschritt im Sinne wissenschaftlicher Erkenntnis betrachten? Wir lernen nichts daraus. Wir hätten es auch ohne diese Gräueltaten gewusst. Forschungen solcher Art dienen mehr der Neugier und dem subjektiven Verdienst von gewissenstauben Auftragsjobbern als dem Zweck der menschlichen Leidensvermeidung. Schließlich dürften wir langsam genug Schönheitscremes und -pülverchen haben. 8.000 Zutaten wurden so bereits erforscht. Mäuse, Kaninchen, Hunde oder Affen dienen toxikologischen Versuchen, wo ihnen ätzende Stoffe in die Augen geträufelt oder ins Futter gemischt werden. Selbst ein hochangesehenes Max-Planck-Institut machte

2018 wegen Tierquälerei von sich reden. (Die ZEIT, Nr. 35). Auch Menschenaffen, denen man ein viel höheres Bewusstsein als anderen Tieren bescheinigt, gehen immer noch zu Tausenden ganz legal für medizinische Versuche vor die Hunde, zu Tode gequält, na ja, das hat man schließlich sogar mit Menschen gemacht, und macht es immer noch, ungeachtet ihrer vorausgesetzten Bewusstheit. Mehr als 300 Narkosen und über 40 gewollte Infektionen sowie Herausoperieren von Körperteilen mutet man dabei Labor-Schimpansen in ihrem Leben zu. Dabei hält man sie für intelligenter als Hunde. Die Nachfrage nach wildlebenden Primaten für Forschungszwecke ist eine der größten Bedrohungen dieser Tierordnung. Da haben auch WWF und CITES wenig geholfen. Tierversuchsfreie Wissenschaft macht nicht mal ein Prozent aus, obwohl es schon lange Zellforschung und Computersimulationen gibt. Wissen muss Gewissen nach sich ziehen, sonst wird der Mensch zum Tier, nenne er sich auch christlich.

Die apokalyptischen Reiter unserer neuen Religion, der Wissenschaft, sind Erfolg, Eitelkeit, Macht, Rechthaberei und geldwerter Vorteil.[3] Es wird um Ruhm, akademische Selbstbefriedigung, Forschungsgelder, geldwerte Ergebnisse und Datenfriedhöfe gekämpft. Ganze Industriezweige leben von Massenzüchtungen von Versuchstieren, auch Hunden und Primaten, ihren Käfigen, ihrem Fertigfutter, ihren Fixierstühlen und anderen Quäl-Instrumenten. Noch nicht mal in allen Ländern gibt es Vorschriften für das Mindestmaß des Geheges. Um effektive Hilfe für kranke Menschen geht es bestenfalls am Rande, um preiswerte schon gar nicht. Und in den letzten 20 Jahren hat die ganze millionenfache Quälerei uns keine durchschlagenden Fortschritte in der Medizin mehr verschafft. Von Militärforschung ganz zu schweigen, wo man zum Beispiel Giftgase an Beagle-Hunden testet. Woher nimmt sich der Mensch das Alibi für fortgesetzte Tierausbeutung? Schon in den 1970er Jahren schrieb Horst Stern: „Die Forschung hat bei der Zerfaserung des Tieres in tausend Einzelheiten der Systematik, der Stammesgeschichte, der Physiologie, des Katalogisierens und des Verhaltens das eigentliche Wesen aus dem Blick verloren.“[108]

Unkenntnisse von Käufern werden durch Ansprechen von Gefühlen kommerziell ausgenutzt. Sie sollen Herz und Geldbeutel öffnen. Mit Tierliebe lässt sich gut verdienen. Mit Angst machenden Einflüsterungen ebenfalls. Lassen Sie sich keinen Hund aufbinden! Die Wissenschaft der Ökonomie widerspricht nämlich oft der Wissenschaft der Ökologie, Biologie, Physiologie oder Immunologie. Ärzte und Tierärzte werden zu Zuarbeitern für die Verwertungsinteressen der Konzerne. Auch die deutsche Rechtsprechung setzt eindeutig wirtschaftliche Interessen vor tierschützende.

Es scheint ein Widerspruch, dass ich trotzdem mit diesem Buch auf teilweise wissenschaftlichem Wege das allgemeine Unverständnis für Tiere zu verbessern suche, weil ich Wissen mit Handlung *und* Mitgefühl verbunden sehen möchte. Unsere Haustiere sind völlig von uns abhängig, haben keine eigene Lobby. Und die, die sich als Tierschützer als ihre Fürsprecher ausgeben, schütten nur allzu oft den Hund mit dem Bade aus, dazu später mehr in Kapitel 5.

Tiere werden vernachlässigt: In der Forschung mit Wissen, aber ohne Gefühl, allein naturwissenschaftlich nüchtern betrachtet, notfalls mit Ohrschützern, um die Schmerzensschreie der Versuchstiere nicht zu hören. Bis heute werden bei Versuchstieren die Stimmbänder aus dem gleichen Grund durchtrennt. Nicht von ungefähr bleiben die Türen der Laboratorien für Außenstehende oder Interessierte verschlossen. Viele junge Wissenschaftler tun sich anfangs schwer mit quälerischen Forschungen, bis man ihnen weisgemacht hat, ihr eigenes Mitleid zu ignorieren und abgestumpft den Weg der „reinen Lehre“ und den einzig akzeptierten Weg der Wahrheitsfindung über Ratio und maskulines Konkurrenzdenken zu gehen. Gefühl und Intuition werden als Bedrohung für die Vernunft angesehen, sodass sie übergangen und unterdrückt werden. Das fängt schon im Studium an, wo man Biologie- und Veterinärstudenten lebendigen Fröschen mit der Schere den Kopf abschneiden lässt, um diese danach wie am Galgen aufgehängt, frei nach Galvano und Volta, unter Strom zu setzen, nur um die Wirkungsweise von nervalen Reflexbögen zu veranschaulichen.

Das Dekapitieren gehört bei jungen Studienanfängern nun mal nicht gerade zur täglichen Routine. Ich erinnere mich deshalb noch gut an die Frösche in meinem Physiologiepraktikum, die mit, ohne und mit halben Köpfen nachher auf dem Boden herum hüpften. Ich verließ das Praktikum aus Protest und sammelte danach Unterschriften gegen diese Versuche, die ich dem Professor vorlegte. Meinem beruflichen Fortkommen hat es nicht geschadet.

Diese Versuche werden bis heute immer noch durchgeführt, obwohl es doch wohl schon lange anschauliche Filme gibt.

Aber nur Gefühl ohne Wissen führt ebenfalls zu Vernachlässigung, weil Kenntnisse von artgerechten Bedürfnissen fehlen, die des Tieres, aber auch die der eigenen Persönlichkeit. Tiere leiden deshalb oft ungewollt durch ihre eigenen Besitzer, weil zu viel Herz, zu wenig Verstand im Spiel ist. Darauf zielt großtechnisch hergestelltes Kunstfutter, das sich dann „Wahre Liebe“ nennt.

Der Gaucho arbeitet mit seinem Hund

Auch die Mensch-Hund- oder Mensch-Pferd-Paare müssen passgenau sein, um beide Partner zu befriedigen. Die Überforderung des Besitzers liegt oft nur an der Wahl der falschen Rasse. Und noch sensibler ist das Dreier-Dream-Team Reiter mit Hund mit einem Raub- und einem Beutetier als grundverschiedene Kreaturen, wie man es beim Jagdreiten früher und heute, bei der Vaquero-Arbeit oder in Trail-Wettbewerben sieht. Es kann keinen Tierschutz und keine adäquate Tierhaltung ohne Natur- und Sachkenntnisse geben.[108] Ich sehe oft Missbrauch, wo andere ihn nicht sehen, oft wird er aber auch gesehen, wo gar keiner ist: Spaziergänger bemängeln: „Ach, die armen Pferde stehen im Regen." Nein, die freuen sich, endlich draußen zu sein! Oder: „Ach, die armen Pferde haben kein Gras mehr auf ihrer Weide!" Nein, entscheidend ist, ob die Pferde normal genährt aussehen! Es gibt auch dürre (verwurmte) Pferde auf grünen Weiden. Das Augenmerk ist darauf zu legen, was fehlt, und nicht, wie viel Arbeit es uns macht. Ich komme darauf zurück. Die Versorgung der Tiere verschlechtert sich, je unbequemer sie ist, je mehr Zeit und Geld sie kostet, je weniger Profit sie abwirft oder „den Fortschritt behindert".[1]

So schwankt Tierliebe zwischen Vermenschlichung und Versachlichung. Hier liegt der Hund begraben. Mit einem Kreuz auf dem Hundefriedhof ist es nicht getan. Das sind rein anthropomorphe Betrachtungsweisen und moralische Kriterien aus der Welt der Menschen, die dem Tier nicht dienen. Die hundliche und pferdische Perspektive muss vom Menschen bewusst kraft seines Verstandes eingenommen werden, weil sie bei den Tieren durch Sensoren wahrgenommen wird, die dem nackten Affen zum Teil gar nicht oder nur sehr spärlich zur Verfügung stehen. Schon wenn wir mal auf allen Vieren durch unsere Wohnung kriechen, hilft uns das, mal ein bisschen den anderen Blickwinkel unseres Sofawolfs von unten zu erfahren. Pferde schauen jedoch von oben auf uns herab. Wir sollten zusätzlich auch noch unser Einfühlungsvermögen zu Hilfe nehmen, falls wir in der Lage sind, es erkennend zu erspüren.

Ohne das entsprechende Wissen kann man das Verhalten eines Tieres falsch interpretieren, was zu Quälerei führen kann, die gar nicht beabsichtigt ist. Man kann sich auch selbst etwas vormachen und denken, dass sein Tier zufrieden und glücklich ist, weil wir es an unseren eigenen Wünschen messen und bis ins Kleinste an unsere Tagesabläufe angepasst haben, nicht aber an seine. Es hat ja keine Wahl, weil wir diese nur noch selten dem Tier selbst überlassen, wie z. Bsp. selbst ausgesuchte Kräuter-Eigen-Therapie, den Löseplatz, den Sexualpartner, das Rudel, die Herde, den Reit- oder Spazierweg, den Schlafplatz. Hunde dürfen ja nicht mal pinkeln, wenn sie müssen.

Wie die Quantentheorie meint nachgewiesen zu haben, existiert die von der Wissenschaft deklarierte objektive Perspektive überhaupt nicht. Sogenannte objektive Experimente tragen von vorneherein schon menschliche Denkmuster in sich, die sich auch auf die Interpretation und die Auswertung, ja schon auf die Fragestellung auswirken. Sie sind also nur der *Versuch* des Objektiven. Wissenschaft sollte vorurteilsfrei sein, diesen Anspruch erfüllt sie aber nicht.

Dafür sind wir aber subjektiv frei für emotionale Intelligenz, die wir besonders da einsetzen sollten, wo wir eben nicht messen können. Der anthropozentrische Standpunkt ist also unvermeidlich. Zusätzlich haben wir es ja noch mit einer fast ausschließlich maskulinen Sichtweise zu tun. Nichts ist falsch an gefühlvoller ethischer Wissenschaft, auch nicht für männliche Forscher. Gefühl und Verstand sind keine Gegensätze, sondern ergänzen sich,[1] denn eins und eins ist mehr als nur das Doppelte, denn im produktiven Zusammenspiel von Wissen und Einfühlung erschafft sich Übergeordnetes, das Dritte. Messen kann nur eine Dimension der Wirklichkeit sichtbar machen. Intellektuelles Nur-Be-*scheid*-Wissen trennt von Liebe und Mitgefühl. Die Bandbreite des Seelisch-Geistigen lässt sich nun mal nicht in Volt übertragen, Besitzerfreude über die Schönheit eines Pferdes nicht in Zentnern messen. Sie widersetzt sich der numerischen Erfassung ebenso wie Bewusstsein, innere Beziehung, Intuition und andere Gemütsbewegungen. Deshalb sind sie aber nicht weniger wichtig. Im Gegenteil, das nicht Sichtbare unseres Innenlebens hat für uns die größte Bedeutung: Ohne Luft sterben wir in drei Minuten, ohne Flüssigkeit in drei Tagen, aber ohne feste Nahrung halten wir es mindestens drei Wochen aus.

Geisteswissenschaft und Naturwissenschaft sollten sich durchdringen, das geht aber nur, wenn die akademische Forschung sich nicht die Selbstbeschränkung der unbedingten Messbarkeit auferlegt. Sie suggeriert unbestrittene Objektivität. „Das gilt auch für die sogenannte naturwissenschaftliche Medizin, die ein Imperium verteidigt, das die Begrenztheit ihres Handelns immer noch nicht sehen will. Anerkannt wird nur, was unabhängig von Beziehungen, seelischen oder geistigen Kräften oder sozialer Lager wirkt.“[28] Es werden Laborwerte behandelt und Materie repariert, beseelte Individuen werden ignoriert. Wissenschaftlich denkende Ärzte sind übermäßig an der Diagnosestellung interessiert, auch wenn keine Behandlung möglich ist, die ja die Zielsetzung des Therapeuten sein sollte. Manche diagnostischen Hilfsmittel können wie Röntgenstrahlen genau die Krankheiten auslösen, die erkannt werden sollen. Gute Ärzte konnten aber schon immer ihre Intuition in ihre Heil*kunst* (sic!) mit einbeziehen. Diese orientierte sich auch an philosophischen oder sogar religiösen Weltanschauungen und der kulturbedingten Wahrnehmung von Kranksein. Schon 1981 kritisierte der Biochemiker Professor Frederic Vester die militärische Killermentalität der ärztlichen Umgangssprache: Da wird eine Symptom *bekämpft, feindliche Eindringlinge vernichtet*[19], mit *Anti*-lebens-stoffen *geschossen* (Röntgen, Elektroschocks, Antibiotika, Zytostatika), werden Reaktionen überwacht oder *unterdrückt,* Laborergebnisse *beseitigt* und in Kreisläufe *eingegriffen, eine Schlacht gegen die Invasion feindlicher Keime mit Hilfe von Killerzellen geschlagen,* Be-Fall wird mit Über-Fall verwechselt, *das Skalpell gezückt,* bei Patienten*material* werden Organe *ausgeräumt,* Armeen böser Keime *abgewehrt* oder *besiegt.* Kein Wunder, ist doch so manches Therapeutikum aus der *Militärforschung* hervorgegangen. Pharmazeutika werden als Waffen gegen den Kranken verstanden. Viele Arzneien stammen aus den

Abfällen der Farb- und Chemieindustrie. Antibiotika und Immunsuppressiva sind mit Pestiziden verwandt, Cholesterinsenker mit Herbiziden. Früher „heilte" man mit Antimon und Quecksilber, heute mit Chemotherapeutika, die vom Senfgas des ersten Weltkrieges abstammen.[159] Auch eine Operation ist zweifelsfrei ein *gewalt*tätiger Eingriff. Medizinbücher lesen sich wie Auszüge aus einem Heeresbericht mit dem Kriegsschauplatz Patientenkörper: Killerviren, Invasoren, Todeskeime, Krieg auf Leben und Tod.[5] An dieser Therapie-Mentalität hat sich bis heute nichts geändert. Wenn jedes Mittel der medizinischen Kriegsführung recht ist, dann sind die Mittel bald nicht mehr zu unterscheiden von dem, was sie bekämpfen sollen. Nur Materielles gilt hier als Krankmacher, wie Organe, Gene, Erreger, nicht messbare Einflüsse wie seelische Verletzungen spielen keine Rolle. Die indische Philosophin Vandana Shiva meint: „Ein Paradigma, das in militarisierter Denkweise wurzelt, bringt Krieg auf unsere Felder, auf unseren Teller und in unsere Körper."[165] Auch antitumorale Rosskuren sind ausschließlich destruktiv, allopathische immer *gegen* das Problem gerichtet, anstatt bei Mensch und Tier *für* vorbeugende, konstruktive, zukunftsgerichtete, selbstunterstützende Verfahren einzuwirken, die positive eigene Kräfte zur Gesundung mobilisieren und die die natürlichen Regenerationskräfte zu erhalten suchen. Viele Befindlichkeitsstörungen und Erkrankungen verschwinden ohne therapeutischen Einsatz. Krankheit ist nicht nur ein Defizit, sondern der Versuch der Selbstheilung. Es ist grundsätzlich und überall von größerer Bedeutung, den inneren Frieden zu bewahren, als einen Krieg zu gewinnen.[131] Auf höherer Ebene bedeutet das den Erhalt der Lebenssysteme und nicht ihre ökonomische Ausbeutung in Überschätzung ihrer Selbsterneuerungskapazitäten.

Schnittstelle der geistigen und materiellen Perspektive ist die theoretische Physik mit ihrer Quantenmechanik bzw. Vakuumtheorie, der Bereich, wo Materie und Bewusstseinsenergie aufeinander einwirken. Ich möchte hier den französischen Philosophen Henri Bergson[25] anführen, der von zwei Welten spricht, in der wir leben. Erstens in der äußeren materiell-numerisch begrenzten, vom Verstande erfassten Welt des Wachbewusstseins in der Gegenwart, mit getrennten Objekten und messbaren Orts- und Zeitabschnitten, in der wir gezwungen sind, Ent-*scheid*-ungen zu treffen. Und zweitens in der inneren Welt des nicht-numerischen = *un*-er-*mess*-lichen, zeit-losen, *un-end*-lichen Kontinuums, wo wir durch *un-mittel*-bar Gewusstes, Unterbewusstsein, Intuition, Träume, Trance, spontane Eingebungen, Präkognition, Visionen, Vorahnungen, Nahtod-Erfahrungen, Gedankenübertragungen, Fantasie oder

Meditation Zugang haben. Wir sprechen mit Recht von über-sinnlich, weil die Sinnesorgane dabei keine Rolle spielen. Auch Zeit und Raum nicht: Wir können in diesen Zuständen Jahrhunderte überspringen oder fliegen. Das Intuitive ist ebenso eine Erkenntniskraft wie das Rationale. Da es nicht messbar noch vorhersagbar ist, werden wir bis in alle Ewigkeit auf seinen wissenschaftlichen Beweis verzichten müssen. Das zugehörige Wahrnehmungsfenster öffnet sich nur spontan, nicht auf Bestellung, und wir haben keinen direkten Einfluss auf die Inhalte. Wir können unser Bewusstsein schärfen, aber wie bei einem Radio, das wir einschalten, nicht das Programm bestimmen. Es wird auch ohne Empfang gesendet. Der Empfänger bestimmt, was ihn erreicht und welche Bedeutung es für ihn hat.

All das begründet die Ablehnung dieser Methoden bei Wissenschaftlern, die sich auf Kontrolle, Wiederholbarkeit, Willen und Zielgerichtetheit verlassen und auch da eine messbare Ordnung finden wollen, wo es gar keine gibt. Als ob „nicht messbar" dasselbe wäre wie „nicht vorhanden". Unsere Welt will für alles und jedes einen Beweis fordern. Aber wir überschätzen uns grenzenlos, wenn wir für alles eine Erklärung finden wollen.

Der Arzt und Forscher Pim van Lommel sagt, dass es nicht möglich ist, das Bewusstsein auf neuronale Prozesse zu reduzieren, wie es die Neurowissenschaftler tun.[66] Denn trotz neuer, vielfältiger Untersuchungen des Gehirns können sie es immer noch nicht lokalisieren oder präzise definieren. Der Quantenphysiker Wolfgang Pauli sagte, dass die Wirklichkeit weder psychisch noch physisch, sondern beides und irgendwie keines von beidem sei. Materielle und subtile innere Welt überlappen sich als Drittes. Auch der Astronaut Ulrich Walter erkennt, dass wir zwar wissen, dass die Welt aus Atomen im Vakuum besteht, dass das aber weder Empfindungen noch Liebe erklärt. Ja, er sagt sogar, dass wir es auch niemals werden erklären können. Natürlich kann die Wissenschaft die hormonellen Vorgänge bei Verliebtheit erklären, aber nicht, warum wir uns gerade in diesen einen Menschen verlieben. Das vermag höchstens die Psychologie, jedoch nur entfernt ansatzweise.

Wir kommen mit Sicherheit also der Wahrheit näher, wenn wir für beide Zugänge offen sind und nicht einen über den anderen stellen. Nach den Gesetzen der Komplementarität geben nur beide zusammen ein vollkommenes Ganzes. Und da gibt es eben Erklärliches und Unerklärliches, Beweisbares und Unbeweisbares. Die verschiedenen Bewusstseinssphären durchdringen sich. Auch beim Umgang und der Beurteilung von Tieren sollten wir genau diese beiden Welten im Blick behalten, nämlich Wissensbildung und Herzensbildung.

In Labors bekommen Hunde keine Namen, sondern nur Nummern, damit ja keine gefühlsmäßigen Bindungen entstehen. Das erstaunt insofern, als dass man sogar Unlebendigem wie Schiffen eine Namenstaufe zuerkennt. Die Seele ist aus der Naturwissenschaft verschwunden, sie wird nicht mal geduldet. Emotionale Beteiligung wird als unwissenschaftlicher Störfaktor angesehen, sowohl beim Beobachter wie beim Beobachteten, weil das innere Bewusstsein nicht numerisch zugänglich ist. Das hat sich auch allgemein auf die Medizin ausgewirkt, wo das persönliche Innenleben seit Jahrhunderten stiefmütterlich behandelt wird. Apparate schaffen keinen Zugang zum Seelischen, zu Menschenliebe, zu Tierliebe. Körperkontakt ohne Untersuchung ist dem Arzt verboten, sein mitfühlendes Gespräch mit dem Patienten wird ihm fast nicht honoriert, weshalb es nach 6 bis 24 Sekunden mit ihm bereits unterbrochen wird und die ganze Konsultation statistisch maximal 11 Minuten dauert. Der Durchschnitt der gesamten persönlichen Untersuchung liegt bei 8 Minuten, und das nach oftmals stundenlanger Wartezeit. Der ärztlichen Behandlung fehlt es heute an emotionaler Intelligenz.[74] Anteilnehmend Zuhören und Einfühlungsvermögen werden weder im Medizinstudium gefördert, noch können sie bei praktizierenden Ärzten vorausgesetzt werden. Akademisches Wissen ist eben nur die eine Hälfte auf dem Weg zur Heilung. Andere Heilformen wie Orthomolekulare Medizin, Neurofeedback, Umweltmedizin, Massage (Heilung durch Berührung), Homöopathie, Physio-, Reflexzonen-, Hydro- oder Phytotherapie, TCM, Ayurveda, die ökonomisch nicht im großen Stil relevant sind, haben trotz hoher Wirksamkeit keine ausreichende Lobby. Pharmakologische Therapien erfahren ein *unheil*sames Übergewicht. Anstatt leidende Kranke und deren innere gesamtheitliche kybernetische Vernetzungen zu kalibrieren, werden mit Chemie einzelne Laborwerte in Norm gebracht. Der Mensch wird in der Medizin behandelt, als sei er ein größerer manipulierbarer Zellhaufen. Spezialisten fokussieren sich auf einzelne Dysfunktionen. Krankheit wird als Materialdefekt angesehen, anstatt als Selbstheilungsprozess. Dabei enthält schon das Wort Medizin den Wortstamm medi, was nichts anderes heißt als „zur Mitte ausrichten". Die findet der Körper oftmals ganz allein durch den inneren Ausgleich gegensätzlicher Regelkräfte. Mediziner sind nur Gehilfen des Patienten. Der selbst sollte am besten wissen, was für ihn gut ist. Allein die Selbstheilungskräfte vermögen zu heilen.

Seit Descartes hat die Trennung von Körper und Geist von unserem Denken Besitz ergriffen und sich auf fast alle gesellschaftlichen Aspekte ausgewirkt. Spätestens seit der Theorie vom heiligen Siegmund der Psychoanalyse[3] arbeitet die Wissenschaft mit dem Begriff des Unbewussten, dem inneren Prozess in Wechselwirkung mit äußeren Einflussfaktoren. Seele aber umfasst mehr, ist subjektives Innenleben mit der Gesamtheit des Fühlens und Denkens, Eigenart von Körper und Geist zugleich, nicht nur beim Menschen. Der Philosoph Rudolf Steiner und der Hirnforscher John Eccles sehen in der Seele das Verbindungsglied zwischen Geist und Körper.

Deshalb ist es schwer für Wissenschaftler, ohne verbale Verrenkungen und Als-ob-Wendungen Verhaltensweisen von Tieren zu katalogisieren, die so offensichtlich unserem eigenen menschlichen Ausdruck entsprechen. Indem sie nur objektiv Messbares kartographieren, gehen sie an der Essenz des inneren Tieres vorbei.[126] Durch Verwissenschaftlichung fand eine Entzauberung des Erlebens statt. Aber Erleben kommt von Leben. Wir lieben Tiere, weil sie ihre Gefühle nicht verstecken. Gleichzeitig soll es das Höchste des Verstandes sein, in der Forschung diese zu leugnen? Die beobachteten höheren tierischen Wesen decken so viel Menschlichkeit auf, dass es schwerfällt, das Menschenähnliche zu ignorieren. Ebenso kann man sich manchmal des Eindrucks menschlicher Schweinehunde nicht erwehren, weil zuweilen Menschen sich tierischer verhalten als Tiere und human nur noch als Schimpfwort gelten kann. Der Primatenforscher, Verhaltensforscher und Zoologe Franz de Waal sagt „Es ist klar, dass Tiere keine Menschen sind, genauso klar ist aber, dass Menschen Tiere sind." Der Mensch ist die mörderischste Art dieser Erde. Mensch werde endlich menschlich!

Darwin erforschte bereits 1872 Tieremotionen in seinem Werk „Der Ausdruck der Gemütsbewegungen bei Mensch und Tieren". Er erkannte Ärger, Traurigkeit, Ekel, Angst, Schmerz und Freude. Es sind alles angeborene, reflexartige, wissenschaftlich nachgewiesene Primäremotionen, die Menschen mit Tieren teilen, die Tiere mit Menschen teilen.[70] Wie menschlich ist das Tier? Wie tierisch ist der nackte, sprechende, zweibeinige Affe geblieben? Von anderen Forschern allerdings werden andere Urgefühle genannt: Angst, Zorn, Panik, Neugier und Lust.[32] Sie gehen auf uralte Hirnstrukturen zurück und existierten lange vor bewussten Erkenntnissen. Haustiere nehmen unsere Gefühle wahr, denn sie laufen über ihre Wahrnehmungsorgane. Wie sollte es auch anders sein, wir kommunizieren ja ständig mit ihnen über die verschiedensten Signale sprachlicher und körperlicher Ausdrucksweisen, wie Bewegungen, Gestik, Körperhaltung, Mienenspiel, Tonfall, Tonlage, Stimm-

Mensch-Hund-Kontakt

laute verschiedener Stärke, Länge der Pausen, Sprachmelodie, unterschiedliche Betonungen, Nebengeräusche wie Räuspern, Art der Berührung, Augenausdruck, Muskelanspannungen, Zögern oder Beschleunigen, Atem anhalten, Gerüche, Hormone, Kleidung oder Gegenstände in den Händen, abgesehen von Signalen, die wir noch gar nicht kennen oder die uns entgehen. Man kann nicht nicht kommunizieren. Wir reden also auch schweigend. Von daher ist es nicht richtig, zu behaupten, unsere Haustiere würden nicht reden. Doch, sie reden mit uns und untereinander. Jede kleinste Variable wird wahrgenommen, darin sind Hunde und Pferde viel aufmerksamer als Menschen, weil wir uns zu sehr auf die Aussagen der Sprache fixieren. Unsere eigene Verständigung zerstückelt ganzheitliche Eindrücke in Buchstaben und Begriffe. Die Grundlage aller Kommunikation ist die Körpersprache, da sie ein dreidimensionales Bild vermittelt im Gegensatz zur eindimensionalen Lautsprache. Wir glauben zu viel an Worte. Sie können aber keine körperlichen Erfahrungen bieten. Möglicherweise ist mit der Sprachentwicklung unsere Körpersprache teilweise degeneriert, denn selbst Psychologen haben Probleme mit der wissenschaftlichen Interpretation von Mimik. Bei den Hauptthemen der Kommunikation geht es um Territorium, Nahrung, Sicherheit und Gefühle für Partner und Nachwuchs. Darin unterscheiden sich Mensch und Tier nicht grundsätzlich.

Taubstumme können mit ihren Hunden problemlos nur über Augenbewegungen und Sichtzeichen kommunizieren. Wir schließen daraus, dass man Hunde nicht anschreien braucht, damit sie einen verstehen. Auch unsere equinen Vierbeiner sind in der Lage, feinste Körperhaltungen wahrzunehmen, die oft nicht mal uns selbst bewusst sind und die eine fast telepathische Kommunikation zwischen Reiter und Pferd ermöglichen können. Der Unterschied zwischen sprachlicher und nichtsprachlicher Interaktion ist also nur ein gradueller, kein prinzipieller. Menschliche Sprache ist nur eine Erweiterung unserer Ausdrucksform, allerdings eine gewaltige.

Warum mir die geisteswissenschaftlichen Statements tierisch auf den Geist gehen: Wir Menschen meinen in unserem Überlegenheitsdünkel, auf der Spitze eines evolutionären Stammbaumes zu sitzen, mit der Einbildung eines grandiosen Weitblickes dort oben. Gleichzeitig betrachten wir die unter uns liegenden Zweige und Wurzeln als vollkommen unerheblich, strafen sie mit Ignoranz und Missachtung und sprechen ihnen oft genug das Recht auf Leben ab. Dabei können die unter uns liegenden Schöpfungskreise sehr wohl ohne uns auskommen, wir aber nicht ohne sie. Und auf jedem Ast finden sich Spitzenleistungen, mit denen wir bei Weitem nicht mithalten können. Das arrogante Werturteil in höhere und niedrigere Säuger setzt voraus, dass Menschen irgendwie besser sein sollen als Affen, Wölfe, Hunde oder Pferde. Wir sitzen auf sehr hohem Ross! Worauf gründet sich das? Wir haben unsere anthropozentrische Perspektive durch rein menschliche Kriterien aus Gier nach Bedeutsamkeit geschaffen, um uns selbst zu erhöhen. Auch Intelligenz und Fortschritt definieren wir einseitig zu unseren Gunsten. Ich komme darauf zurück. Die körperlichen, physiologischen und biochemischen Vorgänge bei Mensch und Tier sind aber fast identisch, und damit die biologischen Grundlagen menschlichen und tierischen Verhaltens. Die Psyche ist also ähnlicher als wir glauben mögen: Jagdinstinkt, Rudelinstinkt, Nahrungssuche, Sexualtrieb, Territorialverteidigung, Imponiergehabe, Siegesfreude, alles hündische Eigenschaften? Nein, auch der Mensch hat sie.

Redaktionelle Notiz:

Im Folgenden werden Fußnoten nicht in aufsteigender Reihenfolge gesetzt, sondern analog zu der Nummer, die der verwendeten Quelle im Literatur-/Quellenverzeichnis vergeben worden ist.

Kapitel 1

Gemeinsame und verschiedene Anatomie und Sinnesleistungen und ihre Folgen

Obwohl Menschen besonders eng mit Hunden und Pferden zusammenleben, sich mitunter emotional sehr an sie binden, erschreckt es mich immer wieder, dass viele Zweibeiner nur geringe Kenntnisse über die natürlichen Verhaltensweisen und Bedürfnisse ihrer vierbeinigen Gefährten haben. Deren Charakterstrukturen sind unauflöslich an ihre Sinnesleistungen gebunden. Sie erfassen die Welt mit einem quantitativ anderen sensorischen System als Menschen. Deshalb denken Hunde anders als wir. Pferde denken anders als wir. Hunde denken anders als Pferde. Pferde denken anders als Hunde. Hunde reden mit Pferden als wären sie Hunde, so wie wir mit Hunden reden als wären sie Menschen. Menschen lernen jedoch niemals richtig bellen.

Aber ich lese immer noch, dass es Leute und Wissenschaftler gibt, die bezweifeln, dass Tiere denken.[88] Aber sogar die artübergreifende Verständigung funktioniert: Wenn Hund und Fohlen miteinander spielen wollen, dann gehen sie beide in Tiefstellung des Vorderkörpers wie in eine Verbeugung und hopsen dann mit allen Vieren. Aus ihrem Spiel kann aber durch Missverständnisse schnell Ernst werden.

Pferde und Hunde hat der Mensch zusammengebracht, sie würden in der Natur nicht harmonieren. Sie haben Unterschiede an Instinkt, erstrebten Ressourcen, Körpersprache, Statussymbolen, Bedürfnissen und Drohverhalten. Hunde hetzen Pferde, Pferde treten nach Hunden. Der Hund rennt um zu fressen, das Fohlen um sein Leben. Wären Pferde nicht in der Lage Menschisch zu lernen, gäbe es keine Reiter. Wir wollen etwas vom Pferd, es will nichts von uns. Ein Reiter ohne Pferd ist arm dran, aber ein Pferd ohne Reiter bleibt immer ein Pferd. Das Glück der Pferde ist der Reiter auf der Erde. Kein Pferd der Welt hat uns je gebeten, geritten zu werden.[26] Was folgt daraus? Der Mensch, der sich einbildet die Krone der Schöpfung zu sein, muss die Sprache der Tiere lernen und ihre Regeln, nicht sie unsere. Der geniale Pferdefotograf Robert Vavra schreibt: „Ich glaube nicht daran, Pferden etwas einzuflüstern, doch wir würden alle davon profitieren, wenn wir genauer auf das achten würden, was Pferde uns einflüstern."[129]

Nur wenn wir uns als intelligente Führer qualifizieren, werden wir *folg*-same Vierbeiner haben, die uns folgen und gehorchen, die besser zuhören, weil

Pferde träumen nicht vom Gerittenwerden

wir uns bemühen, ihre Sprache zu sprechen. Dann animieren, beseelen wir sie, weil wir bis zu ihrer Seele durchdringen.

Sprache verknüpft Laute mit Bedeutungen. Über Verständnis entsteht Vertrauen. Sich behaupten soll hier heißen, das denkende Haupt der speziesübergreifenden Gemeinschaft zu sein und nicht das willkürliche. Wenn Sie Ihrem Tier nicht sagen, was es tun und lassen soll, dann wird es Ihnen sagen, was es machen will.

Negative Gefühle im Zaum zu halten und Disziplin, die wir von unseren Tieren verlangen, sollten wir zuerst bei uns selbst aufbringen. Oft genug dackelt der Mensch seinem Tier nur zügellos hinterher und merkt es nicht einmal, wenn das untere Ende der Leine die Richtung bestimmt. Manchmal frage auch ich mich: Gehören mir meine Hunde oder gehöre ich den Hunden, wenn sie mich den lieben langen Tag in Trab halten. Permanent wollen sie etwas von uns: Futter, streicheln, ausgehen, spielen, rein ins Haus, raus in den Garten, Tür auf und Tür wieder zu. Sie wissen uns zu manipulieren.

Besonders Reitanfänger und Kinder tun oft so, als wollten sie zufällig ja auch gerade in die Richtung, wo das Pferd hingegangen ist. Menschliche Führungsqualitäten setzen aber eigene Zielsetzung und Selbstbeherrschung voraus und eindeutige Kommunikation, das heißt *Mit*-teilung im Austausch des Von-sich-Gebens von klaren Ansagen. Mit gelassener Beharrlichkeit komme ich zum Ziel. Bevor ich erwarte, dass der Partner auf vier Beinen mich versteht, sollte ich ihn verstehen gelernt haben. Dann wird er versuchen uns alles recht zu machen und es ergibt sich ein *gegenseitiger* Austausch von Geben und Nehmen, von Lehren und Lernen. Wir leben mit unseren Tieren unter demselben Himmel, sehen aber nicht den gleichen Horizont, den anderen lernen wir ein Stück von ihnen. Das Animalische im Gegenüber erleichtert uns die Eigendefinition als Mensch im Fühlen, Wollen und Handeln. Erst das Tier macht uns zum Menschen.

Der emotionale Teil des Gehirns reift deutlich vor dem geistig arbeitenden. Die Denkleistung aller Lebewesen ist abhängig von Gefühlen, diese wiederum sind primär abhängig von Sinneseindrücken.[37] Allerdings nicht nur von diesen, sondern auch von Erinnerungsvermögen und innerer Vorstellungskraft. Emotion ist in Körperausdruck und Verhalten sichtbar gemachte Gefühls-Regung, die von innen herausgekommene Bewegung in Mimik, Stimme, Gestik. Der Verstand will Erklärungen, das Gefühl braucht keine. Verstand *wird*, Gefühl *ist*.

Wo genau liegen aber die Unterschiede in den Sinnesleistungen? In der Tabelle am Ende des Buches habe ich die unterschiedlichen Fähigkeiten zum

Zentaur

besseren Überblick zusammengestellt. Das ist zwar ganz interessant, aber entscheidend ist erst, was für uns daraus folgt. Nämlich wie wir unseren Umgang mit den Tieren darauf abstimmen und wie wir durch Wissen Verständnis erlangen, wenn unsere Tiere sich beispielsweise für uns unerklärlich verhalten. Verständnis sollte dann Ungeduld, falsche Reaktion, Vernachlässigung und Strafe ersetzen, sowie Gefährdung vorbeugen.

Statistisch ist heute etwa jeder Zehnte deutsche Bürger „auf den Hund gekommen", das sind 9,2 Millionen registrierte wedelnde Hausgenossen in Deutschland. Weltweit sind es 500 Millionen. Nach der Zeitschrift Cavallo[110] nennt jeder achtzigste Bürger ein Pferd sein Eigen, das sind etwa eine Million Einhufer in unserem Land. Von fast vier Millionen Reitern in Deutschland sind über 70 Prozent Freizeitreiter, die meisten heute Frauen.

Jahrtausende hat der Mensch zuerst die Hunde, dann die Pferde für sich nutzbar gemacht. Equiden haben seine Historie entscheidend mitgeprägt. Der Philosoph Rudolf Steiner – er nennt sich Geisteswissenschaftler, aber was sollte Philosophie eigentlich anderes sein als Geisteswissenschaft, als Synthese von beidem – sieht die Entwicklung der menschlichen Intelligenz eng mit der Pferdenatur verbunden, als der Mensch im Laufe seiner Geschichte zum Reiter wurde.[45] Der Mensch? Die Geschichte des Pferdes war lange die Geschichte des Mannes, Symbol für Status, Jagd, Krieg und Reiterspiele. In der griechischen Mythologie vereinigten sich beide sogar als Zentaur in der Chimäre des Pferdmenschen zu einem einzigen Wesen. Der Mensch hätte sich vielleicht auch nie in seinem Gehirnvolumen und seinen Fähigkeiten weiterentwickelt, hätten ihm nicht die domestizierten Wölfe bei der Jagd geholfen, denn vorher kamen die Urmenschen nur an energiereiches Protein, indem sie das Aas der Beute von Raubtieren aufsuchten. Tierisches Protein hat nachweislich ihre Intelligenz zum Homo sapiens gesteigert. Ach, wenn es doch ein Sapiens geworden wäre! Und doppelt weise als Homo sapiens sapiens als Unterart ist er schon gar nicht!

Diese Superaffen schauten ihre Jagdstrategien bei Raubtieren ab, die Hetzjagd beim Geparden, die Treib- und Kesseljagd im Rudel bei den Wölfen. Nomadische Völker und die nordamerikanischen Indianer verehrten den Wolf als Lehrer und Führer bei der Jagd. Sie sahen in ihm einen Bruder, der wie bei ihnen selbst wölfische Eigenheiten des sozialen Lebens und des gelegentlichen Alleingangs des einsamen Wolfes verkörperte. Indische Nomaden gestehen dem Wolf deshalb ab und zu ein Lamm zu und verfolgen ihn nicht. Das änderte sich erst, als der Mensch mit Viehzucht anfing und in ihm einen

Kanadische Wölfin

Nahrungskonkurrenten sah. Von da an rottete er den Stammvater seiner vierbeinigen Jagdgehilfen mit Gift, Fallen, Netzen, später Gewehren als das Böse schlechthin fast aus, weil dieser nach den Gesetzen seiner Natur, mit möglichst geringem Energieaufwand seinen Hunger zu stillen, nicht zwischen erlaubten Wildtieren und verbotenen Haustieren unterscheiden kann.[64] Vielleicht wären wir ohne Wolfshunde nie zum Homo sapiens geworden, denn der Neandertaler starb anscheinend aus, weil er keine Hunde hatte. Ohne Hunde wäre der äußerste Norden von Menschen nie bewohnbar gewesen. Bei 55 Grad minus diente so manches Fellknäuel als Wärmflasche im Zelt. Nur die Jagd sicherte Ernährung, Hundeschlitten die Fortbewegung. Denn in Begleitung von Hunden erlegen Jäger 56 Prozent mehr Wild.[124] Die Hundwerdung des Wolfes gab den Anschub für die weitere Menschwerdung. Auch Viehhaltung wäre Jahrtausende ohne vierbeinige Hütehelfer nicht möglich gewesen. Der Wolf entstand durch Evolution, der Hund durch Selektion. Es wird erwogen, die Jagd als ältestes Männer-Handwerk als Kulturerbe bei der UNESCO anzuerkennen. Dabei lernten die Zweibeiner von den Raubtieren. Die kommen ganz ohne Hände, Feuerwaffen und Wortsprache strategisch zum Ziel. Wer lernte hier von wem?

Das Pferd war bis in die jüngste Steinzeit neben Wisent, Ur, Elch und Hirsch das wichtigste Beutetier, das wertvolles Protein für den Menschen lieferte. Das einzige heute noch lebende Urwildpferd ist das Equus przewalski in der Mongolei, auch das Zebra gehört weitläufig als wilde Equus-Art dazu. Erst im Verlauf des zweiten Jahrtausends vor Christus wurde der Einhufer zum Last-, Zug- und Reittier. Damit bestimmte er aber gleich wesentlich die menschliche Eroberungsgeschichte. Dschingis Khan, Attila, Cäsar oder die Türken hätten ohne ihre Streitrösser keinen kriegerischen Ruhm erlangt. Amerika wäre vielleicht nie in die Hände der Gringos gefallen. Nicht zu vergessen, dass der 1-PS-Verkehrsteilnehmer auch der wichtigste Faktor im Nachrichtensystem war.

Ganz wesentlich sollten wir uns vergegenwärtigen, dass Hunde und Pferde uns nur durch den historischen Prozess der vertrauensvollen Zähmung zu Diensten werden konnten, denn Wölfe und Wildpferde sind um ein Vielfaches wehrbereiter als ihre domestizierten Nachkommen. Der Mensch war vor allem erst mal Feind. Er musste sich die Tiere zum Freund machen und sich das Zutrauen beim Wildtier verdienen. Ein Arsenal an Zwangshilfsmitteln, das sich heute in jedem Zoogeschäft und Tierbedarfskatalog findet, obwohl unsere Haustiere schon lange befriedet sind, gab es damals noch nicht. Die meisten

Przewalski Pferd

Zebra

Reiter steigen ja nur noch bewaffnet aufs Pferd: Kandaren, Peitsche, Sporen, Hilfszügel, daneben Nasenketten, Maulkörbe und weiteres Unsinnige wie Halsverlängerer, Halsverkürzer, Dutzende verschiedene Longierhilfen etc. Wie kann sich, so eingeschnürt, da Vertrauen aufbauen, die Grundlage allen Miteinanders? Selbst auf Fotos von sogenannten Pferdeflüsterern finden sie sich. Alle diese Hilfsinstrumente sind höchstens zur gelegentlichen Korrektur und nicht zum Dauereinsatz gedacht. Wie der Name sagt, sollte die sogenannte Hilfe ja nur die gegenseitige Verständigung helfend unterstützen, nicht aber als unangenehme permanente Einwirkung eingesetzt werden.

Einen vergleichbaren Eindruck, wie gefährlich Einreiten früher war, kann man heute noch an ungezähmten Mustangs erlangen, die als richtig wild, als unantastbar, sehr, sehr scheu und deshalb als schwierig gelten und zum Teil als angriffslustig, wenn ihre soziale Distanz von nur 30 Metern unterschritten wird.[26] Wilde Przewalskis sind so wehrhaft, dass sie Knochen, Sehnen und Kehlen durchbeißen können. Die Zuneigung solch wesensstarker Tiere lässt sich nicht erzwingen. Hauspferde *dulden* uns, Hunde *suchen* uns.

Der Hund profitierte sicher mehr von der Domestizierung, denn er konnte als Kulturfolger von den Jagdabfällen weniger energiezehrend leben als selbst zu jagen und bekam dafür noch ein warmes Plätzchen am Feuer. Pferde sind bis heute weit weniger auf den Menschen angewiesen. Ihr Futter findet sich ohne Anstrengung fast überall. Deshalb können wir auch einen Hund mit Leckerbissen viel leichter zu uns locken als unser Pferd von der saftigen Wiese.

Hund und Pferd haben also gewissermaßen den Menschen erst komplett gemacht, wobei das Pferd die menschliche Kultur weit mehr beeinflusst hat als der Hund. Man spricht von Reitkunst, etwas Vergleichbares gibt es für den Hund nicht. Pferde wurden in vielen alten Kulturen den Göttern zugerechnet. Sie verliehen dem Menschen fast Flügel wie Pegasus, sie gaben ihm Schnelligkeit und Kraft und wurden als das schnellste der irdischen Geschöpfe angesehen, schnell wie der Wind und der Sonne zugewandt. Götter kommen mit weißen Rössern, nicht auf einer Harley Davidson. Schimmeln wurde besondere Ehrfurcht entgegengebracht. Tiergeister waren die ersten Götter der Menschheit. Pferde erlangten in manchen Kulturen höheren Geschenkwert als Jungfrauen. Und da wundern sich die Männer heute, dass mancher Frau ihr Pferd wichtiger ist.

Unsere heilige Kuh ist bis heute das Pferd. Immer noch darf Fleisch vom Pferd nicht zusammen mit dem von Rind oder Schwein angeboten werden. Nur Heiden opferten und aßen Pferdefleisch. Von den Christen wurde es

Pegasus

deshalb zur Sünde erklärt.[4] Dabei ist Pferdefleisch um einiges gesünder als das vom Rind. Es hat weniger Fett und Cholesterin und fast doppelt so viel Eisen.

Hunde jedoch wurden der Hölle, der Unreinheit zugeordnet, so wie Zerberus in der griechischen Mythologie und Hekate, die griechische Hundsgöttin, die für Schrecken, Alpträume und Tod steht. Hades, als verschlagener, unbeliebtester Gott, Herrscher der Unterwelt, hat eine Tarnkappe aus Hundefell. Bis heute haben Hunde in mohammedanischen und hinduistischen Ländern kein hohes Ansehen. Selbst in der westlichen Welt gibt es kein Tier, das in so vielen hundsgemeinen Schimpfwörtern Verwendung findet wie der Hund.

Pferde als Symbol der Schönheit und Kraft wurden jedoch vergöttert, Hunde aber mit Hölle und Tod in Verbindung gebracht. Vielleicht liegt alte Weisheit darin, denn Hunde können viel mehr Krankheiten auf Menschen übertragen als Pferde. Sie sind zudem rechte Schweine: Sie fressen und wälzen sich in stinkigem Mist, sie fressen Kot und Aas, sie lecken sich häufig ihre Geschlechtsorgane und ihr Poloch, sie haben oft Würmer und andere Parasiten, sie riechen gezielt am Urin und am After unzähliger Artgenossen, ja, sie werden von schlechten Gerüchen wie magisch angezogen, sei es für die Eigen-Parfümierung oder zum Fressen eines mumifizierten Frosches. Hundeküsse haben Entzündungsbakterien und können gefährliche Wurmeier (Bandwürmer, Spulwürmer) übertragen. Heute scheint es aber in westlichen Ländern üblich zu sein, seine Hundeliebe nichtsdestotrotz dadurch zeigen zu müssen, dass man mit ihnen im gleichen Bett schläft und sein Sofa mit Hundehaaren überziehen lässt. Manche Hundehalter und ihre Wohnungen riechen selbst schon nach Hundehöhle. Es tut mir leid, ich selbst habe eine Nase wie ein Hund. Ja, sogar Tierärzte und Tierheilpraktiker, die es eigentlich besser wissen sollten, lassen sich gerne übers Gesicht lecken und machen auf ihren Websites noch mit solchen Fotos für sich Reklame. Wahrscheinlich haben die noch nie etwas von den gesundheitlichen Schäden beim Menschen von Larva migrans, Strongyloides[142], Lamblien, Hautpilzen, resistenten Keimen, Echinokokken oder Giardien gehört. Es gäbe bessere Möglichkeiten, seine Hundeliebe zu beweisen.

Ich habe gelegentlich mal eine Biologiestunde in Schulen über Haustiere abgehalten. Dabei habe ich einen Werbeprospekt für Hundewurmmittel ausgelegt, wo ein Bernhardiner am gleichen Eis wie das Kind leckt. Dann habe ich die Kinder nach diesem Foto befragt. Heutzutage scheint so etwas zur Normalität zu gehören. Kinder werden nicht mal mehr angehalten, sich die Hände nach jedem Tierkontakt zu waschen. Hundehalter hatten kein Verständnis für meine Empörung, wenn ihr Hund meinem Kleinkind quer durchs Gesicht geschlabbert hatte.

Ich weiß sehr wohl, dass Hunde uns anspringen, damit sie unser Gesicht erreichen, um uns Maul leckend nach Kanidenart ihre freundschaftliche Begrüßung oder freudige Gunstbezeugung zu erweisen. Und da lese ich, Tiere verstünden nichts vom Küssen. Ha, auch Schimpansenmütter küssen ihre Babys und küssen sich zur Begrüßung. Auch beim Hund sind die Lippen besonders sensibel und zudem mit längeren Kontakthaaren und besonders vielen Nervenenden ausgestattet. Welpen lecken am Maul ihrer Rudelgenossen, damit deren Magen das Fleisch wieder von sich gibt. Wahrscheinlich ist Küssen bei Mensch, Wolf, Hund und Schimpanse durch Futtergeben entstanden.

Pferde hingegen sind saubere Tiere, außer dass sie gelegentlich mal gerne ein Sandbad nehmen, aber das ist nur Erde. Sie fressen nie in der Nähe ihrer

Wälzen

Exkremente, außer der Mensch zwingt sie durch mangelnde Weide- und Boxenpflege dazu. Sie sind zudem sehr geruchsempfindlich, was fremde, unangenehme oder starke Gerüche angeht, und reagieren dann mit Verweigerung. Manche Pferde dürsten lieber, als sich aus verdreckten Tränken zu bedienen.

Wenn meine eigenen Hunde mit ihren Sabbermäulern aus dem Bottich für die Pferde geschlabbert haben, rühren unsere Pferde ihr Trinkwasser nicht mehr an. (Inzwischen haben wir einen mit höheren Beinen angeschafft, bei dem die Hunde das Wasser nicht mehr erreichen.)

Also, Hunde sind auch für Pferde unreine Tiere. Kaniden haben nur ein einziges partielles Sauberkeitsempfinden, das sich lediglich auf ihre Welpenhöhle bzw. ihren Schlafplatz bezieht. Außerhalb dieser Orte machen ihnen stinkige Kothaufen und gammelige Fressreste nicht das Geringste aus. Daran erkennen Wolfsforscher Nachwuchshöhlen. Hunde müssen zwecks Zivilisierung erst lernen, den Sauberkeits-Radius auch auf das ganze Haus auszudehnen.

Einer der wesentlichsten Unterschiede zwischen Mensch und seinen felligen Begleitern ist die Körperachse, vertikal beim Menschen, horizontal bei unseren Vierbeinern. In der zum Himmel gerichteten Position des Menschen darf man getrost eine Verbindung zum Geistigen erkennen. Der ganze Körper wird zur Empfangsantenne von oben. Wir haben den Weg des Aufrichtens beschritten, auch geistig.

Im Gegensatz zu den Tieren, können wir mit Kopfdrehen unseren eigenen Rücken nicht sehen. Unsere Tiere symbolisieren eher das Bodenständige parallel zur Erde. Die Achsen in Form der Wirbelsäule trennen jeweils den Körper in zwei fast symmetrische Hälften, beim Tier wie beim Menschen. Alle drei hier Genannten werden zu den Wirbeltieren gerechnet. Eine ausgewogene Symmetrie des Körpers gilt bei Mensch und Tier als Zeichen von Gesundheit und Schönheit, in der Medizin sowie in der Kunst. Sie setzt sich bis in die kleinsten Einheiten des Organismus fort, in die paarigen äußeren und inneren Organe, in die Zellteilung, in die DNS und bis in die atomaren Strukturen. Dieses grundsätzliche bipolare Bauprinzip entspricht der Verkörperung unserer abstrakten, dualen Welt.

Der Mensch hat auf Grund seiner vertikalen Richtung eine empfindliche Wirbelsäule, da sie belastbar und doch flexibel sein soll und zudem nur auf zwei Stützen steht. Die Schöpferkunst bestand darin, uns mit sicherem Stand beweglich zu erhalten. Denn alle Dinge dieser Welt brauchen normalerweise mindestens drei Beine, um sicher zu stehen, aber vier geben natürlich noch mehr Stabilität. Beim Hund ist der Rücken recht beweglich, im Gegensatz zum Pferd, welches auf Grund seiner langen Achse und großen Gewichtes einen relativ starren Rücken hat. Was folgt daraus? Menschen kennen nur allzu gut ihre eigenen Bandscheibenprobleme, verursacht durch ihre einzigartige, komplizierte Anatomie. Bei Reitpferden, und nur bei diesen, müssen Rückenverspannungen durch spezielle Reitweisen und Therapien gelockert werden. Bei Hunden sind Rückenleiden in der Hauptsache nur bei vom Menschen gezüchteten langrückigen Rassen wie Dackeln oder Bassets bekannt, die nicht mehr der Körperrelation eines Wolfes entsprechen.

Daraus folgt, dass der Mensch auf Grund seiner Anatomie nicht gut als Lastenträger geeignet ist, weil er schon genug mit seinem eigenen Gleichgewicht zu kämpfen hat. Pferde wollen den ganzen Tag auf den Beinen sein, Menschen deshalb nicht.[7] Zweibeiner waren deshalb so schlau, sich Helfer zuzulegen, die die Lasten besser auf vier Beine verteilen konnten, und zwar nicht nur auf Pferde, sondern früher auch auf Hunde. Ist das Gewicht gleich-

Gaucho in Arbeit

mäßig verteilt, können sie Großes leisten. Durch das Nackenband braucht das Pferd im Gegensatz zum Menschen noch nicht einmal Kraft, um den Kopf zu halten, jedenfalls nicht in Selbsthaltung. Ein Reiter aber ist eine bewegliche Last, mit der das eigene Gleichgewicht viel schwerer zu halten ist. Das kennen wir von zappelnden Kindern auf der Schulter. Ein Reitergewicht beträgt 60 bis 80 Kilogramm mit Sattel und mehr, das ist ein Fünftel bis ein Viertel des Eigengewichtes des Pferdes. Diese Tatsache ist auch besonders zu beachten bei Remonten, die deshalb noch zum Stolpern neigen, aber auch bei Anfängern auf dem Pferderücken, die nicht immer im Schwerpunkt sitzen. Das muss das Pferd ausgleichen, um selbst Balance zu halten.

Wir Menschen haben die Hälfte unserer Stützpfeiler für unsere Hände aufgegeben, diese multifunktionalen Greifwerkzeuge, die uns mit Hilfe unseres Gehirns zu vielfältigen neuen Tätigkeiten verholfen haben, die unsere Tiere nicht vermögen: aufwendige Essenszubereitung, darstellende Künste, Technik, Fahrzeuge fahren, Reparaturen und Handarbeiten ausführen usw. Trotz unseres großen inneren biologischen Informations-Verarbeitungs-Systems wäre uns das alles ohne Menschenhände mit gegenständigem Daumen nicht möglich gewesen. Aber Tiere können Tastaturen bedienen, wenn man sie an ihre Anatomie anpasst. Schimpansen konnten sogar schneller Zahlen in Reihenfolge bringen als Studenten[86,154], in Affengeschwindigkeit eben. Menschen sind also Tieren nicht generell überlegen. Klettern können wir Menschen trotzdem noch, wenn auch nicht mehr so schnell und gut wie unsere Vettern im Wald. Je mehr Untersuchungen die Wissenschaft unternimmt, desto mehr Verhaltensähnlichkeiten werden zwischen Primaten und Menschen gefunden, obwohl das letzte Bindeglied schon sechs Millionen Jahre her ist. Mit Hufen und Pfoten ließ sich keine Kultur erstellen. Hunde und Pferde können weder greifen, noch ihre Vorderbeine zur Seite weg strecken oder über den Kopf heben wie Primaten und Menschen. Aber sie kommen auch ohne Smartphones und Revolver ganz gut zurecht. Würde man Menschen mit Fell, Schwänzen, Pfoten oder Hufen versehen, dann wären nur ganz wenige so klug wie unsere eigenen Vierbeiner.

Um individuelle Überlegenheit gegenüber Sozialgenossen zu zeigen, stellen wir uns in den Weg oder drängen jemanden ab. Das machen ebenfalls die Hunde und Pferde so. Wenn das nicht reicht, bedient sich die Wehrhaftigkeit beim Menschen der Fäuste, heute eher der Waffen und Werkzeuge. Treten können wir auch, aber da ist uns schon wieder die Stabilität im Wege und wir erreichen deshalb niemals die Kraft eines Pferdes, die bis zu der Wucht von einer

Tonne reichen kann. Fürs Beißen müssen wir zu nahe an den Feind, weshalb wir diese Form der Verteidigung als Mensch selten nutzen, während unsere Karnivoren auf ihre ursprünglichen Verteidigungsorgane angewiesen sind: Anspringen und Festhalten. Zahnprobleme sind bei alten Wölfen, Hunden, Schimpansen und Pferden die Haupttodesursache. Und beim Menschen hat man festgestellt: Je weniger eigene Zähne, desto höher die Wahrscheinlichkeit für Demenz. Langlebigkeit ist jedenfalls nicht auf Impfungen, sondern im Wesentlichen auf Hygiene und die gute Arbeit von Zahnärzten zurückzuführen.

Pferde aber können nicht nur beißen und heftige Quetschwunden, im Gegensatz zum Hund, zufügen, sondern auch noch an allen vier Ecken mit den Hufen zuschlagen.

Der Menschenbiss ist auch mehr eine Quetschung. Bei den meisten Säugetieren sind die Zähne die ersten Angriffsorgane. Der Impuls, zu beißen, ist die ursprünglichste Form des Wutausdrucks. Er ist sehr wirkungsvoll, erfordert aber engen Kontakt. Kleinkinder nutzen noch diese ursprüngliche Verteidigung, indem sie Menschen und sogar Hunde beißen. Ich will Ihnen hier ja nix vom Pferd erzählen, aber die meisten Menschenbisse gehen statistisch von alkoholisierten Männern aus, bevorzugt an die Ohren anderer Männer.[29] Wer hätte gedacht, dass von allen diesen Bissen der Menschenbiss der gefährlichste ist? Er überträgt Erreger, die für andere Menschen ebenfalls pathogen sind. Menschlicher Speichel hat mehrere hundert Millionen Mikroben. 600 Bakterienarten davon sind bekannt, wobei besonders die Streptokokken fast immer lebensbedrohliche Entzündungen hervorrufen[5], so dass sie bis zu 30 Prozent Amputationen nach sich ziehen. Hundebisse dagegen sind nur zu 50 Prozent infektiös.

Als Signal hat sich Zähneblecken bei allen drei Spezies als Warnung erhalten, das gilt auch, wenn wir durch Lachen als Beschwichtigung gute Miene zum bösen Spiel machen.

Was unsere Haustiere ganz sicher können, ist, die gute Stimmung der Menschen richtig zu interpretieren. Denn Stimmung kommt von Stimme. Moderne Hirnforschung hat nachgewiesen, dass Kaniden sich gefühlsbetont in die emotionale Lage ihres Gegenübers hineinversetzen können, also unbestritten Empathie empfinden.[30] Meiner Meinung nach können manche Hunde auch lachen.

Wenn ich mit meiner Dackelhündin Anja schimpfte, dann stand sie vor mir, schaute mich an und hob auf bestimmte Art zuckend ihre Lefzen und zog die Nase kraus, als wenn sie sagen wollte: „Ach komm, sei doch nicht so streng!" Ich

Flehmen

musste dann grinsen und damit war der Bann gebrochen. Bei meinen Rottweilern habe ich so was noch nicht beobachtet.

Bei Pferden wird Lachen mit Flehmen verwechselt, was aber nur eine intensive Geruchsaufnahme ist.

Die Hände des Menschen haben einen ausgezeichneten Tastsinn, besonders bei Menschen, deren Sehsinn ausgefallen ist. Die blinde und taube Helen Keller konnte sogar mit ihren Händen hören, indem sie Materialschwingungen wahrnahm. Der Sehsinn wird heute überstrapaziert, der so wichtige Tastsinn des Selbsterlebens ist auf eine unwichtige Stufe herabgesunken. No-touch-Regeln bei Begrüßungen, zwischen Arzt und Patient, lassen handfeste Gefühle aus Angst vor Ansteckungen verkümmern.

Haare zum Tasten und große Nüstern für Atmung und Geruch

Pferde tasten durch ihre „Schnurrhaare“ an den Nüstern, um beispielsweise Fressbares von Ungenießbarem zu unterscheiden. Deshalb kann man ihnen Steine in den Trog tun zum langsam Fressen. Sie werden fein drum herum jedes Haferkorn finden. Deshalb sollte man ihnen diese wichtigen Sinnesorgane keinesfalls abrasieren. Das wird aber leider selbst in höheren Kreisen wie den englischen Royal Horses, der Royal Canadian Mounted Police und auf Araber- und amerikanischen Quarter-Shows nicht beachtet. In Deutschland ist es längst verboten. Achten Sie auch darauf, dass Ihr Hundefrisör die Tasthaare nicht abschneidet. Sie dienen der Nah-Orientierung.

Pferde spüren trotz ihrer behaarten Haut jede Fliege und können genau diesen Quadratzentimeter zucken lassen. Außerdem sagt man Pferden nach, ebenfalls Erdschwingungen über die Gliedmaßen zu erkennen. Das würde mir vielleicht ein Phänomen erklären, über das ich immer wieder staune:

Unsere Pferde wiehern, auch wenn sie keinerlei Sichtkontakt haben und eine größere Distanz von mehr als 100 Metern dazwischen liegt, wenn ein anderes

Ein Rind wird eingefangen

Herdenmitglied von seinem Standort bewegt wird. Als wenn sie rufen würden: „Wo gehst du jetzt hin?"

Möglicherweise haben Pferde von Natur aus die Fähigkeit, Vibrationen zu fühlen, die taube Menschen erst durch den Ersatz des Hörsinnes entwickeln. Pferde und Hunde spüren Vorhaben auch außerhalb der Sichtweite. Auch vom Rudel getrennte Wölfe wussten, wo die anderen waren und was sie taten.

Kein Pferd ohne Huf

Pferde nutzen ihre Gliedmaßen zur Fortbewegung, zur Nahrungssuche und zum Scharren, um an Wurzeln, Salze oder Wasser zu kommen. Aber mindestens genauso wichtig sind sie zur Flucht und zur Verteidigung, wobei sie Ersteres vorziehen und Zweiteres im Allgemeinen nur anwenden, wenn sie in die Enge getrieben wurden und nicht ausweichen können. Das betrifft ihre Herdenmitglieder, die unerlaubterweise auf Grund der Hierarchie in ihren Wohlfühlumkreis von 1,50 bis 2,50 Metern eindringen, aber auch den Menschen, der das tut. So kann man durch Misshandlung Pferde zu Beißern und Schlägern machen, weil dabei ihre Individualdistanz auf gefährliche Weise für beide unterschritten wird. Pferde haben von Natur aus relativ wenig Aggressionstrieb, sondern eher Wehrverhalten. Sie zeigen aber in Gefangenschaft vermehrt Aggression untereinander, weil sie ihre Hackordnung wegen ihrer beengten Lebensform mehr ausleben. Futterneid ist die unnatürliche Folge ihrer unnatürlichen Bedingungen. In Freiheit gibt es kaum etwas, worum gekämpft werden muss, höchstens Hengste um rossige Stuten. Pferde, die für die Arbeit mit Rindern trainiert sind, neigen manchmal dazu, die Stierchen

Freiheitsdressur gab es wohl früher schon

Hunderte verschiedene Verwendungszwecke für Pferde

Paso Peruano

Pferde lernen hunderte Bewegungsabläufe

Ritterspiele

zu beißen, was aber nicht erwünscht ist und beim Wettkampf mit Punktabzug bestraft wird.

Es geht der Spruch um: Ohne Huf kein Pferd! Wie wahr! Für Reiter spielen die Beine des Pferdes die wichtigste Rolle, und das tun sie, siehe oben, auch in der Natur. Aber die Beine des Pferdes sind etwas ganz Besonderes: Sie können tanzen! Sie können zur Musik tanzen, sie können im Rhythmus tanzen, sie können tanzen wie der Reiter es verlangt, und zwar in fünf verschiedenen Grundgangarten und ebenso vielen Untergangarten. Sie tanzen in Anmut wie Balleteusen auf Spitze, denn sie sind von Natur aus Zehenspitzengänger.

Das können Hunde so nicht, sie gehen nur Schritt, Trab, Galopp und Pass. Der Mensch hat jede Menge verschiedene Disziplinen für Pferde erdacht, wie Freiheitsdressur, Galopprennen, Trabrennen mit Sulky oder Reiter, Passrennen, Hindernisrennen, Tölten, englische oder spanische Dressur auf oder über der Erde, Zirzensik, Zugarbeit als Kutsch- oder Rückepferd, Gespannpflügen im Wettkampf, Skijöring, Einsatz bei der Polizei oder Kavallerie, Reiterspiele wie Ringstechen oder Ritterspiele, Bogenschießen, Barrelraces, Horseball, Jagdreiten mit und ohne Meute oder Hindernisse, Distanzreiten, Fahrsport,

Fahren als Transportmittel und Sport

Rinderarbeit, Hippotherapie für Behinderte, Voltigieren, Rodeo, Polo, Juego de Pato, Trailreiten, Showpferde mit besonderer Gangmanier, Springsport und last not least Freizeitreiten. Und das sind weltweit sicher noch nicht alle. Allein der Westernsport hat mindestens zwölf Kategorien. Rinderarbeit als Wettkampf wird in verschiedenen Ländern ganz unterschiedlich ausgetragen. Man nutzt Pferde als Milch- und Serumerzeuger. Man hat sie schwimmend zum Booteziehen, zum Mühlsteinedrehen und als Grubenpferde unter Tage bis zur Blindheit eingesetzt. Pferde wie Hunde wurden für Kriegseinsätze missbraucht. 200.000, ihren Besitzern enteignete Pferde, zogen noch 1939 in den Polenfeldzug. Die Wehrmacht verbrauchte 48.000 Kamikaze-Hunde, die mit Bomben auf dem Rücken samt den feindlichen Panzern in die Luft flogen.[119] Noch im 2. Weltkrieg starben täglich an die 900 Pferde, insgesamt an die 1,5 bis 2,8 Millionen. Im Vietnamkrieg wurden 4.000 Schäferhunde als Feindsucher eingesetzt. Danach wurden sie allesamt vergast oder einfach zurückgelassen.[46] Auch in Afghanistan wurden kürzlich alle 120 Militärhunde ausgesetzt oder in Kabul zurückgelassen. Man ist der Meinung, dass sie durch ihre militärische Ausbildung für das zivile Leben nicht mehr taugen.[144] Ähnliches kennt man von menschlichen Kriegsrückkehrern. Hunde suchen Jahrzehnte nach dem Krieg in Bosnien auch heute noch Minen auf Tausenden

Pferde als Zugtiere

Gaucho bei der Arbeit

Voltigieren

Verwendungszweck Polo

Das Glück der Reiter

verseuchten Feldern. Alle ließen und lassen immer noch auf grausamste Weise ihr Leben für das Vertrauen, das sie dem Menschen entgegenbringen. Für ihre folgenschwere Aufgabe als Gehilfe im Kampf Mensch gegen Mensch hat das zum treuen Begleiter entwickelte Haustier nicht mal finanzielle Interessen! Es möchte nur geliebt werden. Respekt und Dankbarkeit für menschlichen Größenwahn gegenüber diesen Leistungen habe ich nirgendwo gelesen.

Bei einem exzellenten Mensch-Pferd-Team kann der Reiter jede kleinste Bewegung vorgeben, man vergleiche eine Pirouette mit einem Spin. Pferde

Reiten in der Natur ist das Schönste

Paleteada

Pferde ackern für den Menschen

sind so intelligent und so gehorsamsbereit, dass sie sogar lernen können, mit den genau umgekehrten Hilfen die gleiche Bewegung auszuführen: Klassische Schulreiter lehnen sich zum Rückwärtsgehen leicht nach vorn „um den Rücken frei zu machen". Westernreiter knicken das Becken leicht ab und legen so etwas Gewicht nach hinten, weil das Pferd dem Druck weichen soll. Soviel zu der Logik von Reitvorschriften. Wir sollten das Wesen der Pferde studieren, nicht Reittheorien, und noch weniger eine über die andere stellen. Wer aufmerksam durch die Welt geht, wird feststellen, dass es so viele verschiedene Reitweisen wie Reiternationen gibt.

Das soll nur einen kurzen Eindruck geben, wie vielseitig und lernbereit Pferde ihre Kräfte für den Menschen einzusetzen bereit sind, soweit die Hufe

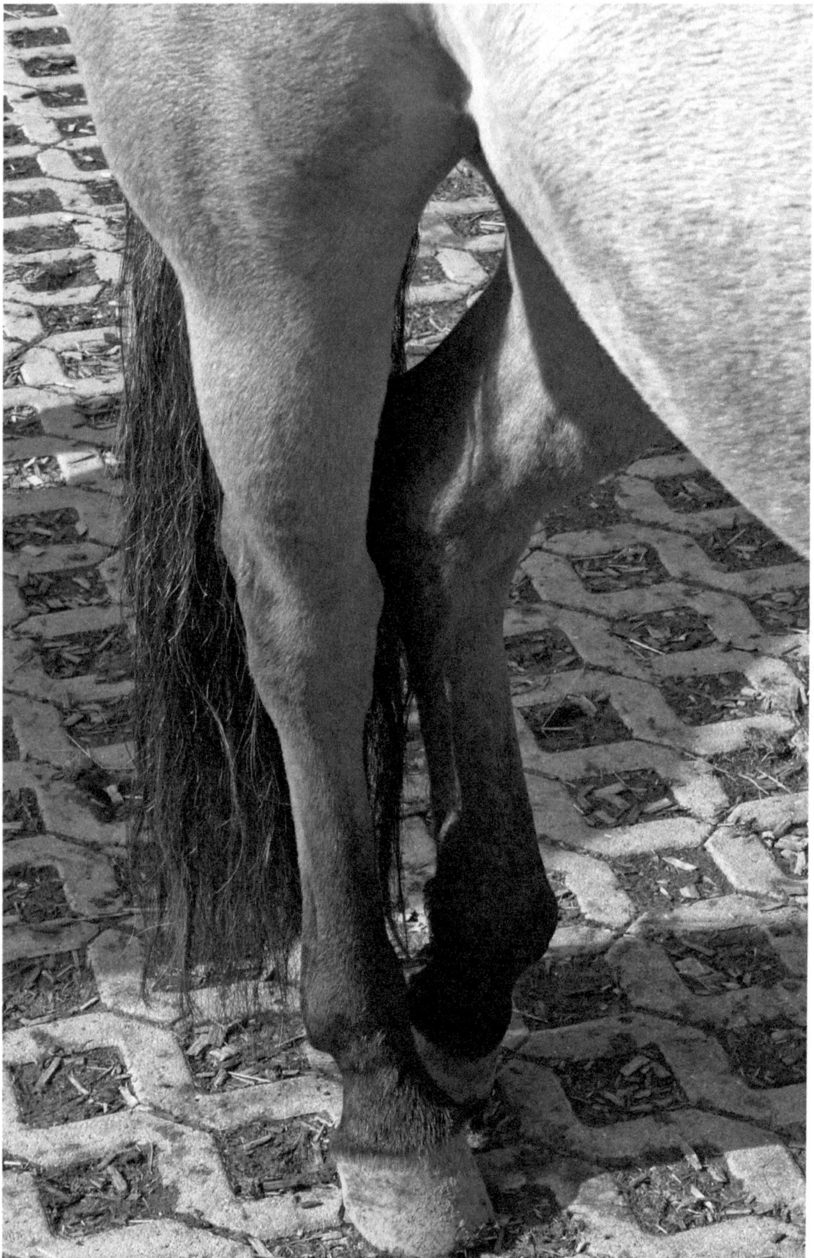

Mit Schildern kann das Pferd entspannen

tragen. Nur das Wohlergehen unserer wiehernden Kameraden sollte den Ausschlag geben. Nicht umsonst hat sich im Sprachgebrauch erhalten, dass jemand Schwerstarbeit leistet, wenn er ackert wie ein Pferd, was es ja wirklich früher für die menschliche Ernährung geleistet hat. Die wurde buchstäblich auf dem Rücken der Pferde ausgetragen.

Inzwischen tanzen auch die Hunde, aber anders, da ihre Wirbelsäule viel beweglicher ist. Deshalb wäre es falsch, in der Exterieurbeurteilung des Hundes Maßstäbe wie für das Pferd anzulegen: Das Körpergewicht des Hundes ist, bis auf wenige Extremzüchtungen von Über- oder Untergröße abgesehen, absolut und relativ kleiner als das des Pferdes. Die gehaltreichere Fleischnahrung beschwert den Verdauungsapparat wesentlich weniger. Aus diesem Grunde sind beim Hund alle passiven Trage- und Fixationsvorrichtungen, also Knochen und Bänder, weit weniger entwickelt als beim Pferd und durch ermüdbare Muskeln ersetzt. Im Gegensatz zum Pferd muss der Hund deshalb den Großteil des Körpergewichtes durch aktive Muskelarbeit tragen, weshalb der Hund seine Muskulatur bei jeder Gelegenheit durch Absitzen oder Abliegen zu entlasten sucht.[12] Das sollte bei Dressurarbeit und Hundeshows berücksichtigt werden: Ich kann ein Pferd durch seinen passiven Stehmechanismus stundenlang ohne Schaden anbinden, es kann dabei sogar in dösigen Halbschlaf fallen und sich ausruhen. Aber es ist Quälerei, einen Hund lange zu zwingen stehen zu bleiben, wie es beispielsweise auf Shows üblich ist. Umgekehrt kann ein Hund stundenlang liegen, für Pferde hingegen ist das eher krank, unphysiologisch, auf jeden Fall nicht gut. Durch ihr hohes Eigengewicht bekommen sie leicht Druckstellen und ihre Verdauung kann aussetzen. Auch Menschen leiden unter Dekubitus und Kreislaufproblemen nach langem Liegen, aber nicht so schnell wie Pferde.

Andererseits wird durch die Vermehrung des Muskelsystems beim Hund die Geschmeidigkeit und Beweglichkeit vor allem im Bereich Hals-, Rumpf- und Rückenmuskulatur erheblich erhöht, was bei Raubtieren von großer Wichtigkeit ist. Der Hund läuft am liebsten im Zockel-Trab, da diesem wenig Anstrengung mit viel Ausdauer entspricht. Wildhunde können so stundenlang ziemlich ermüdungsfrei laufen. Das Tempo entspricht dem verkürzten Trab des Pferdes, was wir am besten beim Reiten, Fahrradfahren oder Joggen mit Hund berücksichtigen. Der kräftezehrende Sprung-Galopp des Hundes unterscheidet sich vom Galopp des Pferdes, weil der Hund von der Hinterhand mit einer Schwebephase auf die Vorhand springt und dabei den Rücken mal lang streckt, mal krümmt. Längere Galoppstrecken mit jungen Hunden

Ist das noch ein Hund?

erfordern systematisches Training und Vorsicht vor Überforderung.[12] Junge Wölfe haben noch keine Ausdauer in der Verfolgung. Wildpferde galoppieren längere Distanzen nur auf der Flucht.

Der Mensch findet es besonders entzückend, wenn Vierbeiner sich menschengemäß auf zwei Beine erheben, lassen Pferde auf Kommando steigen, was sie eigentlich nur für Spiel, Sex und Kampf einsetzen. Und wir finden Tanzen auf den Hinterbeinen und „Männchenmachen“ besonders süß. Wir gestehen Tieren immer nur eine untergeordnete Stellung zu, gleichzeitig möchten wir sie aber so menschlich wie möglich haben. Das treibt besondere Blüten, wenn wir kurze, platte, menschenähnliche Hundegesichter züchten wie beim Mops. Oder wenn Hunde in Kleidchen und spezielle Hundewägelchen gesteckt werden, vielleicht mit Wärme- oder Regenschutzkleidung, maßgefertigt mit modischem Schnickschnack in Samt, Lack, Pelz oder mit Swarowski Besatz. Damit schicken manche ihren Fiffi dann in Castingshows und auf Catwalks. Ja, so was gibt's. Nach dem Bad im Wellness-Hunde-Hotel der Frotteeoverall. Bei Hitze ein Kühlmantel. Sein maßgeschneiderter Fellüberzug reicht nicht mehr. Oder der „Pick'n up Mantel“ mit eingebautem Tragegriff. Schnittmuster zum selber Nähen, mit oder ohne Kapuze, das Dirndl für den Dackel, das Brautkleid für die Yorkidame. Frauchen braucht das Magazin für Hundemode „Vanity Fur“, das Buch „Strickideen für den Hund“ oder „Handgefertigte Kekse in Knochenform“ für ihren pelzigen Begleiter. Arme Hunde! Da fehlt dann nur noch der Hundekleiderschrank, Hundeparfüm gibt's ja schon. Die Ware „Fürsorge“ treibt seltsame Blüten! Wahr ist sie nicht. Der Spaziergang im Wald und Streicheln reichen nicht mehr. Es muss auch ein maßgeschneidertes Unterhaltungsprogramm her! Frauchen will doch nur spielen! Sie braucht neuerdings das Buch „Schmusestellungen mit Hunden“ und „Geschenkideen für Pferde“! Und die private Kunstperformance für ihren felligen Hausgenossen, DogTV für den einsamen Vierbeiner zu Hause, Yogakurse mit Hund und das Laufband in der HuTa (Hundetagesstätte). Dabei wären normale Witterungsreize für beide das Gesündeste: Keine Klimaanlage, aber Waldspaziergänge bei Schnee und Regen, Schwimmen im See. Bei nicht übershampooniertem Fell perlt Nässe ab und gelangt nicht auf die Haut.

Ist es nicht auch unser Macht- und Hochgefühl, wenn das Tier in demütigem Gehorsam sich das alles angedeihen lässt und sich vielleicht gegen die eigenen Instinkte zum Affen macht? Aber wollen wir das wissen?

Der Hund besitzt kaum aktiven Tastsinn, nutzt seine Pfoten zum Graben, Scharren, Laufen, Festhalten, Springen, sich Kratzen. Hunde vergraben Vorrä-

Mutterpfote bei Welpen

te, wenn sie satt sind, die sie auf Grund ihrer guten Nase leicht wiederfinden, auch wenn sie schon ein halbes Jahrhundert alt sein sollten. Pferde brauchen keine unterirdischen Reserven, sie finden überall noch etwas, selbst wenn sie es irgendwo unter Schnee freischarren müssen.

Hunde springen auf Grund ihrer Anatomie, siehe oben, leicht und gerne. Pferde aber vermeiden es, wenn möglich. Sie springen nur auf der Flucht oder in Panik. Leider ist gerade diese unnatürliche Disziplin bei uns die Hauptattraktion. Dabei sollte man mal sehen, wie viel Freude Hunde beim Springen im Agility ausdrücken, ganz ohne Lederzeugs und Gebieter im Nacken. Haben Sie schon mal ein so fröhliches Gesicht bei einem Pferd im Parcours gesehen?

Der Mensch konnte sich auf Grund seiner Sammler- und späterer Jäger-Vorgeschichte auf Grund der schnellen Verderblichkeit seiner Nahrung kaum Vorräte anlegen. Wenn das Klima nicht genug Früchte hervorbrachte, dann kam er buchstäblich auf den Hund, soll heißen es gab Hungersnöte. Wenn wir heute mal etwas Ungenießbares gegessen haben, kostet es uns sehr viel Kraft, dasselbe in Gegenrichtung hundeelend wieder von uns zu geben, im

Gegensatz zum Hund, bei dem Übergeben fast als normal zu betrachten ist. Da seine Vorfahren wegen Konkurrenten ohne viel Federlesens immer schnell schlingen mussten, hat die Natur es vorgesehen, dass er auch Falsches schnell wieder erbrechen kann, auch wenn die Menge zu groß war. Dann frisst er es eben noch mal in Ruhe. Denn die Welt ist voller Schnorrer. Es ist ein Prinzip der Natur. Nicht nur der Wurfbruder will ein Stück abhaben, auch Krähen, Geier, Bären, Schmeißfliegen und Ameisen.

Der Mensch musste seine Nahrung immer einer doch etwas genaueren Sinnesauswahl unterziehen, wollte er keine Übelkeit provozieren. Interessanterweise haben wir diesen Instinkt heute noch: Wenn wir nach einem Essen Magen-Darm-Probleme bekommen haben, mögen wir das Gleiche lange Zeit nicht mehr anrühren, auch wenn die Ursache des Unwohlseins einen ganz anderen Grund hatte. Studien der Max-Planck-Forschung haben ergeben, dass schon Kleinkinder essbare und giftige Pflanzen recht gut zu unterscheiden wissen, als gesicherter Erfahrungsschatz unserer sammelnden Vorfahren.[168] Es würde ja viel zu lange dauern, wenn jede Pflanze jeweils einem individuellen Testverfahren unterworfen werden sollte.

Pferde haben weidend keine Konkurrenz. Hastiges Fressen ist für sie immer ungesund. Sie sind ganz besonders wählerisch, was ihre Nahrung betrifft, da sie von den drei hier zu betrachtenden Spezies das bei weitem empfindlichste Verdauungssystem haben. Sie brauchen zwölfmal so lange wie ihre fleischfressenden Begleiter für ihre Nahrungsaufnahme. Sie haben einen sehr feinen Geschmackssinn für süß und salzig, was sie sehr lieben, aber auch für sauer und bitter. Aber nur bei Rohfasermangel, Hunger und Instinktverlust durch reine Stallhaltung vergreifen sie sich an Unverdaulichem oder Giftigem.

Also: Der Hund hat den sprichwörtlichen Pferdemagen, denn „man hat noch kein Pferd kotzen sehen“. Das kann es nämlich anatomisch wegen seines starken Schließmuskels des Mageneingangs gar nicht. Wenn es doch einmal vorkommen sollte, dann ist es schon so gut wie tot. Deshalb kann Überfressen von Kraftfutter beim Pferd tödlich enden, weil es nur einen relativ kleinen, nicht so dehnbaren Magen hat. Der Magen des Hundes dagegen ist, relativ gesehen, achtmal so groß wie ein Pferdemagen und sehr ausdehnungsfähig. Deshalb kann unser vierpfotiger Kompagnon auch gut auf Vorrat fressen, um damit problemlos Hungerperioden durchzustehen. Der Wolf wechselt zwischen Fasten und Völlerei, Häppchen in Form von Kleinnagern gibt’s nur in mageren Zeiten. Man vergleiche!

Das kann das Pferd nicht. Es ist auf kontinuierliche Nahrungszufuhr angewiesen, auch weil es im Gegensatz zu Hund und Mensch keine Gallenblase hat. Die Verdauungsenzyme von Leber und Bauchspeicheldrüse sowie die Magensäure werden bei unserem Vierhufer kontinuierlich, anstatt wie bei Hund und Mensch nur bei Bedarf, sprich nach Nahrungsaufnahme, abgegeben. Wenn also die Verdauungsorgane nicht gefüllt sind, können sie die eigenen Schleimhäute angreifen. In vier Stunden Fresspause sinkt zusätzlich die Zahl der unentbehrlichen Darmmikroben um das 200-fache. Es folgt daraus, dass ich bei meinem Hund mit oder ohne Not auch mal eine oder mehrere Fütterungen auslassen kann. Bei meinem Pferd hingegen riskiere ich damit Gesundheitsrisiken wie Magengeschwüre. 90 Prozent aller Rennpferde, 60 Prozent aller Sportpferde und bis zu 30 Prozent der Freizeitpferde sollen sie haben. Allerdings wird oft vergessen, dass das Standardlahmheitspulver Phenylbutazon ebenfalls Mukosaläsionen hervorruft.

Hunde hingegen kann man gut sogar einige Tage mit Fasten behandeln, wenn sie an Übergewicht, Durchfall oder Verstopfung leiden. Das geht beim Pferd nur kurzfristig. Es sollte nie mehr als vier, höchstens sechs Stunden ohne Rauhfutter sein. Das sollte bei Turniereinsätzen und Transporten beachtet werden. Sonst provoziert man Stress, Übersäuerung, Magenulcera, Verdauungs- oder Verhaltensprobleme. In der Natur frisst ein Pferd, wenn es nicht gerade mit Dösen oder seltener Fortpflanzung beschäftigt ist, fast Tag und Nacht ohne Pause. Dauer-Weidepferde haben keine Magengeschwüre, Zebras auch nicht.

Jede Stunde, die der Mensch dem Pferd zum Grasen entzieht, sei es durch Anbinden, Reiten, Aufstallen, muss er durch höher energetisches Futter wieder ausgleichen, soll das Pferd in Normalkondition bleiben. Bereits das Tragen eines Reiters stellt eine unnatürliche Mehrleistung dar. Die dadurch verlorene Kalorienmenge durch Nichtaufnahme von Gras und für Reitleistung muss nachher in kürzerer Zeiteinheit wieder aufgefüllt werden, weil Naturgras sehr energiearm ist. Nächtliche Boxenruhe ohne Futtergabe bedeutet deshalb zwölf Stunden Energieverlust, der so in der Natur nicht vorkommt. Rauhfutter, also Gras oder Heu, neutralisiert die Magensäure durch die eigene Alkalinität und reichliche Speichelproduktion von drei bis sechs Litern pro Kilogramm, weil es viermal so lange gekaut werden muss. Pellets und Getreidemahlzeiten hingegen müssen nicht nur weniger gekaut werden und werden nur mit 1,5 bis 2 Litern Speichel gepuffert, sondern sie produzieren auch von sich aus mehr Säure und sind zudem rohfaserarm. Der Säuregrad des Magens kann sich je

Naturgemäße Draußenhaltung

nach Futter bei Körnern zwischen unter pH 2 (stark sauer) bis 3,8 bewegen und bis zu pH 9,1 (also alkalisch) bei Rauhfutter ansteigen, was Schleimhaut und Stoffwechsel schont. Übersäuerung kann zu Nervosität, Unausgeglichenheit, Müdigkeit, Missmut, Ängstlichkeit, Verspannung, Reizbarkeit, Allergieneigung oder eben Verdauungsstörungen führen. Die Basen-Säuren-Balancen spielen auch bei Mensch und Hund hierfür eine große Rolle.

Man erhält also Pferde am gesündesten mit ständigem Zugang zu frischem oder getrocknetem Gras ohne Nüchternzeiten, denn Pferde fressen in der Natur 15-16 Stunden am Tag. Sie legen dabei 12 bis 50 Kilometer zurück, unterbrochen nur von Siestapausen mit Gruppenstehen. Das erklärt auch, weshalb Pferde eigentlich nie satt sind. Hunde hingegen neigen zu langem und ausgiebigem Verdauungsschlaf nach ausreichender Mahlzeit. Nichtstun optimiert die Verdauung, auch beim Menschen. Die Ruhe- und Schlafdauer vom Hund ist deshalb viermal so lang wie beim Pferd. Der Sättigungsgrad bestimmt die Ruhedauer.

Und wie halten wir es damit? Bewegungstier Equus halten wir 23 Stunden am Tag in Quadraten von einigen Metern, wo es sich nur um die eigene Achse drehen kann. Wildpferde verbringen 60 bis 80 Prozent eines 24-Stunden-Tages

Wanderschaft auf Weiden bis zum Horizont

Junge Wesen schlafen mehr

Welpe mit Rinderhüfte

mit Fressen und Bewegung. Boxenpferde tun genau das Gegenteil, sie stehen durchschnittlich 68 Prozent dieser Zeit. Zum Glück ist wenigstens in den meisten Ställen dieser früher übliche unglückselige Stehtag abgeschafft. Pferde haben lange Fress- und kurze Ruhezeiten, Hunde umgekehrt kurze Fress- und lange Ruhezeiten. Deshalb macht es Hunden viel weniger aus, wenn sie mal einige Stunden auf Frauchen im Auto (bei angemessenen Temperaturen) warten müssen. Sie verpennen dann einfach die Zeit. Satte Wölfe schlafen hundemüde ohne Schlafstörungen und Sorgenfalten bis zu 18 Stunden, Wildhunde ebenso. Sogenannte Tierschützer kümmern sich aber im Allgemeinen gerade mehr um die angeblich verlassenen Hunde als um eingesperrte Pferde.

Beim Menschen ist interessant, dass der Magen in Vorzeiten und bei Naturvölkern noch sehr dehnungsfähig war, um große Mengen nach der Jagd zu verdrücken. Das konnten bis zu fünf Kilogramm Fleisch pro Person sein.[127] Schließlich gab es noch keine Kühlschränke. Maßvolles Essen war nicht archaisch. Seit wir regelmäßigeres Essen durch Viehzucht und Pflanzenanbau gewöhnt sind, hat sich unser Magen angepasst und verträgt nicht mehr so große Mengen auf einmal, ist also nur relativ dehnbar, und liegt damit etwa zwischen Pferd und Hund. Zusammenfassend kann man sagen: Der Hund ist wenig, der Mensch relativ und das Pferd sehr verdauungsempfindlich. Das hängt auch mit dem pH-Wert der Magensäure zusammen, die beim Hund 1100 mal saurer ist als beim Menschen, um alle Bakterien und Leichengifte unschädlich zu machen. Er verträgt also ohne Weiteres auch angegangenes Fleisch, sogar Aas. Das Pferd hat nicht so viel Magensäure, weil sich nicht so viel Keime und Verderbliches in Pflanzen befinden. Auf Spritzmittel, Tierisches wie eingetrocknete Mäuse im Heu, Knochenmehl, Fischöl oder Joghurt ist sein Verdauungssystem allerdings nicht eingestellt.

Der gesamte Metabolismus des Hundes liegt also mehr im sauren Bereich, auch weil alles Fleisch sauer verstoffwechselt wird. Im Gegensatz zum Pflanzenfresser Pferd, welches im Grünzeug mehr alkalische Kost zu sich nimmt. Hunde beißen deshalb nicht gern in saures Obst, ist ihr Stoffwechsel doch eh schon sauer. Sie mögen im Allgemeinen nichts Saures. Was dem Pferd der Apfel, ist dem Hund sein Knochen, der ist nämlich alkalisch.

Der Mensch hat einen variablen Stoffwechsel, was seinen Säurewert angeht, je nachdem was er sich *einverleibt*. Bei Kohlehydrat- und Fleischnahrung ist er mehr im sauren, bei viel Obst und Gemüse mehr im alkalischen Bereich zu finden. Dabei ist interessant zu wissen, dass Kinder mit alkalischerem Stoffwechsel die intelligenteren sind. Empfohlen wird zu 100 g Fleisch 400 g Gemüse zu essen, aber die meisten machen es eher umgekehrt.

Der pH-Wert misst sich im Zwischenzellgewebe, im Speichel, im Blut und im Urin. Empfohlen ist eine menschliche Ernährung, welche den pH-Wert der Körperflüssigkeiten leicht alkalisch hält. Man kann beispielsweise bei sich oder seinen Tieren den Urin selber leicht mit Urostix messen. Morgenurin ist beim Menschen auf Grund der nächtlichen Entgiftungstätigkeit noch sauer (etwa bei 5,5), sollte aber im Laufe des Tages entsprechend steigen.

Es ist ja bekannt, dass der Hund ein Fleischfresser ist bzw. sein sollte, das Pferd ein Pflanzenfresser und der Mensch ein Allesesser, obwohl das ja manche Menschen bezweifeln. Aber werden wir dem gerecht? Der Mensch hat immerhin die eigene Wahl, denn vom fast reinen Fleischesser (Grönländer, Watussis, Inuit, Inupiat, Tschuktschen, Nenzen, Apachen, Tibeter, Massai, Samburu) bis zum reinen Vegetarier (die meisten sind Hindus, auch Stämme in Papua Neu-Guinea und Adventisten)[33] gibt es alle Variationen bei den verschiedenen Völkern und Individuen. Dabei ist anzumerken, dass ein Viertel der indischen Frauen unter Anämie leiden und untergewichtige Kinder gebären, während carnivorische Naturvölker des Nordens selbst unter den oft unwirtlichsten

Pferde zum Tierehüten

Pferde und Hunde als Hütehelfer

Bedingungen gesund bleiben. Historiker haben mit archäologischen Funden belegt, dass Hindus in der Vergangenheit sehr wohl Rindfleisch verzehrt haben.[151] Samburu ernährten sich nur von Fleisch, Milch und Blut, in anderen Gegenden von Kamelfleisch und deren Milch. Die arktischen nomadischen Nenzen in Russland ernährten sich von rohem, blutigem Rentierfleisch, heute eher gekocht, roher Leber und Fisch. Kasachstaner leben von Pferdefleisch und -blut in Eiseskälte, Grönländer essen rohes Robbenfleisch, gekochtes Walfett und -fleisch. Als Vegetarier würden sie erfrieren.

Die evolutionäre Historie und die omnivore Anatomie von Gebiss und Verdauungsapparat haben dem Menschen eine große Anpassung an Klimata und Landschaften vermacht. Ohne Jagd hätten die Menschen die kalten Erdteile nicht erobern können. Vegetarier wären dort verhungert. Eskimos, indianisch für Rohfleischesser, konnten durch ihre mehr als 2.000 Jahre währende Lebensweise extreme Verhältnisse überwinden, wo andere Menschen zugrundegehen.[135] Hund und Pferd haben sich zivilisatorisch angepasst, allerdings nicht immer zu ihren Gunsten. Nomaden folgten und folgen den jahrtausendalten Wanderwegen zu Weide- und Wassergründen der Herden. Einige wenige Ethnien dieser Art gibt es noch: Mit Yaks auf tibetischen Hochebenen, mit Rentieren in Lappland, mit Ziegen und Pferden in der Mongolei, mit Kamelen in der Sahara oder mit Rindern in der Serengeti. Niemals hatten diese Völker die Ausbeutermentalität der sogenannten zivilisierten Welt im Sinn. Zuerst passte sich immer der Mensch den Tieren an. Heute folgen uns die Haustiere in die unwirtlichsten Zonen. Seit der Neuzeit verlangen wir von diesen Menschen und unseren Haustieren die naturfernste Anpassung, die es je gegeben hat. Der theoretische (sic!) Neurowissenschaftler Wolf Singer meint, dass Tiere an Kulturen nur marginal partizipieren, da ihnen die kognitiven Fähigkeiten zu ihrer Erfassung fehlen.[170] Dabei sind sie völlig in die menschlichen Kulturen miteinbezogen, ja gestalten sie sogar. Gerittenwerden war ein Wendepunkt für das Pferd an sich und ein Wendepunkt in der menschlichen Geschichte. Mit Pferden zum Hüten konnten viermal mehr Tiere gehalten werden.

Das Pferd ist seit 20 Millionen Jahren ein fast reiner Grasfresser.[125] Aber was bekommt es heutzutage angeboten? Fast nur Körner. Unsere Stallpferde konvertierten vom Gras- zum Körnerfresser. Und unsere Hunde? Die sind vom Fleisch- zum Allesfresser und Fast-Vegetarier konvertiert, denn Industriekost besteht zu 60 bis 90 Prozent aus Getreide.

Welche Bedeutung hat diese Änderung für die Gesundheit unserer vierbeinigen Kameraden? Verglichen mit ihren Vorfahren, dem Wildpferd und

Typischer Urpferdekopf

Wölfe, Vorfahren des Hundes

Ganzjährig auf riesigen Weiden

dem Wolf, haben sich Hauspferd und Hund genetisch und verdauungsmäßig nicht allzu weit von diesen entfernt, obwohl 10.000 beziehungsweise mindestens 16.000 Jahre dazwischen liegen. Urform und Kulturform lassen sich problemlos miteinander verpaaren. Deshalb ist es für beide immer noch das Beste, sie in Haltung und Fütterung so nah, wie es in unserer zivilisierten Welt noch möglich ist, an ihre Urahnen anzupassen.

Das geschieht bei den Einhufern am ehesten heute noch bei den sogenannten Robustrassen, denn eben deshalb heißen sie so, weil sie über viele viele Generationen in größtmöglicher Freiheit und Naturangepasstheit lebten und zum Teil heute noch leben und sich ohne den Eingriff des Menschen frei ernähren und vermehren konnten.

Wildpferde kommen aus dem offenen Grasland. Freilebende Robustrassen bei den Einhufern der Gegenwart gibt es noch bei den Dülmenern in Westfalen, den Exmoor- und Dartmoorponies in England, den Camarguepferden in Südfrankreich, den Galizischen Ponys in Spanien, den Mustangs Nordamerikas, den Criollos Südamerikas, den Pantaneros in Brasilien, den Wüstenpferden in Namibia, den polnischen und litauischen Koniks, den Kerry Bog Ponys in Irland, den Isländern, den Mongolen-, und Huzulenpferden. Sie wachsen in trockenen Steppen oder feuchten Flussdeltas auf. Hier fressen sie tatsächlich Körner. Dies sind aber nur die Grassamen in der entsprechenden Vegetationszeit, die sie mit den Zähnen von den Halmen ziehen, und nicht kiloweise Zuchtgetreide. Auf riesigen Weiden in den entsprechenden Ländern legen sie oft bis zu 40 Kilometer am Tag zurück und entwickeln so ein kräftiges Herz und starke Lungen. Eine möglichst ganzjährige Freilufthaltung hat viele Vorteile für Gesundheit und Sozialverhalten, ja sogar für die Reitbarkeit, da sie kaum krankheitsanfällig sind und weniger scheuen. Pferde, auch Vollblüter, fühlen sich so am wohlsten. Aber es ist der Mensch, der die Optik von Grasbauch, langem Fell mit Lehmverkrustungen und wechselnder Figur je nach Vegetation nicht schätzt.

Durchschnittlich leben etwa 30 Stuten mit ihren Fohlen und einem Vatertier in einer Herde. Das ist übrigens auch in etwa die Anzahl, die das Maximum im Primaten-, [153] menschlichen und wölfischen Verband als noch gut bekannt und dirigierbar begrenzt. Mit zunehmender Größe verlieren Gemeinschaften ihre Übersichtlichkeit, können keine stabile Hierarchie und gemeinsame Identität mehr aufbauen. Ihre Nahrung wird knapp. Dann teilen sie sich in Familien, behalten aber lockeren Stammeskontakt. Bei Pferden, Wölfen und Primaten spalten sich die männlichen halbwüchsigen Nachkommen vom Sippenverband ab und gehen ihre eigenen Wege.

Robustpferde leben das ganze Jahr in relativer Freiheit auf riesigen Grasflächen und bleiben im Großen und Ganzen sich selbst überlassen. Die Geburten finden unter freiem Himmel meist einige Stunden vor Sonnenaufgang statt. Ohne gesteuerte Bedeckung werden auf diese natürliche Weise 95 bis 100 Prozent Fruchtbarkeit erreicht, Prozentzahlen, von denen Züchter mit Stallhaltung und Hormonspritzen, die oft nur gut die Hälfte erzielen, nur träumen können.[6]

Hierzu ist zu sagen, dass auch in Europa weit über das 16. Jahrhundert hinaus Pferdehaltung in Ställen noch nicht üblich war und erst in geschichtlich neuerer Zeit die Regel wurde, seitdem es an Platz, landwirtschaftlichen Ödflächen und ungenutzten Brachlandschaften fehlte. Man unterschied damals in Europa verschiedene Formen der Pferdehaltung: Die „wilden“ Gestüte, wo

Herden mit Stuten, Hengsten und Nachkommen frei umherstreiften und sich ihr Futter selber suchten mit naturnahen Selektionsverlusten bei den Jungpferden im ersten Winter; „halbwilde" Gestüte, die damals noch die Regel darstellten und wo die benötigten Pferde einfach herausgefangen wurden; und erst später zunehmend mehr „zahme" Gestüte, die an Gebäude und Kontrollen gebunden waren. Das, was wir heute in Deutschland als unzumutbar für unsere Pferde halten, hat es also auch in unseren klimatischen Breiten früher gegeben. Wildpferde leben bei freier Futtersuche doppelt so lange wie ihre zivilisierten Brüder mit kontrollierten Bewegungsabläufen, Hafer und Einsperrung in einen Stall.[6] Viele Pferde sind heute auf den Hund gekommen. Es gibt Ställe ohne Tageslicht, aber mit Goldknaufen an den Türen. Nach Untersuchungen der Universität Bern haben durch Stallhaltung 10 Prozent der Pferde in der Schweiz Asthma, 7 Prozent (mit hoher Dunkelziffer) Verhaltensstörungen wie Benagen, Koppen, Weben, Wandschlagen, Headshaking und andere Stereotypien. Und wir sollten uns fragen, weshalb es heutzutage so viele neue oder häufigere Krankheiten bei Pferden gibt wie Cushing, Cob, Hotspots, KPU, Headshaking, Zuckerstoffwechselstörung EMS, Allergien und Immunkrankheiten. Pferde werden in Deutschland nur durchschnittlich acht Jahre alt wegen übermäßigen Sporteinsatzes und artfremder Haltung. Dabei können sie eine potenzielle Lebenserwartung von mehr als 30 Jahren erreichen.

Das Urpferd ernährte sich auch nicht so einseitig wie unsere Stallpferde, es fraß neben verschiedenen Gräsern circa 1.000 verschiedene Pflanzen, auch Hagebutte, Brombeere, Bodendeckerpflanzen, Flechten, Zwergsträucher, Nadelbaumspitzen, Blüten, Äste, Kräuter, Blätter, Laub, Knospen, Rinden, Knollen, Wurzeln, Früchte, wie man aus versteinertem Mageninhalt von Nordpferden feststellen konnte. Das Nahrungsspektrum von Pferden könnte heute noch etwa 300 verschiedene Pflanzen umfassen, aber auf deutschen Koppeln findet sich nur ein Bruchteil davon.[11]

Aus allem vorher Gesagten ergibt sich, dass für alle Reitpferde Offenstall im Herdenverband mit möglichst ständigem Weidegang die optimale Haltungsform darstellt. Ist dies nicht möglich, sollten wenigstens Außenboxen durch Frischluft und Klimareize Atemwegserkrankungen vorbeugen sowie Stumpfsinn und Vereinsamung minimieren, indem durch Blickkontakt mit Artgenossen Teilnahme am Außenweltgeschehen ermöglicht wird.[6] Aber das Neueste auf dem Pferdeartikelmarkt sind Boxenvorhänge! 80 Prozent aller Pferde stehen immer noch in vergitterter Einzelhaft. Wen wundert's, dass ein

Ideale Pferdeanlage

Drittel dieser Stalltiere als verhaltensgestört gilt. Pferde brauchen keine Ställe, Pferde brauchen andere Pferde![7] Isolierhaft ist die größte psychische Strafe, die man einem Pferd antun kann! Und zwar für alle Gruppentiere, einschließlich Menschen. Boxen- und Ständerpferde sind allerdings leichter zu unterwerfen oder, sagen wir, hündischer, nämlich dankbarer auszubilden als Herdenpferde. Je mehr sich die Lebensbedingung für ein Pferd verbessert, desto weniger ist es zur Arbeit bereit, womit es sonst nur der Langeweile seines Gefängnisses zu entkommen sucht und seinem Bedürfnis nach Bewegung, Frischluft und Sozialkontakt nachgibt. Aber möchten wir das wirklich wissen?

Mit anderen Worten: Robustpferdehaltung macht nicht nur die Pferde glücklich, sondern ist zudem ein einfaches, extrem natürliches und billiges Haltungssystem, das so gut wie keine Kosten von Tierarzt oder Schmied kennt. Dies ist besonders erstaunlich, da das in Freiheit gefundene Futter in manchen Regionen nur aus Büschel- und Hartgräsern besteht, die oft auf salzigem Sandboden wachsen, der extrem mineral- und kalziumarm ist.[6]

Warum schaffen es diese Tiere mit solch energiearmer Nahrung trotzdem, eine solche Menge an Körpermasse zu bilden und sich noch fortzupflanzen? Das schaffen sie nur, weil sie Milliarden winziger Helferlein in Form von Kleinstlebewesen in ihren langen Därmen Wohnrecht bieten. Die sind in der Lage, Schwerverdauliches und Energiearmes in Wertvolles und Resorbierbares umzuwandeln. Das Pferd hat einen mindestens zehnmal so langen Darm wie sein Körper. Auf dieser langen Strecke leisten Darmbakterien, Einzeller und Pilze lebenswichtige Arbeit in der Aufschlüsselung stabiler Zellulose- und Stärkeverbindungen der aufgenommenen Pflanzen sowie Herstellung von Vitaminen, Enzymen und Fettsäuren. Ohne diese Mikroben kann unser Einhufer nicht überleben, er würde verhungern. Trotzdem wird beim Pferd nach ein bis 2 ½ Tagen Darmreise noch eine große Menge Unverdauliches ausgeschieden, etwa 20 bis maximal 50 Kilogramm in 12 Einzelportionen, also etwa alle ein bis zwei Stunden. Da der Apfel nicht weit von Pferd fällt, stellt diese Menge die größte arbeitstechnische Herausforderung in städtischer Pferdehaltung dar und ist ein Grund, warum man Pferde schlecht stubenrein machen kann.

Beim Menschen hängt seine Darmbesiedlung von seiner Ernährung ab. Sie ist bei Vegetariern und mehr fleischbetonten Essern verschieden. Je mehr verschiedene Keime, desto besser. Bei keiner Menschenrasse hat man so viele verschiedene gesunde Darmbewohner gefunden wie bei dem Amazonas-Stamm der Jäger und Sammler der Yanomami. Naturvölker beherbergen 40 Prozent mehr Arten von Darmorganismen als Westeuropäer. Sie kennen weder Übergewicht, noch Diabetes, Herzinfarkt oder Depression. Je größer die Artenvielfalt im Darm, desto geringer ist das Krankheitsrisiko. In der westlichen Welt ist die Darmflora durch einseitige Ernährung, fast steriles Umfeld, Desinfektionsmittel und Antibiotika verarmt.

Die Stuhlmenge variiert mit der Verdaulichkeit. Der relativ kurze Darm im Verhältnis Körper/Darm entspricht eins zu fünf wie beim Hund, was wiederum ein Argument mehr für die Fleischessernatur des Menschen ist. Er hat zudem relativ wenige Enzyme zum Abbau pflanzlicher Fasern. Als flexible Allesesser verdauen wir Grünzeug schlechter als Pferde und Fleisch schlechter als Hunde.[48] Unsere Verdauungsleistung bemisst sich im Wesentlichen an 400 verschiedenen Bakterienstämmen in unserem Darm, je artenreicher desto gesünder. Ihre gesamte Menge beträgt als Trockengewicht zehn Prozent unseres Körpers und ihre Gesamtzahl an Zellen überschreitet die Zahl der Körperzellen um das Zehnfache, wenn wir auch noch die Flora auf Haut und

Welpe peppt seine Darmflora auf

Säugen beugt Krankheiten vor

Fohlen beimpft sich mit Darmflora der Mutter

in anderen Organen wie Mund, Geschlechtsorganen etc. dazuzählen. Allein eine Milliarde leben im Darm, die etwa 1 ½ Kilogramm dort ausmachen.[5] Wenn sie sich pudelwohl fühlen, leisten sie nicht nur gute Verdauungsarbeit, sondern sie produzieren auch noch Vitamine und Schleimhautschutzstoffe.

Wie aber kommen diese Keime in unseren Körper, schließlich essen wir keine Kuhfladen wie die Hunde? Alle Säugetiere werden so gut wie steril geboren und dann als erstes von der Mutter individuell durch den Geburtsvorgang beimpft, der genau die Mikroben weitergibt, die die Mutter im Allgemeinen gesunderhalten haben und die ihrer Umwelt und Nahrung entsprechen. Durch Säugen bzw. Stillen sowie Küsschengeben, ja sogar durch das Schnullerablecken werden dann weitere übertragen. Fohlen fressen zudem in den ersten Lebenstagen die Pferdeäpfel ihrer Mutter aus demselben Grund. Leider können sie damit auch gleich die Würmer aufnehmen, die die Stute ausscheidet.

Wenn es nicht zu viele sind, wirken diese wie eine natürliche Anti-Allergie-Impfung. Und Naturvölker schmieren ihren Stuhl auf die Brustwarzen, um ihre Kinder abzustillen, und sie gleichzeitig fähig zu machen, mit Hilfe der damit übertragenen Bakterien jetzt selbst Erwachsenenkost verdauen zu können. Ihre Kleinkinder werden mit vorgekauten Bissen, schließlich gab es früher noch keine Moulinette, die ihnen in den Mund geschoben werden, darauf vorbereitet. Schimpansen machen das auch so. Damit werden gleichzeitig nützliche Mundkeime mit übertragen. Dieser Liebesbeweis hat sich als Küssen erhalten. Viele Hundezüchter wissen nicht, dass eine instinktstarke Hündin nach Wolfsart ihren Welpen Futter vorwürgt.

Wie sollte dementsprechend gesunde Ernährung bzw. Fütterung aussehen? Der Darm ist unser zweites Gehirn. Er steuert mit 100 Millionen Nervenzellen und den gleichen Botenstoffen unser Bauchgefühl, im direkten und übertragenen Sinne, und ist das wichtigste Immunorgan zur Abwehr von Krankheiten, nicht nur den Verdauungsapparat betreffend.

Die Natur beantwortet alle Fragen, denn es ist nicht die Ärztin oder der Tierarzt, der heilt, sondern „natura sanat". Es ist letztlich immer die eigene Selbstheilungskraft, die zur Gesundung führt. Der Entdecker Amerigo Vespucci bemerkte noch 1501 über die in Brasilien angetroffenen Indianer, dass sie sehr alt würden, keine Krankheiten und keine Seuchen kennen.[48] Auch die Aboriginis behaupten, dass sie gesund waren und keine Krankheiten kannten bis der weiße Mann kam. Deshalb macht es Sinn, zu fragen, wie die Vorläufer der heutigen Menschen, Hunde und Pferde sich damals ernährten, um die Fragen zu beantworten, ob Zweibeiner beispielsweise alle besser Vegetarier werden sollten und welches denn nun die gesündeste Ernährung für Homo sapiens und unsere domestizierten Tiere ist. Immerhin gibt es unsere moderne Industriekost für Mensch und Tier ja erst seit etwa gut einem halben Jahrhundert. Eines steht fest: gesünder sind alle dadurch nicht geworden. Wir haben nämlich heute nicht weniger, sondern andere Krankheiten, und wie der Biophysiker Fritz Albert Popp sagt, sterben wir nur länger. Früher litten die Menschen mehr an Infektionen, Hungerperioden und Kriegsgeschehnissen. In den entwickelten Ländern sterben heute 95 Prozent langsam und an chronischen Krankheiten.

Durch die Rückführung auf möglichst natürliche Ernährungsweisen lassen sich bei Mensch und Haustier aber noch viele Krankheiten vermeiden oder sogar heilen. Es ist besser, gesund zu bleiben als gesund zu werden. Zwei Drittel der Menschheit vertrauen heute noch auf Heilpflanzen. An der Verbreitung von beidem ist aber unsere heutige Industriegesellschaft wenig interessiert, obwohl der Erfahrungszeitraum von Heilkost und -pflanzen um ein Vielfaches größer ist, sich in Tausenden von Jahren bewegt und die älteste Therapieform überhaupt darstellt.

Hunde wollt ihr ewig leben? Die Lage bei Tier und Mensch sowie bei Lebens- und Futtermitteln ist vergleichbar. Aber viele wollen es eigentlich auch gar nicht wissen. 70 bis 85 Prozent der Hundehalter in den Westländern würden ohne Fertigfutter keinen Hund kaufen. Sie sollten es bleiben lassen. Oder haben wir nur noch Kinder, weil es Hipp-Gläschen gibt?

Die grundsätzliche Frage bleibt aber bestehen: Was wäre die gesündeste Ernährung für uns und unsere Haustiere? Die Ernährung gehört zweifellos zu den wichtigsten Umweltfaktoren, denen der Mensch und seine Heimtiere ausgesetzt sind. Wäre es denn sinnvoll, dass wir Menschen alle zu Vegetariern würden? Die sind nämlich stark auf dem Vormarsch, vier bis zehn Prozent aller Deutschen is(s)t bereits fleischlos glücklich. Prominente wie Nina Hagen, Rapper Thomas D., Paul McCartney oder Marc Tyson seien hier genannt. Weltweit lebt aber nur weniger als ein Prozent der Menschheit freiwillig vegetarisch und nur 0,1 Prozent der Menschen ist freiwillig Veganer. Dabei gibt es eigentlich biologisch gar keine eindeutige Trennung zwischen Tier und Pflanze. Auch letztere sind reagierende, lebende Wesen. Beispielsweise stellen Korallen, Mikro- und Kieselalgen, Afa-Algen oder Cyanobakterien und alle Einzeller einen fließenden Übergang zwischen Pflanzlichem und Tierischem dar. Pilze sind keine Pflanzen, sie ernähren sich eher wie Tiere und haben keine Fotosynthese. Es gibt sogar Meeresschnecken, die aussehen wie ein Blatt und auch wie diese Photosynthese betreiben. Man kann sie gar nicht genau zuordnen, da sie Eigenschaften von Tierischem und Pflanzlichem besitzen. Auch reine Fleischfresser nehmen pflanzliche Nahrung über die Verdauungsorgane ihrer Beutetiere auf, so wie Pflanzenfresser mit Gras, Obst und Blättern unzählig viele Kleinlebewesen verspeisen.

Lieber sollten wir weniger Fleisch und das von artgerecht gehaltenen oder Wildtieren essen, das wäre Tierschutz, lieber wenig Wildschwein als viel Hausschwein zu sich nehmen. Menschen leben seit Jahrmillionen von Bushmeat. Die Halbsesshaften und Nomaden, die mit Yak, Rind, Kamel oder Ren durch die Landschaften zogen, hatten einen menschen- und tierverträglichen Mittelweg gefunden, ganz ohne Ausbeutermentalität. Sie nehmen, um Milch zu bekommen, nicht mal die Kälber oder Lämmer ihren Müttern weg. Bei uns gehen die Kühe vor Pein selbst zur Melkmaschine, anstatt ihr Kind zu rufen.

Aber die Politiker in der ganzen Welt zwingen diese Menschen, dauerhaft wohnhaft zu werden und lieber Industriekost zu sich zu nehmen. Dabei ist es die umweltverträglichste Lebensweise von Selbstversorgern, die es gibt. Regierungen sind in Denkmustern gefangen, wo inzwischen Tiere mehr geschützt werden als indigene Völker, die dann auch auf die Aussterbeliste gesetzt werden. Wir zivilisieren sie, dabei müssten sie uns lehren, wie sie umweltbewusst und respektvoll mit Fauna und Flora umgehen oder umgegangen sind. Dabei ist schon länger klar, dass unser westliches Lebensmodell so nicht mehr aufrechterhalten werden kann.

Unter den Fleischlos-Essern sind auch immer mehr Hundehalter, die ihre Küche unbefleckt halten und keinem Lebewesen was zuleide tun wollen. Aber wer das Schaf schützt, tötet den Wolf. Mit käuflichem Standardtütenfutter lügen sie sich selbst in die Tasche, denn darin ist nur alles schön verfremdet, dafür müssen auch Tiere sterben, auch wenn es nur die Reste der menschlichen Fleischproduktion sind. Ein totes Tier ist ein totes Tier, auch wenn es in Einzelteilen vorliegt. Der Hund ist aber nun mal kein Pony, und ihn vegetarisch zu ernähren, ist einfach nicht artgerecht. Wer Probleme damit hat, dass es ein Lebewesen gibt, das eben anders ist und isst als der Mensch, der sollte sich auf solche Haustiere beschränken, die von Natur aus Pflanzenfresser sind. Kaninchen sind auch sehr nette Tiere. Hunde werden krank durch veganes Futter, es sei denn, es sind künstliche Zusätze untergerührt. So produzieren ethische und ökologische Gründe wieder neues Leid.

Bedenkt man die vielen Fleischskandale oder BSE, so würden allerdings sicher noch mehr Menschen gerne auf Fleischkonsum verzichten, schrecken aber vor der ungewohnten Ernährungsweise zurück. Interessant ist, dass es trotz Verkauf von Gammelfleisch nirgendwo zu Krankheitsfällen gekommen ist. Sollte da noch etwas von unserer Aas-Esser-Natur übriggeblieben sein?

Während kein Körnerfresser einen Fleischfresser frisst, hat der Fleischfresser den Körnerfresser zum Fressen gern. Daraus leiten viele die These ab: Fleischfresser sind aggressiv, Pflanzenfresser sind pazifistisch. Gilt das auch für den Menschen? Leben wir denn gesünder oder friedlicher ohne Fleisch? Jedenfalls steht fest, dass Inuits noch nie Kriege geführt haben. Und warum gibt es noch die ganz Unermüdlichen, die noch der prähistorischen Selbstbeschaffung in Form von Jagd anhängen, anstatt nur moderne Schlachthäuser den zuweilen mühsamen Arbeitsaufwand erledigen zu lassen?

Fest steht: Es ließen sich mehr Menschen auf diesem Globus ernähren, wenn mehr Menschen weniger Fleisch essen würden, denn die siebenfache

Menge an Kalorien wird für die Veredelung von Pflanzlichem zu Tierischem gebraucht. Fest steht auch, dass Menschen vegetarisch überleben und leistungsfähig bleiben können, sofern sie sich mit entsprechendem Wissen wappnen. Es reicht nicht, bei normaler Kost einfach das Fleisch wegzulassen. Nur abwechslungsreiche Vollwertkost kann die fehlenden Wertstoffe an Kalzium, Eisen, Vitamin B12 und essenziellen Fett- und Aminosäuren ersetzen, wenn auf Tierisches verzichtet wird. Bio? Logisch! Fest steht aber auch: Hundertjährige sind keine Veganer. Weder Buddha, noch Jesus waren Vegetarier und Rudolf Steiner und Margot Käßmann auch nicht. Weder Buddhismus noch Hinduismus schließen Fleischverzehr grundsätzlich aus. Dem tibetanischen Dalai Lama hat sein Hausarzt Fleisch verordnet, weil ihm rein vegetarisches Essen gesundheitliche Probleme bereitete. In Teilen Tibets waren Jagd und Fischfang schon immer die Lebensgrundlage, weil Agrikultur nicht möglich war. Ausgerechnet jagende Völker wie auch die Grönländer zählen zu den friedfertigsten.[149]

Um diesen Fragen nachzugehen, scheint es sinnvoll, unsere Ernährung mit unseren nächsten Vorfahren, den Schimpansen, zu vergleichen. Mit denen verbinden uns nämlich immer noch fast alle Gene, nämlich 98,7 Prozent.[78] Evolutionär gesehen hatten wir 99 Prozent der Zeit mit ihnen die gleichen Ahnen. Der Genetiker André Langaney behauptet: „Der Mensch stammt nicht vom Affen ab. Er ist ein Affe!"[146] Bekannt ist die sprichwörtliche Banane, die diese mit Genuss verspeisen. Früchte sind in der Tat nicht nur das älteste, sondern auch das gesündeste Nahrungsmittel für Mensch und Primaten, wovon sich Letztere bis zu 60 Prozent ernähren, neben 20 bis 30 Prozent Blättern, Stängeln, Knospen, Blüten, Sprossen, Wurzeln und Pilzen, sowie 18 Prozent Nüsse und Samen von insgesamt 320 verschiedenen Pflanzen. Vielfalt ist ein Kriterium jeder gesunden Ernährung. Menschenaffen finden ungesättigte Fette in Insekten und Nüssen. Ihre gesamte Nahrung besteht bis zu einem Drittel aus Ballaststoffen, während der moderne Europäer lediglich fünf Prozent davon zu sich nimmt.[71] Weniger bekannt dürfte sein, dass Schimpansen auch bis maximal 10 Prozent tierische Nahrung in Form von Maden, Termiten, Heuschrecken, Raupen und Larven, außerdem Eier, Eidechsen, Mäuse, Jungvögel und Aas zu sich nehmen. Ja sie machen sogar mit benagten und angespitzten Speerstöcken als Waffen strategische Jagd auf Pavianjunge, Antilopenkitze oder Ferkel, die sie durch Biss in den Kopf töten. Töten und Verzehr ist also eine Verhaltensweise, die schon die Primaten und nicht erst die Hominiden entwickelt haben, ob uns das nun gefällt oder nicht.[71] Unsere tierischen Vorfahren sind keine friedfertigen Vegetarier. In Zoos werden Schimpansen aggressiv, wenn sie nicht hin und wieder tierisches Eiweiß bekommen. Auch unfreiwillige menschliche Veganer neigen zu Übellaunigkeit. In der freien Wildbahn tauschen die Männchen begehrlich Fleischstücke mit Weibchen gegen Sex. Heute ist Schmuck das Tauschobjekt.

Schimpansen sind, wie wir, Allesfresser, wie auch fast alle anderen Primaten. Das menschliche Gebiss ist immer noch an animalische Nahrung angepasst und verschleißt sich schnell bei rein vegetabiler Ernährung.[162] Übrigens essen alle freilebenden Primaten nur am Morgen und am Abend jeweils drei Stunden mit sehr viel Bedächtigkeit und ausgiebigem Kauen, dazwischen ruhen sie. Pferde halten es in Freiheit ähnlich. Das stellt modernes Trockencräcker-Dauernibbling, permanente Leckerchen und ständige kleine Zwischenmahlzeiten bei Mensch und Haustier doch sehr in Frage. Die moderne Ernährungsforschung empfiehlt zur Entlastung des Verdauungsapparates inzwischen große Fastenzeitpausen von bis zu 16 Stunden. Das dient auch dem Schutz vor Diabetes und Übergewicht.

Die ersten Hominiden (Australopithecus), also menschenähnliche Aufrechtgänger, waren wie die Menschenaffen hauptsächlich Sammler, dann Aasesser, die das Restfleisch von Beutetieren der Raubtiere klaubten. Schon das Sammeln betraf nicht nur Grünzeug, sondern auch nicht Veganes wie Eier, Muscheln, Maden, Heuschrecken, Eidechsen, Mäuse. Richtige strategische Jäger wurden sie erst später. Anstatt unsere Vorfahren „Jäger und Sammler“ zu nennen, sollte man sie deshalb eher als „Sammlerinnen, Fischer und Jäger“ bezeichnen. Sie sammelten und aßen 65 Prozent Früchte, besonders Beeren, Wildgemüse und Wurzeln, Nüsse, Samen und Honig, aber auch Schildkröten- und Straußeneier. Bei den Frühmenschen (Homo habilis), also seit 2,3 Millionen Jahren, wurde dann mehr Fleisch in die Nahrung mit einbezogen, auch das wurde in der Hauptsache in Form von Aas gesammelt von natürlichen Todes gestorbenen oder gestrandeten Wassertieren. Verglichen mit den Primaten, aßen sie bereits bis zu 35 Prozent Fisch und Wild, also mehr als dreimal so viel. In Urgemeinschaften wurde nie freiwillig vegetarisch oder fastend gelebt, nur gezwungenermaßen in Notzeiten. Kann man sich einen Indianer als Veganer vorstellen?[51]

Man hat aber in der frühen Steinzeit lange nicht so oft Fleisch gegessen, und wenn, im Gegensatz zu heute, dann fast alle Teile des Tieres, neben den Muskeln auch Blut, Leber, Niere, Hirn, Hoden, Drüsen, Euter, Speck und Knochenmark. Fleisch war nur Ergänzung, denn die Jagd auf Riesenmammut oder Säbelzahntiger war viel zu gefährlich. Der Frühmensch war selber noch ein Gejagter. Jäger in Urzeiten wanderten nahrungslos stunden- bis tagelang bis zu 10 Kilometer und weitere Strecken bis sie endlich wieder etwas Erlegbares fanden, was dann erhebliche körperliche Anstrengung erforderte und in Hetzjagden endete. Wichtige Helfer waren die ersten Hunde. Man nimmt an, dass die Menschen ihre Jagdstrategien von den Wölfen abgeschaut haben und die Neandertaler ausstarben, weil sie keine Hunde kannten. Denn in Begleitung von Hunden erlegen Jäger 56 Prozent mehr Wild.[124] Bei Wölfen glückt nur einer von etwa zehn bis 14 Versuchen. Menschliche Jäger kehren in neun von zehn Fällen ohne erlegtes Wild zurück.

Bei Mensch und Kanide lösen aktive, Dopamin produzierende Neuronen im Gehirn den Erkundungsdrang aus, den die Wissenschaftler „Seeking Emotion" nennen, wenn sie vom Gefühl des Hungers getrieben losziehen, um sich um Nahrung zu kümmern. Raubtiere töten immer leise. Man weiß, dass dabei der Schaltkreis Wut nicht aktiviert wird.[38] Ein Wolf, der ein Reh erbeutet, fühlt sich genauso gut wie ein Schimpanse, der eine reife Banane entdeckt. Aber ein Raubtier, das alles tötet was sich bewegt, wird bald nichts mehr zu fressen haben. Der Jagdimpuls muss sogar unterdrückt werden, bis die Beute auch wirklich erlegt werden kann. Selbstbeherrschung ist ein wichtiges Kriterium des Erwachsenwerdens bei Tier und Mensch, ja ein Kulturkriterium. So gut wie kein Tier tötet wahllos alles, was ihm über den Weg läuft. Daran sollte sich auch der Mensch halten, was er leider in seiner Historie nicht immer getan hat und immer noch nicht tut.

Anthropologen nehmen an, dass die Urmenschen sich auch an den Resten von Raubtieren erlegter Beutetiere bedient haben, wenn diese ruhten, da diese energie- und risikoärmer zu erlangen waren. Dieses Fleisch wurde wie alles andere auch zuerst roh verspeist. Es machte länger satt als Obst und Blätter und war deshalb eine wichtige und begehrte Nahrungsquelle. Ein Kilo Wild gibt sechsmal mehr Kalorien als dieselbe Menge Beeren. Die Proteine im Fleisch sind außerdem dem eigenen Körperaufbau in ihrer Struktur ähnlicher und erfordern deshalb vom Organismus weniger Umbauarbeit als Pflanzen. Aus 100 Gramm Fleischeiweiß kann der Mensch 90 Gramm körpereigenes Eiweiß bilden. Auch auf Grund der enthaltenen essenziellen Fett- und Aminosäuren gilt tierische Eiweißnahrung als biologisch wertvoller. Vielleicht essen deshalb Kleinkinder instinktmäßig lieber die Wurst vom Brot. Viele wichtige Stoffe kann der menschliche Organismus zwar selbst zusammenbasteln, andere muss er aber fix und fertig aus der Nahrung beziehen, aus Ei, Fisch, Fleisch und

Milch. In Pflanzen ist ihr Bausatz nicht komplett, das gilt noch mehr für Kaniden. Das heißt nichts anderes, als dass sich die kognitive Ausrüstung unserer Vorfahren mit dem Evolutionsbeschleuniger Fleisch schneller entwickelte. Es ist bekannt, dass sich durch proteinreiche Ernährung die Lernverarbeitung der Nervenzellen verbessert.[162] Es gilt bis heute: Die bei Vegetariern und noch mehr bei Veganern fehlenden Stoffe müssen dann per Tabletten zugeführt werden, wenn kein gesundheitlicher Schaden entstehen soll. Diese werden mit Hilfe genmanipulierter Bakterien bzw. synthetisch hergestellt. Dabei werden GVO-manipulierte Organismen als lebende Fabriken genutzt. Gemäß der Deutschen Gesellschaft für Ernährung fehlen besonders Eisen, Jod, Zink und Selen, die Vitamine B12, B2 und D3, die langkettigen Omega-3- Fettsäuren und essenzielle Aminosäuren.[161] Diese menschliche Ernährungsweise erscheint mir nur machbar in den Tropen, wo ganzjährig sonnengereifte Früchte wachsen, oder in einem Wirtschaftswunderland wie bei uns, mit breitem Nahrungsergänzungs- und ökologisch unsinnigem Importspektrum. Wie vollwertig kann eine Ernährung sein, die nur mit Pillen gesund erhält? Wo Blutdiagnosen nötig sind, um Mangelkrankheiten zu vermeiden? Wo neuen Lifestyle-Lebensmitteln mit jeder Menge Verarbeitungs- und Zusatzstoffen nur ein Als-ob-Anstrich gegeben wird? Wissen eingefleischte Veganer eigentlich, wie B12 Vitaminpillen hergestellt werden? Sie sind nämlich sehr schwierig nachzubauen und werden von genmanipulierten Mikroorganismen synthetisch als Cyano- oder Methylcobalamin hergestellt. Diese müssen vom Körper aber noch aktiviert werden. Der ganze Prozess dabei ist noch keineswegs ausreichend erforscht. Und wie halten es Veganer mit Impfungen? Nur soviel: Jährlich werden in Deutschland eine halbe Million Hühnereier für ihre Herstellung verbraucht.

Erst vor etwa 60.000 Jahren fing der Mensch an, sich über die ganze Erde zu verteilen, denn er stammt ursprünglich vom afrikanischen Kontinent, wie der Schimpanse. Die Schimpansen sind in Afrika geblieben, der Mensch hat die ganze Welt erobert und ist in die unwirtlichsten Gefilde des Nordens vorgedrungen, wo es gar nichts anderes gab als die Jagd, um am Leben zu bleiben. Würden die Nordländer alle Vegetarier, wären sie von klimaschädlichen Importen abhängig. Und ohne kommerzielle Bienenhaltung für den Honig gäbe es sowieso kein Obst mehr. Schließlich leben Milchkuh und Henne ebenso weiter wie der Baum, der uns die Früchte gibt. In vielen Teilen der Welt, wie im Norden Skandinaviens, in der Mongolei, Tibet oder Sibirien, ist kein Ackerbau möglich. Die Nutztierhaltung von Rentieren war eine der ersten der

Menschheit und bestimmt bis heute die Landschaft, Kultur und Ernährungsweise der dortigen Bevölkerung. Wer Fleisch verschmäht, tötet den Bauern, den Nomaden, das Schaf, das Rind oder das Kamel. Auch der Bruderhahn muss gegessen werden, damit er leben kann. Steppe, Prärie, Savannen, Pampa, Almwiesen und Heidelandschaften würden sich ohne Weidevieh in Buschland und Wald verwandeln. Durch Weidetiere werden sie vor Erosion geschützt und gedüngt. Fleisch aus Weidehaltung ist nachhaltig und die beste Methode, einer für Ackerbau nicht nutzbaren Fläche Essbares abzugewinnen. Menschen können nun mal nicht von Gras leben, da es für sie unverdaulich ist. Nicht Fleisch zu essen ist schlecht, sondern die industrielle Landwirtschaft, die Tiere zu Produktautomaten und Nahrungskonkurrenten des Menschen macht. Mehrheitlich Frauen sind Veganer. Ihr Mangel an den tierischen Fettsäuren DHA und EPA kann bei ihren Kindern ADHS Vorschub leisten, weshalb man Schwangeren Fisch empfiehlt.[92] Ein Mangel der Mutter an Vitamin B12, welches ebenfalls nur in tierischen Nahrungsmitteln vorkommt, kann ebenfalls auf ihre Kinder übergehen, die dann Autismus oder Kretinismus entwickeln können, irreversibel verzögerte Gehirnentwicklungen. Diese beiden Stoffe sind nämlich bereits intrauterin für den Hirnaufbau elementar. Wenn dann noch weiterhin vegan ernährt wird, können die Babys weitere Nervenschäden erleiden. Bis zu fünf Promille der Neugeborenen sind inzwischen davon betroffen, weil 90 Prozent der Veganermütter selbst Mangel haben. Wenig bekannt ist, dass es Mikroalgen gibt, die chemisch nachweisbares Cobalamin enthalten. Es kann jedoch dem menschlichen Organismus nicht verfügbar gemacht werden, behindert die Aufnahme von verwertbarem B12 sogar, denn auch bei Kindern von Müttern, die Algenpillen geschluckt hatten, wurden entsprechende Schäden festgestellt. Es gibt nämlich drei Formen von B12, nur eine davon können Menschen verwerten. So hat fanatische Tierliebe oder Gesundheitswahn bereits etliche behinderte Kinder hervorgebracht.[87, 118] Ich sollte mal ein Buch „Barfen für Babys" schreiben.

Sogar reine Pflanzenfresser wie das Pferd brauchen nämlich als Wachstumsbeschleuniger erst mal tierische Proteine, nämlich Muttermilch. Ihr B12 nehmen sie zusätzlich über den Kot der Mutter auf, dann über die Bakterien ihrer eigenen Darmflora. Auch bei Pflanzenfressern gelangen mit Gras und Blättern viele Kleinlebewesen unabsichtlich und nebenbei in ihre Nahrung. Ich möchte nicht wissen, wie viele winzige Spinnen und Raupen und andere Kleinlebewesen selbst Veganer, ohne es zu wissen, mit ihrem Salat schon gegessen haben. Oder den Farbstoff Karminrot in Joghurts, der aus Läusen

Auch Pflanzenfresser brauchen tierische Proteine

gewonnen wird. Von Schimpansen als Allesfresser ist bekannt, dass sie mit höherer Zufuhr an tierischer Kost mehr lebensstarke Junge gebären.[71] Selbst bei den friedfertigsten Geschöpfen unserer Erde, den Pflanzen, gibt es 600 fleischfressende Arten, die Tiere töten und fressen, um an wertvollere Nährstoffe zu gelangen, als es mit höherem Energieaufwand über die Wurzeln möglich ist. Und sie wehren sich mit Stacheln und Giften gegen Fressfeinde.

Über die hier zu betrachtenden Spezies lässt sich ganz allgemein sagen: Fleischfresser haben ein größeres Hirn, aber kürzeren Darm mit kurzer Fress- und Verdauungszeit, Pflanzenfresser weniger Gehirnkapazität, aber lange Fresszeiten mit großer Verdauungsleistung. Entscheiden Sie selbst, zu welcher Gruppe der Mensch gehört!

Die „neuen“ Allesesser, die mehr Fleisch aßen, waren lebenstüchtiger und verdrängten die Australopethicinen um 1 Million v. Chr. von der Erde. Ihr

Gehirn wurde um 50 Prozent größer. Mit größerem Hirn verbesserte sich die Kommunikationsfähigkeit des Menschen. Die Frau erfand die Sprache, denn die ältesten Wörter beziehen sich auf ihre Tätigkeiten, wozu die Kindererziehung und das Abrichten von Tieren gehörte, eine Kulturleistung, von der selten die Rede ist.[108] Nach Prof. Popp ist nämlich nicht Survival of the fittest der entscheidende Faktor für Weiterentwicklung, sondern die Fähigkeit zu Kommunikation und Kooperation.[57] Fit heißt nämlich nicht nur stark, sondern eben auch angepasst. Auch bei den Schimpansen sind die Weibchen für die kulturellen Errungenschaften und entsprechende Anpassungen zuständig.[67] Das betrifft den Werkzeuggebrauch und die Höherentwicklung der Lautverständigung, die einen sprachlichen Sinn haben.[132] Neue Ideen und Fertigkeiten werden wie Gene der nächsten Generation weitergegeben. Kultur ist die überindividuelle Gemeinsamkeit einschließlich der Entwicklung neuer vorteilhafter oder nachteiliger Verhaltensmuster. Sie beschränkt sich nicht nur auf den Menschen.

Etwa ab 300.000 v. Chr. verstanden unsere Vorfahren dann auch, systematischer in Gruppen zu jagen, Tierwanderungen für sich zu nutzen und mit Hilfe überdachter Strategien in Treibjagden auch mehr Großwild wie Mammuts, Wildpferde oder Springböcke zur Strecke zu bringen, indem sie Tiere in Schluchten oder Sümpfe trieben. Das hatten sie von den Wölfen abgeschaut. Nicht die Wölfe schlossen sich den Menschen an, sondern umgekehrt. Die Menschen folgten den Wölfen, denn die wussten, wo Wild zu finden war. Wölfe waren die effizientesten Jäger, mit denen sich unsere prähistorischen Vorfahren vor Tausenden von Jahren um Beute streiten mussten. Wer lernte hier von wem? Und dann lese ich wieder: Der Mensch verdanke den Erfolg seiner Spezies der Fähigkeit zu kooperieren. Nein, die gab es wirklich schon lange vorher.

Zum Teil durch Überjagung starben Mammut, Riesenfaultier und Mastodon schon früh aus. Immer wieder lese ich, dass angeblich die Entwicklung der Sprache den Menschen bei der Jagd wesentlich unterstützte.[56] Dagegen spricht, dass ja schon Schimpansen Treibjagden auf kleinere Affen machen. Auch Wölfe jagten schon immer in großen Zeit- und Landschaftsräumen strategisch und lautlos, ohne je die menschliche Sprache bemüht zu haben. Erst der Mensch hat später lediglich aus Eigeninteresse Hunde mit Spurlaut selektiert, um das Wild zu finden. Auch die Schleppjagd mit Pferden folgt dem Geläut der Hunde. Frauen haben bis heute ein entwickelteres Sprachzentrum als Männer, die normalerweise ja zur Jagd gingen. Buschmänner benutzen bis heute dafür ein ausgefeiltes System von Handsignalen. Außerdem weiß der dümmste Jäger, dass man ohne zu quasseln wohl eher zum Schuss kommt.

Die Jagd brachte für die Zweibeiner auch neue Werkzeuge zum Zerlegen von Tieren. Da die Beutetiere jetzt komplett anfielen, ergaben sich auch weitere Verwendungsformen für ungenießbare Teile: Knochen als Angelhaken, Sehnen als Fäden, mit denen sich Felle zusammennähen ließen, die es den Menschen ermöglichten, mit Fellkleidung und Dächern aus Tierhäuten auch in kälteren Regionen zu leben.

Durch die Nutzbarmachung des Feuers vor etwa 1,5 Millionen bis 500.000 Jahren konnte nun Fleisch länger haltbar gemacht werden. Vorher wurde es in Erdlöchern gelagert als natürliche Kühlschränke. Wahrscheinlich schauten die Menschen diese Vorratshaltung auch von den wilden Kaniden ab. Wer lernte hier wieder von wem? Es ist eine Methode, die Naturvölker heute noch anwenden, um ihr Fleisch zarter und leichter verdaulich zu machen. Es wird dadurch alkalischer, mit Abhängen tun wir heute noch Ähnliches. In Island lässt man Haifisch in bedeckten Gruben reifen. Und graved Lachs ist nichts anderes als durch Vergraben länger haltbarer Fisch der Skandinavier.

Mehr als 500.000 Jahre isst der Mensch also Fleisch von Rotwild und Co. Wie die Wölfe bevorzugt er als Beute in der Hauptsache Pflanzenfresser, gelegentlich Allesfresser wie Wildschwein und Geflügel. Fleischfresser werden bei beiden eher in der Not verspeist, so wie heute noch Hunde von Menschen in Korea, Vietnam, Thailand, China und den Philippinen.[117]

Vielleicht wäre der Mensch nie in kältere Erdteile vorgedrungen, wenn die Frauen (?) nicht das Nähen erfunden hätten. Und noch heute legen Menschen ihre Babys in Schaffelle.

Unser Organismus ist also mindestens seit einer Million Jahren auf die Nahrung durch zuerst Sammeln und dann Jagen eingestellt. Diese Ernährungsform hat sich so bewährt, dass es immer noch Ethnien gibt, die mit dieser Kost bis in die heutige Zeit überlebt haben, beispielsweise die Yanomami. Das Ur-Volk der südafrikanischen Buschmänner ernährt sich zu 15 bis 30 Prozent von tierischem Eiweiß, also zwei- bis dreimal so viel wie die Schimpansen und etwa so viel wie die Urmenschen. Oder die eingeborene Bevölkerung des kongolesischen Regenwaldes, die Pygmäen, die immer noch von der Jagd auf Wildtiere und dem Sammeln von Früchten, Wurzeln und Heilpflanzen leben. Indigene schauten sich ursprünglich von den Affen das Kräuterwissen ab, um sich selbst mit Pflanzen und Tonerde zu heilen. Wer lernte hier wieder von wem?

Auch die tansanischen Hadzas haben bis heute so überlebt und kennen weder Diabetes noch Rheuma oder Immunkrankheiten. Die Menschen, die am ältesten wurden, gab es auf der japanischen Insel Okinawa, der Insel der Hundertjährigen, wo man sich bis vor dem 2. Weltkrieg mit viel Fisch, frischem Obst, Gemüse, Algen und wenig Fleisch ernährte. Es gibt und gab keine vegan lebenden Naturvölker.[118] Dörfer von Hundertjährigen, egal ob in Ecuador, Griechenland, Costa Rica, Italien oder sonst wo auf der Welt, haben vieles gemeinsam: sie liegen weitab von großstädtischer Hektik. Ihre Einwohner bewegen sich viel im Freien, haben klares, mineralreiches Wasser, ernähren sich von selbst Angebautem ohne Spritz- oder Konservierungsmittel, ohne sich zu überessen, und natürlich rauchen sie nicht. Stress, Übergewicht oder Drogensucht sind ihnen fremd. Es ist längst bewiesen, dass gestiegene Lebenserwartung nicht Pharmazeutika, sondern Hygiene, gesunder Nahrung und sozialer Stabilität zu verdanken ist.

Das Leben als Sammler und Jäger ist die dauerhafteste und damit bewährteste Lebensform unserer Spezies. Die genetische Ausstattung des Menschen hat sich seit 200.000 Jahren kaum verändert. In der Steinzeit und in biblischen Vorzeiten gab es bereits Methusalems, die bei guter Gesundheit nachgewiesenermaßen 80 Jahre alt wurden. Indianer kannten einst nur lange gesunde Leben bis zu 120 Jahren und wussten nicht, was Krankheit und Siechtum sind.[135] Nur die Kindersterblichkeit, so wie bei uns früher, verschlechtert ihre Lebensdauerstatistik. Auch heute noch findet man bei Yanomamis keine Risikofaktoren für Herz-Kreislaufkrankheiten. Ein 80-Jähriger entspricht bei ihnen einem 50-jährigen Weißen.

Solcherart lebende Menschen werden aber sofort krank, wenn man ihnen mit Industriekost etwas Gutes tun will. So geschehen bei den nomadischen Indianern der Nukak Makú in Kolumbien, die von der Farc vertrieben 2006 in die Nähe einer Stadt gerieten. Diese Indigenen sind bis heute Früchte-Sammler und jagen Fische und Wild. Sie lebten nachhaltig, bevor es das Wort überhaupt gab. Man schenkte ihnen Brot, ultrapasteurisierte Milch mit Vanillegeschmack, Kekse, Eis und Limo und impfte sie. Danach litten sie an schwerem Durchfall und Blähungen.[80] Industriekost ist die ungesündeste Ernährungsform überhaupt, da sie erst seit einem knappen Jahrhundert besteht, zu kurz, um den Organismus daran anzupassen. Und Kalorien in unbegrenzter Menge, so wie heute, gab es niemals zuvor. 60 bis 100 Prozent aller Afrikaner, Latinos, Indianer und Asiaten und 20 Prozent aller Deutschen tragen heute noch das ursprüngliche Primaten-Gen, das für die Laktoseintoleranz als Erwachsener verantwortlich ist. Im kalten Skandinavien, wo Milch im Winter ein Überlebensvorteil sein konnte, wird sie von 90 Prozent der Bevölkerung vertragen.

Erst seit 10.000 Jahren betreibt der Mensch Ackerbau, zeitlich gesehen nur 0,5 Prozent in der Menschheitsentwicklung,[60] übrigens eine Entdeckung der Frauen.[165] Dabei wurde ein ganz anderer Menschentypus gefordert: Einer, der bis zu einem Jahr Geduld aufbringen muss, bis er seine Ernte essen kann, einer, der dafür mehr oder weniger stetig an Ort und Stelle bleiben muss, während Jäger nur mit flexibler Eintagesplanung zum Erfolg kommen. Gejagt wurde allerdings immer noch nebenbei. Aber sofern die Jagdgründe ringsum erschöpft waren, gab es kein Weiterziehen, wenn man auch ernten wollte. Erst gezähmte Pflanzenfresser, Ren, Ziegen und Schafe lieferten etwa ab 10.000 v. Chr. auch Fleisch an Ort und Stelle. Der Mensch wurde zum Züchter und Landwirt. Auch heute kommen Vegetarier und Veganer meist nicht aus dem bäuerlichen, sondern eher städtischen Umfeld. Soll man auf einem Bauernhof alle Tiere sich vermehren und leben lassen? Kastration ist ja inzwischen auch verpönt! Der Bauer wäre in jeder Hinsicht mit dem ganzen Nachwuchs überfordert. Schöne alte Kulturrassen würden aussterben, ganz zu schweigen vom Verlust der genetischen Vielfalt. Manche Rasse überlebt ja nur, weil ihr Produkt gefragt ist. Wer das Wollschwein retten will, muss es essen! Ohne Fleischkonsum gäbe es keinen einzigen Jagd- oder Herdenhund. Es wäre schade drum! Wo gibt es ein friedlicheres Bild als den Schäfer mit Hund und seinen Schafen? Tiere, die sich nur von Weide und Gras ernähren, sind positiv für die Umwelt. Ohne Heidschnucken gäbe es die schöne Heidelandschaft nicht mehr. Ohne Imkerei müssten die Veganer sich mit urzeitlichem Sammeln begnügen. Im Übrigen stirbt kein Tier, wenn wir ihren Honig, ihre Milch oder ihre Eier nutzen. Anzuprangern sind die Haltungsbedingungen, und zwar nicht erst seit kurzem. Schon lange hätten Tierärzte Einspruch erheben, Tierschützer sich nicht nur um Haustierwohl, sondern auch um Schlachttierwohl kümmern können. Rechtsgutachten weisen nach, dass die heutige Schweinemast gegen das Tierschutzgesetz verstößt.

Nicht Tierzucht ist generell schlecht, sondern die Art und Weise. Nicht Fleischessen ist generell schlecht, sondern wie wir unsere Tiere im Leben und Ableben behandeln. Für die Dozentin für Tierwissenschaften Temple Grandin ist ein schmerzfreier Tod für die Ernährung gerechtfertigt, ein grausames Tierleben aber nicht. Vegane Bauern? Sie können keine natürliche Kreislaufwirtschaft mehr durchführen, denn was wachsen soll, braucht Naturdung. Und woher sollte der organische Dünger für den Ökolandbau herkommen? Kunstdünger vergiftet Wasser und Erde, keine gute Alternative. Und Umweltschäden durch riesige Mono-Soja-Plantagen für genmanipulierte Pflanzenwurst dürfte das Gewissen ja auch nicht beruhigen. Moderne Weltverbesserer-Rezepte ersetzen pflanzenfreie Kuhsahne durch tierfreie Kokosmilch. Aber woher will ich wissen, ob die erhöhte Nachfrage nicht Kinderarbeit begünstigt? In südlichen Ländern wird immer mehr Wald gerodet, weil Avocados als die neuen Superfrüchte durch ihren hohen Wasserverbrauch Ökosysteme schädigen. Anstatt Lederschuhe zu kaufen, mit Synthetik Luft und Gewässer vergiften? Leder wird wieder empfohlen, um die Plastikflut einzudämmen. Es fällt als Naturstoff sowieso an. Auch Pflanzen als lebende Wesen werden ja vergewaltigt, indem sie ausgerottet, mit Mineraldünger vergiftet oder in unnatürliche Monokulturen zwangsversetzt werden. Selbst sogenanntem veganen Düngern werden Schlachtabfälle wie Haar-, Horn-, Fisch- oder Knochenmehle beigesetzt.

Bei Urmenschen hat man, wie gesagt, so gut wie keine Krankheiten gefunden, in der Hauptsache Knochenbrüche durch Verletzungen bei Stammesfehden und Jagdunfällen. Das beweist, dass es eine, um nicht zu sagen *die* gesündeste Ernährungsform sein muss: 70 Prozent rohes Obst und Gemüse, Nüsse, Samen und eben ein gewisser Prozentsatz Fleisch. Wobei erwähnt werden soll, dass der Mensch erst später seinen Proteinhunger durch Fleisch von Landtieren gestillt hat, da er wegen seines Trinkbedürfnisses immer zuerst an Wasserstellen siedelte, wo der Fischfang an erster Stelle stand. Auch heute noch haben die Völker, die viele Meeresfrüchte konsumieren, die geringsten Krankheitsraten. Bei vielen Völkern wird der Hauptproteinbedarf durch Fisch gedeckt. Wildfisch und Meeresfrüchte, nachhaltig gefangen, sind organisch generierte Nahrung - und sowas von Bio! Angebautes Gemüse und Zerealien brauchen jede Menge Dünger, Pflanzenschutzmittel und Landnahme, bei der natürliche Habitate zerstört werden.

Dabei hat auch der Steinzeitmensch Fisch und Fleisch zuerst im rohen Zustand verzehrt. Es gibt Naturvölker, die das heute noch tun, und auch bei uns hat sich das Essen von Carpaccio, Tartar, Mett, rohem Schinken und blutigen Steaks sowie rohem Fisch bei Skandinaviern und Asiaten (Sushi) erhalten. Nach dem Krieg wurde rohe Leber bei Anämie als Medizin empfohlen.

Nicht aus Gründen höherer Gesundheitswirkung, sondern aus Gründen der Haltbarkeit fingen die Menschen vor 300- bis 800-tausend Jahren an, Fleisch am Feuer zu erhitzen, und das tun wir bis heute.[48] Dabei weiß man immer noch nicht, wie viele (es sind einige Hunderte) und welche chemischen

Weideland bis zum Horizont

Veränderungen dabei stattfinden. Fest steht aber, dass hocherhitztes Fleisch keine natürliche Eiweißstruktur, keine hitzelabilen Vitamine, keine Biophotonen und aktiven Eigenenzyme mehr hat und sich sogar krebserregende Stoffe dabei bilden können.

Erst in Hungerszeiten entdeckten die Menschen auch, dass man manches zwar nicht roh, aber sehr wohl in gekochtem Zustand essen konnte, beispielsweise Hülsenfrüchte, Kartoffeln, bestimmte Knollen, harte Samen oder Körner. Die waren also nicht die erste Wahl, sondern Notbehelf. Alles Rohe ist nämlich grundsätzlich vitalstoffreicher. Oftmals ergibt erst Leidensdruck neue Erkenntnis. *Kein wildes Tier auf Gottes Erdboden nimmt gekochte Nahrung zu sich!* Das Wissen von gestern kann das Know-how von morgen sein.

Dem können wir wenigstens in der Roh-Fütterung unserer Hunde Rechnung tragen. Hunde würden Hasen jagen! Wenn wir Menschen schon nicht unser Fleisch aus Gewöhnung roh essen möchten, so können wir doch noch die

Vorteile des natürlichen Wildbrets genießen: Es hat im Gegensatz zu Schlachttierfleisch mehr ungesättigte Fettsäuren, die bekannten Omega Fette, es hat weniger, aber dafür gesünderes Fett, mehr Mineralien, Spurenelemente und sekundäre Nährstoffe, weil sich das Wildtier von Kräutern ernährt, die viel gehaltvoller sind als kunst-gedüngte und gespritzte Plantagenpflanzen. Die Tierwelt lebt in Freiheit von Frischem ohne Koch-, Kraft- und Kunstfutter wesentlich länger und gesünder als unter dem Einfluss des Menschen mit Pellets aus zusammengepanschten Industrieabfällen von vergifteten Monokulturen.

Das gilt auch für unsere Pferde und Hunde. Auch Weide ist nur ein *Ersatz* für die Pampa. Wir sollten uns klar machen, dass auch Heu fürs Pferd nur die viertbeste (1. zaunlose Freiheit, 2. gute Weiden, 3. frischer Grasschnitt) Lösung ist, sowie Getrocknetes und Gefrorenes für den Hund. Und im Hundefutter finden wir ja so gut wie nie Fleisch von Wild, roh schon gar nicht, sondern eben nur Turbo-Mastfleisch. Da der Mensch am Ende der Nahrungskette steht, ist er besonders von Mangel und chemischen Belastungen betroffen. Wildbret ist wie Dünger für unser Gehirn! Andere Resourcen wichtiger Omega Fettsäuren sind nämlich rar geworden. Sie sind ein essenzieller Stoff für den Aufbau und die Stoffwechseltätigkeit des Gehirns, der Nerven und der Haut.

Wohl dem Jäger, der an der Quelle sitzt! Und zwar nicht nur mit gesünderem Fleisch, sondern auch dem einen und anderen Wildkräutchen wie Brennnessel oder Löwenzahn, dem er bei der Pirsch über den Weg läuft, das er für seinen Salat oder seinen Vierläufer als vitaminreiche Würze nach Hause bringen kann.

Menschen der Blutgruppe 0, die die älteste bestehende Blutgruppe ist, sollen entwicklungsgeschichtlich übrigens von den Urzeitjägern abstammen. Fast alle Indianer Amerikas haben diese. Deshalb glaubt man, dass sie Fleisch brauchen, um sich wohl zu fühlen.

Über 100.000 Menschengenerationen waren Jäger, (mindestens seit 7,5 Millionen Jahren)[48], aber nur 500 Generationen waren Ackerbauern.[31] Alle Geschöpfe ernähren sich, mit Ausnahme der Pflanzen, von lebendigen Körpern anderer Lebewesen, statt von Erde, Mineralien und Wasser. Kein Lebewesen ist ohne die Hilfe anderer lebensfähig. Fast die Hälfte aller Arten auf unserem Globus lebt parasitisch, das heißt, auf Kosten anderer. Alles Lebendige lebt auf Kosten seiner Umgebung, um die eigene innere Ordnung durch Energiezufuhr aufrechtzuerhalten.

Der Hund jagt die Katze, die Katze den Vogel, der Vogel den Wurm, der Wurm lebendige Kleinlebewesen und Erdbakterien. Wollen wir das verurteilen? Ist der Mensch der Richter aller Dinge, obwohl er als Letztes auf diesem Planeten aufgetaucht ist?

Während ein Steak, um es für uns heute genießbar zu machen, fünf Brutzelminuten pro Seite erfordert, müssen Körner, ehe sie überhaupt vom Menschen, mehr noch für den Hund, verdauungstechnisch zu bewältigen sind, fünf bis zehn Stunden eingeweicht oder einem energiereichen Aufschließungsprozess unterworfen werden. Ohne die Erfindung des Feuers – übrigens neben der Landwirtschaft die wichtigste Errungenschaft des Menschen, die uns wirklich von den Tieren trennt – war Getreide für beide gar nicht verdaulich, Fleisch aber schon. Die Körnerfresserei hat erst vor circa 10.000 Jahren mit dem Ackerbau begonnen, zu kurz, um Organismus und Stoffwechsel vollständig an Cerealien zu gewöhnen, weshalb diese heute noch etliche Krankheiten wie Zöliakie, Diabetes oder Allergien auslösen können. Das lässt auf genetische Unverträglichkeit schließen. In hundert Jahren verändert sich nämlich nicht mal ein halbes Prozent des Erbgutes.[52] Das soll nicht missverstanden werden, vollwertiges Getreide gehört heute zu einer gesunden menschlichen Ernährung dazu, nicht jedoch Kohlehydrate im Übermaß, zu jeder Mahlzeit und noch dazu in Form hochverarbeiteter Leerkalorien. Omnivor meint nämlich nicht Industriemischkost. Wir sind innerlich immer noch mehr Natur als Kultur, besonders was die Esskultur betrifft. Gegen Überfluss, chemische Pestizide, Plastik- und andere Giftstoffe haben weder wir noch unsere Haustiere ausreichende Schutz- und Ausscheidemechanismen. Sie sind im evolutionären Programm nicht vorgesehen.

Tatsächlich wird heute wieder die sogenannte Steinzeitdiät empfohlen, die auf Darwins Evolutionstheorie beruht. Sie besagt, dass das Erbgut noch nicht an alle heute vorhandenen Nahrungsquellen vollständig angepasst sein kann, an Industrie- und Fertigkost schon gar nicht. Unsere genetische Ausstattung und auch der Stoffwechsel haben sich in den letzten 40.000 Jahren kaum verändert. Also wieder das Mammut auf den Teller? Das nun gerade nicht, aber die althergebrachte Kostform unserer Ahnen kann nachweislich nicht nur vor Krankheiten schützen, sondern sogar schwere Krankheiten heilen durch viel rohes Obst, Gemüse und Kräuter, da unsere Urgeschichte unsere Fruchtesseranlage im weitesten Sinne beweist. Zweitens Fisch und andere Meeresfrüchte als älteste Proteinlieferanten sowie Wildfleisch. Dazu wenig Vollwertgetreide und möglichst naturbelassene Milchprodukte, da diese beiden Letzten die menschheitsgeschichtlich neuesten Nahrungsmittel sind. Aber Rohmilch gibt es ja keine mehr zu kaufen. Man dreht uns dafür ein ungesundes, vergewaltigtes Kunstprodukt an, Frischmilch, die drei Wochen im Regal stehen kann.

Ein rechter Mensch aus Schrot und Korn kann sich also mit gutem Gewissen auf die urzeitliche Lust an Kimme und Korn berufen und sollte nicht Argumente noch Flinte ins Korn werfen, sondern gesundheitsbewusste Mischkost für sich und seine Familie im Anschlag behalten, die ohne die Ausbeutung der Natur auskommt.[31] Dies soll nicht als Verbrüderung mit Trophäenjagd und Jagd als Sport verstanden werden, die ich ablehne.

Ein Jäger, der richtig anspricht und perfekt zielt, ist ein guter Jäger. Haben Sie noch nie in Tierdokumentationen gesehen, wie Großkatzen ihre Beute durch Ersticken niederringen, nachdem sie sie manchmal tagelang belauert haben? Wölfe reißen Fleisch aus noch lebenden Hirschen. Vier Wölfe brauchen eine ganze Stunde, um einen Moschusochsen niederzuringen.

Jane Goodall berichtet von afrikanischen Wildhunden, Hyänenhunden und Schakalen, die ihr Opfer bei lebendigem Leibe in Stücke reißen.[139] Oder die Ngogo-Schimpansen in Uganda, die die kleineren Stummelaffen verfolgen, fangen und lebendig vierteilen? Ist das nicht viel grausamer? Ist das humaner? Tiere sind nicht die besseren Menschen. Die Natur ist leider kein bisschen zimperlich. Aufgefressenwerden ist in der Tier- und Pflanzenwelt die häufigste Todesursache. Beutetieren ist oft nur ein sehr kurzes Leben beschieden, weil die Jungen leichter zu erlegen sind, kein Unterschied also zu unserem Schlachtvieh. Greise Wildtiere gibt es kaum, weil sie vorher gefressen, vom Futter verstoßen wurden oder faule Zähne haben. Städter benutzen exotische Länder nach Katalog wie Vergnügungsparks und verniedlichen das Landleben, um der Natur näherzukommen. Sie suchen die Begegnung mit Wildtieren, die der Primatenforscher Frans de Waal als einen „erweiterten Suizid" für Mensch und Tier bezeichnet. Aus Unwissen und Unvernunft begeben sich die Menschen in Gefahr, und wenn etwas schief geht, zahlt das Tier mit seinem Tod.[152] Das Leben in Freiheit ist normalerweise weder stressfrei noch konfliktlos, am wenigsten, wenn Menschen sie dauernd stören. Freilebende Wildtiere haben mit Hunger und Krankheiten zu kämpfen. Kaum kamen in Corona-Zeiten weniger Touristen, wurden mehr Gorillababys geboren.

Aber *wir* sollten endlich eine grundlegende Änderung der Tierhaltung umsetzen, mit robusteren, antibiotikafreien Rassen, mit mehr Platz und Sonne, und uns anvertraute Tiere vor vermeidbarem Leiden bewahren. Human eben.

Wir wissen ja gar nicht, was ein rasch sterbendes Tier empfindet. Schmerzhaftes Siechtum ist schlimmer als der Tod an sich. Lange Sterbephasen wie beim Menschen sind im freien Wildleben sehr selten. Nicht der Tod an sich ist schlecht, sondern seine Art und Weise. Im Schrecken und im Schock schalten die Gehirnzellen der Hypophyse durch Adrenalin und Beta-Endorphin nämlich den Schmerz aus und sorgen für innere Ruhe und Trance. Diese Opioide erleichtern den Tod. Fast ertrunkene oder erfrorene Menschen berichten vom angenehmen Gefühl des Zerfließens, von glückseligen Empfindungen und Angstlosigkeit. Diese Neuropeptide dienen als Selbstschutz und sind als Glückshormone bekannt. Es gibt Sexpraktiken, wo durch Hypoxie euphorische Zustände ausgelöst werden sollen. Wenn langsam der Sauerstoff ausgeht und sich das Kohlendioxid im Blut erhöht, so erzählen Bergsteiger und Astronauten, dämmert man heiter und froh allmählich dahin, weil O2-Mangel im Hirn eine narkotisch-euphorisierende Wirkung ausübt. Warum sollte das nicht auch bei Tieren so sein? Ähnlich lauten ja auch Berichte von Menschen in Todesnähe, die von einem Gefühl des Friedens ergriffen wurden.[113] Überlebende von Flugzeugabstürzen berichten, dass sie während des Falls keine Angst verspürten. Der Physiker Prof. Dr. Markolf H. Niemz schreibt von Gefühlen der Schmerzlosigkeit und des Friedens durch Sauerstoffmangel und Endorphine, die Schmerzen stillen.[171]

So manch ein unter unerträglichen Schmerzen Sterbender würde sich so einen raschen Gnadentod auf der grünen Wiese wünschen, anstatt, weil er privat versichert ist, länger leiden zu müssen. Der Psychotherapeut Carl Gustav Jung sagte einmal: „Der Tod scheint ein ziemlich unbedeutendes Ereignis zu sein."[24] In der Tat, in der Natur wird am laufenden Band gestorben und geboren. In der Geburt ist bereits das Sterben angelegt. Der Wert eines Lebens bemisst sich nicht an seiner Länge. Schließlich endet es immer tödlich, denn das gehört zur Definition von Leben als zirkulärem Prozess. Es gibt Gene, die noch nach dem Tode angeschaltet werden. Wir leben danach also mindestens noch zellulär und molekular.[112] Über den Umgang mit dem Leben wird ja noch in ganz anderen Situationen abgewogen, nicht nur bei der Sterbehilfe, obwohl es sich um Menschen handelt: im Krieg, bei Abtreibung, in der Selbstverteidigung, in der Embryonalforschung, bei Patienten im Dauerkoma oder bei Hirntoten. Selbst DNS, RNS und Enzyme stellen lebende Makromoleküle dar, die bereits als primitive Lebensform angesehen werden müssen. Die Wissenschaft weiß noch nicht mal, ob Viren oder Prione Lebewesen oder nur große Moleküle sind.[83] Nach dem klinischen Tod dauert es noch Stunden, ehe alle lebendigen Zellaktivitäten zum Stillstand gekommen sind. Leben ist kein eindeutig bestimmbarer Wert. Nirgendwo gibt es ein Recht auf ein leidfreies

Dasein. Dieses Wissen entbindet uns nicht vom Respekt vor der Leidensfähigkeit aller uns anvertrauten tierischen Wesen und der Verantwortung für ihr bestmögliches Wohlergehen.

Für den Hund gilt entsprechend, dass seine gesündeste Ernährung vollständige Beutetiere wären mit allem Drum und Dran, das Zweitbeste wären rohe Wildfleischabfälle, denn des Menschen vierbeiniger Begleiter wurde vom Beutegreifer zum Jagdbegleiter und Resteverwerter. Allerdings ist dem Menschen nicht bewusst, dass das ernährungs-physiologisch wertvollste Teil eines Tieres eine gesunde Leber ist. Aber der Verbraucher ist heute total auf Muskelfleisch fixiert. So bekommt der Hund dann doch zuweilen noch Gutes.

Ein mit Frischfleisch ernährter Hund braucht wenig Wasser, da Fleisch schon natürlicherweise zu 60 bis 80 Prozent Flüssigkeit hat, wie auch rohes Gemüse oder Obst. Seine Ahnen kommen außerdem zumeist aus kalten Regionen, wo der Trinkwasserbedarf dementsprechend gering ausfällt. Mit Trockenfutter muss der Hund unphysiologisch viel Wasser aufnehmen, um es verdauen zu können, zudem fast immer chloriertes Leitungswasser anstelle von Zellwasser oder Quellwasser. Damit quillt es auf und kann die Dehnungsfähigkeit von Magen und Darm überfordern. Der Hund geht solange zum Trockenfutter bis er bricht.

Hund und Wolf löffeln mit eingerollter Zunge ihr Wasser, weshalb ihr Trinkwasser viel Gespritze verursacht und mit viel Speichel in Berührung kommt, im Gegensatz zu Pferden, die es direkt ins Maul ziehen, ähnlich wie wir mit einem Strohhalm. Ein Teil der Equiden kam ursprünglich aus heißen Regionen mit hohem Wasserbedarf. In unseren Breiten sind das etwa 30 Liter täglich, also circa drei Eimer für ein durchschnittlich mittelgroßes Tier bei Weide und Gras, bis zu 80 Liter bei Shires bei Heu, Körnerfutter, Hitze und Laktation.

Es ist anzunehmen, dass Urmenschen ihr Wasser mit den Händen schöpften, wie es Affen auch tun, um es dann einzusaugen. Aber Affen lecken es auch bei Wassermangel von den Händen wie Kinder ihr Eis. Irgendein schlaues Kerlchen kam dann mal auf die Idee, mit zerkauten Blättern als Schwamm oder mit Kokosschalen das Wasser größer zu portionieren.

Hunde wie Pferde gehen bei Hitze gerne zur Kühlung ins Wasser, auch wenn es tiefer ist, sie können nämlich von Geburt an schwimmen. Nur degenerierte Merle-Hunde können das nicht. Der Mensch kann das auch nicht, seine Ururahnen kamen aus dem wasserarmen Afrika. Dort gibt es Schimpansenhorden, die das Wasser scheuen, und andere, die es lieben. Schwimmen

Hunde trinken löffelnd

Pferde trinken saugend

Pferde können von Geburt an schwimmen

können sie alle nicht, ja sie ertrinken sogar zuweilen. Zahme Orang Utans konnten lernen, sich mit Schwimmweste fortzubewegen. Es wäre interessant zu wissen, wann der Urmensch schwimmen gelernt hat. Wenn mensch es einmal kann, dann bleibt diese Fähigkeit wie Radeln, Reiten oder Autofahren für das restliche Leben erhalten. Auch hier hat der Mensch die Fortbewegung im Wasser von Tieren abgeschaut. Kinder, die es sich in südlichen Ländern selber beibringen, machen es den Hunden nach, die neben ihnen paddeln. Sie schwimmen ebenfalls mit Beinen und Armen unter Wasser tretend. Wer lernt hier wieder von wem? Woanders hat man sich im Bewegungsablauf an den Fröschen orientiert. Der Mensch lernte also auch von sogenannten niederen Tieren. Wölfe[72] und Hunde lernen sogar zu tauchen und unter Wasser mit offenen Augen zu jagen, der Mensch auch. Jagd scheint erfinderisch zu machen.

Nahrungsfindung und -aufnahme sind eng mit den Sinnesorganen verknüpft, vor allem mit dem Geruchsinn. Am ausgeprägtesten ist das bei den Kaniden, die Wild auf große Entfernungen und sogar Vergrabenes erschnüffeln. Aber nicht nur das. Sie können Spuren verfolgen, auch wenn sie schon einige Tage alt sein sollten, eine außergewöhnliche Fähigkeit, die der Mensch sich bei Jagd-, Such- und Rettungshunden zunutze macht. Ihre Witterungsorgane sind je nach Rasse tausend- bis millionenfach empfindlicher als unsere. Der Geruchsinn hat elementare Bedeutung für den Hund, und zwar nicht nur für die Wildfährte und Nahrungsfindung, sondern auch für Sozialbotschaften. Die Sohlendrüsen anderer Hunde hinterlassen Informationen über Individuum, Zeitpunkt und Laufrichtung, interpretiert durch den chronologischen Abbau der chemischen Signale. Außerdem werden Kot und Urin hinsichtlich Geschlecht, Alter, sozialem Rang, Sexualstatus, Verwandtschaftsgrad, Gesundheitszustand, Nahrungsaufnahme, Zeitpunkt der Ortspräsenz und individuellem Eigengeruch dechiffriert. So lesen Hunde Tageszeitung, Duftvisitenkarten lügen nicht. Wegkreuzungen und Hauseingänge sind für sie Informationszentralen, weshalb sie im Gegensatz zu uns kein stilles Örtchen suchen. Ist das nicht ein wunderbares, kostenloses, zudem stets verfügbares und immer ehrliches Informationssystem? Allerdings glaube ich, dass da noch viel mehr Nachrichten drinstecken, soooo lange wie mein Rotti Pipi-Mails liest, Buchstabe für Buchstabe, sorry, Grashalm für Grashalm!

Etwas Vergleichbares findet beim Kennenlernverhalten mit Nase-an-Hinterteil-Schnuppern statt. Wer bist Du? Hunde haben am Darmausgang eine besondere, für menschliche Nasen sehr übelriechende Drüse, die einen individuellen Erkennungsduft verströmt. Auch bei uns möchten die Hunde sich gerne im Schritt informieren, nicht gerade die feine menschliche Art. Wir haben diese Drüse nicht. Für den Hund ist dieses Geruchsbild als komplexes Muster entscheidend. Wir können sicher sein, dass hund weiß, was und wann Sie gegessen haben, und wann ausgeschieden, ob Sie sich danach die Hände gewaschen haben, ob Sie Männlein, Weiblein, Raucher oder Veganer sind, sexuell aktiv oder nicht und wann das letzte Mal mit wem, wann Sie zuletzt geduscht haben, was Sie zuletzt in der Hand hatten, ob Sie Antibiotika oder die Pille einnehmen, ob Sie Angst haben, im Stress sind, mit dem Rad, dem Auto, zu Pferd oder zu Fuß gekommen sind und ob Sie dabei ins Schwitzen kamen. Er weiß Bescheid über Ihre Familienhierarchie, Ihren Hormonstatus, Ihre Schwangerschaft, Ihre Gemütsverfassung und Ihre Krankheiten. Er weiß sogar, ob Sie unter Epilepsie, Zahnfäule, Diabetes, Asthma, Haut-, Brust-, Blasen-, Prostata- oder Lungenkrebs leiden. Ihre Zellen schütten hierbei spezielle Molekülwolken von millionenfach abgestorbenen Hautpartikeln in die

Umgebung, die mit Schweiß und Stoffwechselprodukten der individuellen Bakterienflora versetzt sind. Dieser Cocktail ist bei gesundem und tumorösem Gewebe verschieden, sodass sich abgestorbene Krebszellen an ihrem molekularen Sekretionsmuster der Fäulnisstoffe erkennen lassen. Hunde erkennen diese Krebsmarker schneller und zuverlässiger als jedes Labor. Sie erschnüffeln Melanome an der Haut und Lungenkrebs an der Atemluft.[77] Manchmal zeigen sie es sogar ohne Training an. Anfälle bei Epilepsie und Diabetes wissen sie (nach Ausbildung) schon bis 1,5 Stunden im Voraus mitsamt dem genauen Blut-Zucker-Spiegel, auch nachts, denn sie sind nicht nur während vorgeschriebener Arbeitszeiten aufmerksam. Natürlich kennen sie dabei keine Zahlen oder Namen, das brauchen sie aber auch nicht, nicht mal die Menschen aller Völker verfügen über Zahlen.[98] Menschengerüche sind für Hunde also viel individueller als für uns, ja sie können sogar Nationalitäten unterscheiden, weil wir Fettsäuren als Stoffwechselprodukte unserer individuellen Bakterienflora ausdünsten. Diese Mikroflora macht den persönlichen Geruch aus. Dabei haben Asiaten den am wenigsten sauren Körpergeruch, Weiße mehr und Schwarze am meisten.[5] Mit anderen Worten, Hunde wissen mehr über uns als wir selbst. Hunde sind die besseren Anthropologen! Und wie viel wissen wir über unseren Hund?

Im Vergleich zur Hundenase nimmt sich die unsere recht armselig aus: Das wäre etwa im Vergleich die Informationsmenge des Inhaltes einer Schüssel zu einem großen Swimmingpool beim Hund.

Meine Hunde wittern oder hören Würmer zehn Zentimeter unter der Erdoberfläche, die sie dann zielgerichtet ausgraben und verspeisen.

Trotzdem reicht die menschliche Wahrnehmungsschwelle auch noch, um sechs Millionstel eines milliardstel Gramms pro Milliliter eines Stoffes wahrzunehmen. Aber für unseren Hund erscheinen wir Aufrechtgänger trotzdem ziemlich beschränkt und olfaktorisch behindert. Er fragt sich: „Warum brüllt die denn nach mir? Riecht die denn nicht, dass ich hinter ihr stehe?“ Schreien nützt im Übrigen sowieso nix, Ihr Hund hört eh mindestens 15mal besser! Schreien mit dem Hund ist, als wenn Sie in einem fremden Land mit fremder Sprache nur lauter sprächen, um verstanden zu werden.

Der Geruchsinn hat ebenfalls elementare Bedeutung für Pferde. Hengste nehmen Witterung auf von über zwei Kilometer entfernten rossigen Stuten. Das kann ich nur bestätigen, da sie manchmal weit entfernt ausbrachen und über Zäune sprangen, um meine Stuten zu beglücken. Urin und Kot dienen hier ebenfalls automatisch als Sozialbotschaften: „Ich bin eine junge

Unterwerfungs-Kauen

rossige Stute aus der Nähe und hier gestern vorbeigekommen. Und es ist kein männlich aktives Pferd dabei." Pferde erkennen bestimmte Individuen an ihrem Mist, können Hengstkonkurrenten identifizieren und sogar einschätzen, ob diese stark, freundlich, ängstlich oder aggressiv sind. Durch olfaktorische Apfelanalyse kennen sie das Geschlecht, den Hormonstatus, das Alter, den Körperzustand, den genetischen Verwandtschaftsgrad und sogar das Verhalten des Äpplers in Bezug auf Angst oder Aggression. Sie sind ebenfalls im Bilde über die Qualität des aufgenommenen Futters, also ob die andere Herde auf guten Weiden grast und ob sich ihr Leittier durch Führungsstärke auszeichnet. Nicht einen Bruchteil dieser Informationen erkennen wir bei unserem menschlichen Gegenüber. Wir sollten unsere Meinung über tierisches Erkenntnisvermögen gründlich korrigieren. Sie wissen einfach, ohne Erklärung.

Wir brachten zwei sich unbekannte Pferde zusammen, die eine Stute anderthalb Jahre, die andere drei Jahre alt, beide etwa gleich groß. Schon als wir die beiden nur am Führstrick sich nähern ließen, machte die jüngere die unterwürfige Leck-Kau-Bewegung. Woher wusste die sofort, dass die andere älter war? An der Größe kann es nicht gelegen haben. Ich musste erst den Besitzer fragen.

Auch Wasser kann von weither gerochen werden, ebenfalls Verwesungsgeruch und Raubtiere, alles lebenswichtige Informationen für einen Einhufer in Freiheit.

Einmal ritt ich mit meiner englischen Vollblutstute Pandrea in der Nähe eines Bauernhofes, als sie sich plötzlich vehement weigerte, den Weg weiterzugehen. Wie sich später herausstellte, war dort ein Schweinezuchtbetrieb, und mein Pferd hatte dessen strengen, unbekannten Geruch schon von Weitem wahrgenommen, auf Flucht geschaltet, und mein Ritt endete mit einem unfreiwilligen Absitzen. Pferde haben auch Angst vor Eseln, wenn sie deren Geruch nicht kennen.

Angst ist bei Mensch und Tier eine seelische Befindlichkeit, die vor Gefahren warnt und Verhaltensmöglichkeiten optimieren soll, um Schmerz oder Tod zu verhindern. Mit Angst kann man über negative Verstärkung deshalb schneller gewünschte Reaktionen provozieren, weshalb sie leider als Erziehungsoption genutzt wird.

Pferde wittern auch sehr genau die Mikroflora ihres heimischen Tränkwassers. Es kann passieren, dass sie auf einem Turnier keines aus einer anderen Region anrühren. Schließlich kann man kein Pferd zum Saufen zwingen. Sie reagieren auch sehr schnell mit Verweigerung bei Verschmutzungen von Tränke oder Futter, beispielsweise leicht ranzig gewordenem gequetschtem Hafer oder Schimmel im Heu, wenn unsereins noch nichts dergleichen wahrnehmen kann.

Das alles sind bewundernswerte Fähigkeiten und Sinnesleistungen unserer vierbeinigen Freunde, die wir berücksichtigen sollten oder uns positiv zunutze machen können. Pferde haben nachweislich Menschen vor dem Verdursten gerettet. Sie haben ein erstaunliches Erinnerungs- und Orientierungsvermögen. Reiter bestätigen: Der Mensch verirrt sich leicht in unübersichtlichem Gelände, weil uns die Fähigkeiten der Urahnen verloren gingen. Die großen und kleinen Partner auf vier Beinen werden aber mit großer Sicherheit zurückfinden, wenn man nicht mehr lenkend eingreift, ob im Schneesturm oder bei nachtschwarzer Dunkelheit. Sie gehen meist Luftlinie Querbeet, finden auch Brückenübergänge, stehen aber schon mal vor Zäunen. Aber ein Stallpferd, das ständig umsorgt wird, wird das nicht mehr leisten können. So sehr wir die oben erwähnten Fähigkeiten von Hauspferden auch bewundern, sie haben nur noch 80 Prozent der Gehirnmasse und der Sinnesfähigkeiten eines Wildpferdes! Diese müssen ja viel wachsamer sein als ihre domestizierten Verwandten. Sie reagieren schneller auf Informationen der Umgebung mit genauerer Beobachtung und Ohrenspiel. Auch ganzjährig draußen lebende Pferde wie Mustangs, Criollos oder Dülmener sind aufmerksamer, dabei aber weniger schreckhaft als reine Stallpferde. Bei ihnen erkennt man noch die Merkmale ihrer Ahnen: erdfarbene Fellfarben, Aalstrich, Zebrierung der Beine, kaum über 1,50 Meter groß, kurzer Hals und relativ großer Kopf.

Verwöhnte Sofahunde haben gar nur noch 70 Prozent der Sinneskapazitäten eines Wolfes zur Verfügung, vor allem in der Hör- und Riechleistung. Hier hat eine Rückentwicklung durch Domestizierung und Nichtgebrauch stattgefunden als kognitiver Rückschritt. Wölfe können deshalb besser Probleme selbstständig und kreativer lösen als Hunde. Hunde hingegen kapieren eher von Menschen gemachte Trainings- und Gehorsamsaufgaben, befolgen sie und suchen in angelernter Hilflosigkeit und Infantilismus[65] Blickkontakt und Hilfe vom Menschen. Wölfe entscheiden lieber selber und meiden Blickkontakt, weil für sie Anstarren eine unter Umständen konfliktreiche Auseinandersetzung provozieren könnte, der sie lieber aus dem Weg gehen. Trotzdem können gezähmte Wölfe lernen, der Blickrichtung des Menschen als Zeigegeste zu folgen. Schimpansen, Wölfe und Hunde folgen dem Blick ihrer Artgenossen, nur Hunde auch des Menschen.

Meine Hündin Zambra möchte in einen Raum. Sie bleibt vor der geschlossenen Tür stehen, schaut die Tür an, dann mich, dann die Tür wieder, dann wieder mich. „Ich möchte da rein.“ Auf diese Art zeigt sie uns auch Wildtiere auf Bäumen an. Die Frage ist klar: „Hast Du das Tier da oben gesehen?“ Wenn der Mensch diese feinen Gesten nicht bemerkt, denkt der Hund sicher: „Der versteht aber auch gar nix!“

Auch Wölfe und Pferde machen sich wie Menschen gegenseitig durch ähnliche Kopf- und Augenbewegungen auf interessante Informationen aufmerksam.[119] Dieselbe mit dem Finger ist ihnen, wen wundert's, jedoch nicht geläufig. Der Mensch ist sich wahrscheinlich nicht bewusst, dass er fast immer beides verbindet. Zeigetests, um Intelligenz zu prüfen, halte ich deshalb für nicht aussagekräftig.

Ein Wolf lernte, die Tür seines Geheges zu öffnen. Ein Hund, der dort ebenfalls untergebracht war, lernte dies jahrelang nicht durch Abschauen. Es gibt aber Hunde, die Türen öffnen, leider sind sie aber zu dumm, um sie wieder zu schließen. Eine Wölfin brauchte nur einmal zusehen, um es nachzumachen.[65] Wölfe haben ein besseres Verständnis für kausale Zusammenhänge. Sie ordnen sich dem Menschen nicht leicht unter und schließen ihn in ihrem Problemlösungsverhalten aus, deshalb fallen sie beim Zeigetest durch. Sie sind Hunden nicht nur in ihrer Sinnesleistung überlegen, sondern auch in ihrem Sozialverhalten: Sie schleppen für kranke, säugende oder junge Rudelmitglieder Nahrung herbei. Sie sind weniger promiskuitiv, erst mit zwei Jahren sexuell aktiv. Leitwölfin und Leitrüde ziehen ihre Welpen in Teamarbeit mit Hilfe meist männlicher Babysitter groß.[122] Ältere Geschwister helfen bei vielen anderen Tierarten, wie zum Beispiel Ottern, ebenfalls bei der Erziehung mit. Ansonsten macht die väterliche Fürsorge im Allgemeinen bei Säugern ja nicht viel her. Väter, nehmt Euch ein Beispiel an den Wölfen! Wissenschaftler unterstellen dem Menschen einen angeborenen Pflegetrieb. Ich kann den bei Vätern oft nur schwerlich erkennen und er betrifft wohl mehr die weiblichen Menschen. Hunde und Menschen scheinen zu dieser Aufzuchts-Teamarbeit kaum noch fähig zu sein. Die Familiensippe ist das älteste und bewährteste Prinzip des tierischen und menschlichen Zusammenlebens seit Jahrtausenden, und wenn man unsere haarigen Vorfahren mitrechnet, sogar seit Jahrmillionen. Nur die weiblichen Nachkommen bleiben bei Raub- und Huftieren von der Geburt bis zum Tode im Allgemeinen bei der Mutter und bilden so die Stammsippe, während die Leitmännchen aus Inzuchtgründen wechseln. Von diesem Zusammenhalten ist in modernen Gesellschaften heutzutage nicht mehr viel geblieben. Das Aufwachsen bei alleinerziehenden Müttern stellt die neuzeitlichste und gleichzeitig einsamste und einseitigste Form dar und ist die schlechteste aller Bedingungen für den Nachwuchs. Auch Geschwister, Neffen und Nichten sind ja rar geworden. Es gibt Dreißigjährige, die noch nie Kontakt zu einem Kleinkind hatten.

Lobos leben und jagen zielgerichtet im Familienverband in Arbeitsteilung mit Spezialisten als Fährtensucher, Treiber, Späher, Alarmgeber, Sprinter, Wegblockierer oder Welpensitter. Sie haben somit eine hohe soziale, spezialisierte Gruppenintelligenz. Daraus sind langfristig die verschiedenen Jagdhundeexperten wie Meutehunde, Totverbeller, Fährtenhunde, Wachhunde und Sichtjäger etc. hervorgegangen. Auch bei Schimpansen findet man Spezialisten wie Wächter, Angreifer, Jäger oder Anführer.

Man will herausgefunden haben, dass alle Säuger einschließlich des Menschen ihr Leben verlängern und ihre Intelligenz erhöhen, wenn sie in Familienverbänden leben. Das komplexe Gefüge in Gruppenleben könne nur ein hochentwickeltes Denkorgan überblicken. Der Urmensch hätte den Teamgeist entdeckt. Kooperation soll beim Urmenschen aufgekommen sein? [153] Haben diese Paläoanthropologen keine Tiere im Blick? Was ist mit Schwärmen von Insekten, Fischen, Vögeln, jagenden Raubtieren? Das Wir-Gefühl und Agieren miteinander in Gemeinschaft ist eben nicht nur eine menschliche positive Eigenschaft. Und sollte das heißen, dass dann einzelgängerische Tiere wie Bären oder Tiger dümmer wären? Kaum zu glauben.

Wölfe und Pferde entwickeln enge emotionale Bindungen zu Verwandten und befreundeten Artgenossen und trauern bei deren Tod. Auch bei zusammenlebenden Hunden kommt das vor.[65] Es wird immer wieder behauptet, der Mensch sei das einzige Lebewesen, das sich um Verstorbene kümmert. Bei Tieren würden sie einfach liegen gelassen oder sogar verspeist. Aber der Wolfsforscher Ian Allister schreibt: „Drei Tage lang heulte das Rudel und beklagte den Verlust seines Alphaweibchens. Und dabei heißt es doch immer, dass die Trauer um Tote zu den Fähigkeiten gehört, die uns von allen anderen Lebewesen unterscheiden.“ [72] Bei vielen Spezies wird von Totenwache berichtet. Auch Bloch schreibt von einem trauernden Wolf, der seine Gefährtin verloren hatte, depressiv wurde, immer wieder zum Todesort zurückkehrte und zwei Wochen später ohne Verletzungen starb.[36] Er berichtet auch von einer verwilderten Hündin, die ihren gestorbenen Welpen in ein Waldstück schleppte, eine Erdmulde grub, ihr totes Kind hineinlegte, das Grab mit Laub bedeckte, sich stundenlang mit leidendem Gesichtsausdruck und hängenden Ohren danebenlegte und in der folgenden Zeit öfter zurückkehrte und Wache hielt.[103] Schimpansen versuchen Widerbelebungsversuche, indem sie den Toten hochziehen. Wenn keine Reaktion kommt, trauern sie apathisch, fasten, halten Wache, kehren immer wieder still zurück, vergraben den toten Kameraden und legen manchmal Zweige und Blätter über ihn.[152] Beim Menschen nennt man das beerdigen. Ähnliches ist von Elefanten überliefert.[71, 152] Im SPIEGEL 38/2015 lese ich: „Südafrikanische Hominiden entwickelten trotz ihres geringen Hirnvolumens eine primitive Begräbniskultur.“ Warum sollte das etwas Besonderes sein? Es gibt die schon bei Tieren mit einem noch viel kleineren Hirn, auf dessen alleinige Größe es eben nicht ankommt.

Wissenschaftler, die Tieren Trauergefühle absprechen, haben den Film von dem genialen Tierfilmer Hugo v. Lawick über die Schimpansen von Gombe nicht gesehen, wo der achtjährige Flint um seine tote Mutter trauert. Er horchte nach dem Herzschlag an ihrer Brust, verjagte ihr die Fliegen, wich tagelang nicht von ihrer Seite, zupfte immer wieder an ihr, aß nichts, blieb allein und regungslos, wischte sich die Augen, zog sich dann in das gemeinsame Nest zurück und starb nach einem Monat auch. Gleiches berichtet Dian Fossey von dem Gorillakind Kweli, das „an Trübsinn" starb, nachdem seine Mutter von Wilderern ermordet worden war.[132] Wie viele Beweise brauchen die Wissenschaftler eigentlich noch? Man hat Weinen bei Elefanten und Pferden nachgewiesen, im oben genannten Film ist es bei Flint zu sehen. Der Pferdetrainer Jean Claude Dysli, der die Westernreiterei nach Europa brachte, schreibt, dass er selber überrascht war, ein weinendes Pferd zu erleben, als dessen Pferdefreundin starb. Vier Wochen später starb es selber auch.[26] Aber im Allgemeinen wird mal wieder behauptet, nur der Mensch könne weinen, und unterstellt ihm damit a priori eine tiefere Empfindungsfähigkeit.

Auch beim Menschen hat man von seiner „Verhausschweinung" gesprochen, weil er sich sozusagen selbst zum Haustier gemacht hat. Es ist bekannt, dass durch Overprotection Fähigkeiten zur Selbstständigkeit bei Heimbewohnern und Kindern degenerieren bzw. gar nicht erst entwickelt werden. Man braucht sich um die Beschaffung seiner Nahrung nicht mehr besonders zu kümmern, kann oft Bekömmliches nicht mehr von Ungesundem unterscheiden. Der „domestizierte Mensch" hat mehr weiße Haut, helleres Haar, mehr Fett[4] und, wie auch bei domestizierten Haustieren, mehr Sex als die wilden Vorfahren. Wir leben heute zu 80 Prozent in geschlossenen Räumen. Unsere moderne Dauerlärmberieselung muss zu einer Abstumpfung des Hörsinnes führen, sonst könnten Menschen gar nicht in Großstädten oder Slums wohnen und bei Radio arbeiten. Auch der Geschmackssinn ist bereits solcherart manipuliert, dass Kunstaromen natürlichen vorgezogen werden, sodass Gelüste nicht mehr körperlichen Bedürfnissen entsprechen. Was wir essen hat Einfluss auf früheste Geschmacksbildung, nicht nur im Mund. Durch Filme und Computer programmieren wir uns einseitig auf optische Sinneseindrücke, bestenfalls noch akustische. Wer nicht bewusst seinen Geschmacks-, Riech- und Tastsinn fördert, dessen Sinne verkümmern in unserer technisierten Kunstwelt. Nerds müssen erst zum Fenster gehen, um zu wissen, wie das Wetter draußen ist. Wir orientieren uns am Verfallsdatum, anstatt Essbares ganz archaisch mit unseren Sinnen zu prüfen. Unser Sehsinn funktioniert auch nachts, doch wir verlassen uns auf künstliche Lichtquellen. Unsere Futterquellen sind Supermärkte und Kühlschränke anstatt Obstbäume. Wir lesen keine Spuren unserer Artgenossen mehr, wir verlassen uns auf ferngesteuerte Elektronik. Tastsinn verkümmert durch mangelnden Körperkontakt. Aromen gaukeln Natürliches vor. Parfüms, Deos, Desinfektionsmittel und Sprays kaschieren ursprüngliche Gerüche. Nasen von zwei- und vierbeinigen Städtern werden permanent zugeduftet. Die erlernte Hilflosigkeit, die wir unseren Haustieren angezüchtet haben, scheint auch uns selbst zu erfassen: Wir brauchen Ratgeber für alles, können kaum noch selber unsere Nahrung zubereiten, uns selbst heilen, unsere Kinder großziehen. Für alles rufen wir nach Spezialisten, Gebrauchsanweisungen und dem Staat. Gleichzeitig sind wir aber dem Wahn verfallen, wir könnten alle unsere Nachlässigkeiten, Fehleinschätzungen und technischen Eingriffe schon irgendwie durch Versicherungsbeiträge und Gesetzestreue wieder ins Lot bringen.

Bei allen Wildtieren ist der Hörsinn viel feiner ausgeprägt als bei unseren Haustieren, was ja auch kein Wunder ist, wenn die Muschel bei manchen Hunden mit Schlappohren verdeckt ist.

Ich erinnere mich noch sehr gut an die Zeit meines Studiums, als unter Professoren und Studenten das Kupieren der Hundeohren für eine Änderung des Tierschutzgesetzes diskutiert wurde. Prof. Felixmüller propagierte vehement die Beibehaltung der modischen Ohrchirurgie, ich nehme an, um den Tierärzten diese Einkommensquelle nicht abhandenkommen zu lassen. Leiden von Tieren galt noch als ziemlich unerheblich. Aber er hatte auch ein absolut schlagendes Argument dafür: Er fragte uns Studenten, ob wir ein einziges Wildtier mit Schlappohren kennen würden? Keiner im Saal hatte eine positive Antwort parat. In der Tat, Wildtiere brauchen ihre Ohren als effektive, aufgerichtete Schalltrichter zum Überleben, sei es zur rechtzeitigen Flucht vor Feinden oder um Beute auszumachen. Leider fiel mir der Elefant erst abends im Bett ein!!

Trotzdem sind Hängeohren unnatürlich und es ist des Tierarztes täglich Brot, entzündete, unbelüftete, schmerzende Ohren von Cockern, Dackeln und Co. zu säubern und zu behandeln. Menschen haben zwar keine Schlappohren, aber Hunde mit solchen hören mit ihren recht beweglichen Ohrmuscheln trotzdem noch wesentlich besser, vor allem im Hochfrequenzbereich (40-50.000 Schwingungen pro Sekunde = Ultraschall), was man sich durch für Menschen unhörbare Hundepfeifen zu Nutze macht.

Zum Glück ist noch niemand auf die Idee gekommen, auch Pferden schlabbernden Kopfbehang anzuzüchten! Sichelohren gibt's ja schon.

Hören ist der zweitwichtigste Sinn der Pferde. Ihre Ohrenmuscheln sind mit 16 unabhängigen Muskeln um 180 Grad und sogar noch unabhängig voneinander sehr beweglich, was für präzises Richtungshören eine entscheidende Rolle spielt. Nur bei heftigem Wind versagt es. Das erklärt, wieso selbst die nervenstärksten Reittiere bei dieser Wetterlage scheufreudiger und nervöser sind, weil

Hörsinn in alle Richtungen

ein Teil ihres Ortungssinnes und damit ihres Sicherheitsgefühls verloren geht. Sie hören außerdem leisere und höhere Töne als wir Menschen. Das Ohr ist mit dem gesamten Nervensystem verbunden und vermittelt als Mikroprozessor nicht nur Informationen über Art und Ort des Schalls, sondern auch über Gleichgewicht, Rhythmus und Bewegung im Raum. Pferde müssen über ein äußerst hochentwickeltes Gleichgewichtssystem verfügen: wenn es auf der Flucht stolpert und fällt, ist es Beute. Dieses feine und sekundenschnelle Reaktionsvermögen auf leiseste Positionsveränderungen machen sich gute Reiter für ihre Manöver zunutze. Das Pferd sucht immer den gemeinsamen Schwerpunkt.[26]

Am Ohrenspiel sieht ein versierter Pferdemensch, wohin das Interesse und die Konzentration des Pferdes gerichtet sind, auf den Reiter nach hinten, oder doch eher nach vorn auf den Artgenossen am Zaun.

Pferde können andere Pferde und Menschen an deren Stimmen unterscheiden, aber auch am Geruch, am Gesicht und am Bewegungsmuster.

Ich kann das umgekehrt übrigens auch. Ich höre nicht nur, welches unserer Pferde wiehert, sondern auch, warum es wiehert, was mich dazu veranlassen kann, von meinem Schreibtisch aufzustehen, weil eines gerade das andere fragt, warum es fortgeht, was nicht vorgesehen war.

Der Mensch sieht, wo das Pferd riecht

Meine Kenntnis liegt dabei allerdings mehr an meiner inneren Verbundenheit mit meinen Tieren als an meinem Ohrenspiel. Allerdings gibt es Menschen, die tatsächlich, aber nur durch Üben, mit Ohrenwackeln ein Spiel betreiben können. Unsere Ohren sind nämlich so gut wie unbeweglich. Auch unsere Hörfähigkeit (50 Hz bis 20 kHz) ist nicht so gut wie die des Pferdes (25 Hz-38 kHz) und erst recht nicht wie die des Hundes (15 Hz bis über 50 KHz). Wir können einigermaßen gut die Hörrichtung feststellen, bei Schallreflexion versagen wir schon.

Auf Grund ihrer größeren Bandbreite an olfaktorischen und akustischen Eindrücken leben unsere vierbeinigen Begleiter also zusätzlich zu der unsrigen noch in einer weit größeren Parallelwelt eines ausgedehnten Geruchs- und Hörtableaus. Ihre Realität ist einfach weitaus größer als das, was wir als Menschen zu erkennen in der Lage sind. Weil wir davon ausgeschlossen sind, tun wir unseren Tieren oft Unrecht. Ich kann mich da leider nicht ausnehmen:

Ich kam von einem arbeitsreichen Praxistag nach Hause und wollte schlafen, als meine Rottweiler-Hündin Cassy draußen ausdauernd zu bellen begann. Ich war darüber verärgert, weil ich keinen Grund dafür ausmachen konnte, und ging hinaus, um sie zur Ordnung zu rufen. Wie hatte ich ihr Unrecht getan, denn am nächsten Tag stellte sich heraus, dass mehrere hundert Meter weiter im Wald jemand in der Nacht heimlich Weihnachtsbäume geschlagen und gestohlen hatte. Sie hatte also von der Umgebung viel mehr Informationen wahrgenommen als ich. Hunde hören Geräusche dreimal so weit wie wir.

Ich erinnere mich, dass ich mit meiner Dackelhündin schimpfte, weil sie nicht gehorchte. Nun, das mag für Dackel ja normal sein, aber eigentlich nicht für sie. Bis mir auffiel, dass sie nicht mehr bellend aus dem Körbchen schoss, nachdem es geklingelt hatte: Sie hatte ganz einfach Altersschwerhörigkeit! Nicht umsonst wird Hören mit Gehorchen gleichgesetzt, aber Zweiteres setzt Ersteres voraus. Auch bei unseren Haustieren sollten wir mit dem schleichenden Verlust der Sinnesleistungen rechnen und dem mit Verständnis begegnen.

Ein drittes Beispiel betrifft meine Criollo-Stute Patrona, die sich eines schönen Tages auf dem Reitplatz weigerte, an der kurzen Seite vorbeizugehen. Weit und breit war für mich nichts Außergewöhnliches auszumachen. Nun ja, was macht der arrogante Mensch, der sich für das informierteste und intelligenteste Wesen hält? „Ich glaube du spinnst!", und Hacken rein! Ich erzähle es nicht gerne, aber an der gemiedenen Zaunseite war ein Wespennest!

Ein Beispiel mehr, dass Tiere durch feinere Wahrnehmung ihrer höher entwickelten Sinnesorgane oft viel schlauer sind als der Mensch und ihn beschämen können! Also: In dubio pro equo! In solchen Fällen möchte ich mich am liebsten bei meinen Tieren entschuldigen. Und da entsetzt es mich dann, wenn ich in einer Anleitung für die Reitpferdeausbildung lese: „Widersetzliches Verhalten ohne Grund sollte energisch bekämpft werden!" Tiere haben immer einen Grund! Wie oft tun wir ihnen Unrecht, weil wir ganz einfach vieles nicht mitbekommen, was in ihrem Wahrnehmungsspektrum real vorhanden ist, weil wir ziemlich einseitige Augenwesen sind, nach dem Motto: Aus den Augen, auch aus dem Sinn! Wir orientieren uns im Gegensatz zu unseren Vierbeinern hauptsächlich mit dem Sehsinn. Unsere wahrgenommene Welt ist zu 80 Prozent visuell. Beim Menschen wird hauptsächlich das Gesicht des Gegenübers interpretiert, die restliche Körpersprache wird oft vernachlässigt. Wir sehen, außer in der Dunkelheit, besser als Hund und Pferd. Wir haben ein Gesichtsfeld von 180 Grad, wobei wir an den Rändern in einem Winkel von 30 Grad nur mit jeweils einem Auge und deshalb unscharf sehen, hinter uns gar nichts mehr. Unser Scharfsehfokus liegt im Mittelfeld und erlaubt, durch beide nach vorn gerichtete Augen gute Entfernungsabschätzung und Dreidimensionalität wie bei einem Raubtier. Das periphere Gesichtsfeld warnt uns vor unerwarteten Bewegungen. Sobald ein Auge ausfällt, leidet unsere

Tiefenwahrnehmung. Ein Auge allein fertigt nur eine zweidimensionale Projektion einer dreidimensionalen Realität an. Zur Herstellung von drei Dimensionen braucht man zwei Augen, nur leicht verschoben. Das ist wichtig für präzise Bewegungen im Raum, zu denen wir fähig sind, ob beim Bodenturnen oder Faden-in-Nadelöhr-Einfädeln. Zusätzlich helfen uns noch viele Farben, unsere Umgebung gut zu differenzieren, vom kurzwelligen Violett bis zum langwelligen Rot.

Und jetzt vergleichen wir die Position der Augen beim Pferd: Sie liegen seitlich am Kopf, und nur die Hälfte bis ein Drittel des Augapfels ist von vorne zu sehen. Was bedeutet das? Das Pferd hat zwar ein doppelt so großes Sichtfeld wie der Mensch, und zwar fast rundum. Das größere Wahrnehmungsfeld geht allerdings zu Lasten der Schärfe. Nur ein Drittel im vorderen Bereich dient dem Fokussieren, weshalb Pferde den Kopf hochreißen, um bei Erschrecken besser zu sehen oder wenn sie etwas weiter Entferntes taxieren wollen. Also: Pferde sehen viel mehr auf einmal als wir, dafür aber nicht so klar. Wofür soll das gut sein? Als Beutetiere brauchen sie eine permanente Rundumsicht, um Feinde frühzeitig auszumachen, sodass noch Zeit zur Flucht bleibt. Sie können Entfernung deshalb nicht so gut abschätzen, da ein dreidimensionales Sehen im seitlichen Blickfeld nicht möglich ist. Aber dafür hat es dort eine schnellere Reizverarbeitung für Bewegungen, das heißt, für das eventuell anschleichende Raubtier. Es kann natürlich auch eine plötzlich im Wind sich bewegende Plastiktüte sein, die vorher unbewegt für das Pferd praktisch mit ihrer Umgebung verschmolz. Pferde sehen kleinste Bewegungen auch in der Ferne. Sie haben eine Panorama-Sichtweise mit Weitwinkel-Blickfeld, auch wenn sie den Kopf zum Grasen senken. Sie lieben den Weitblick und nicht den Blick vor die Wand. Vorne unten vor sich und direkt hinten, auch da wo der Reiter sitzt, kann ein Pferd bei geradem Kopf nichts sehen. Der Reiter sitzt also im blinden Fleck des Pferdes. Pferde gehen auch nicht gerne rückwärts in einen blinden Winkel. Man sollte möglichst seitlich auf ein Pferd zugehen, wo man von weitem von ihm wahrgenommen wird, und es nicht plötzlich von hinten erschrecken. Dann wäre es für den Menschen ein böses Pferd, wenn es ausschlägt, dabei ist es nur seinem Wehrreflex oder eventuellen Fluchtreflex mit Nach-vorne-Springen gefolgt. Aus demselben Grund ist auch jede Hast des Menschen kontraproduktiv. Jeder erfahrene Horseman vermeidet abrupte, schnelle Bewegungen. Besonders Kinder müssen darauf aufmerksam gemacht werden, denn die Pferde fürchten manchmal ihre liebevoll stürmische Art.

Die Augen des Pferdes liegen seitlich am Kopf

Das Pferd ist von seinem Grundcharakter ein Fluchttier, das ständig auf der Hut sein muss. Lieber einmal zu viel fliehen als gefressen werden. Menschen müssen lernen, wie Pferde zu denken, damit diese das Raubtier Mensch tolerieren. So, meint die erfahrene Pferdefrau Linda Tellington-Jones, reagieren sie nicht mehr so reflexhaft auf Grund ihres Instinktes und überwinden den Fluchtreflex durch bessere Einschätzung der Situation. Sie gewinnen mehr Selbstkontrolle und -sicherheit. Das geht aber nur mit Vertrauen und Gewöhnung, mit Anschauen des Gegenstandes und Verstehen, dass keine Gefahr vorliegt. Zum Beispiel sollten wir einen neuen Sattel nie einfach auf den Pferderücken knallen, sondern das Pferd davon erst Witterung aufnehmen lassen. (Auch einen alten oder schweren Sattel knallt man nicht aufs Pferd!). Angst kann durch schlechte Erfahrung entstehen, ist aber durch wiederholte gute Erfahrung überwindbar. Wie oft habe ich aber gehört, Pferde sollen das Fell vollkriegen, wenn sie Fluchttendenzen

Angst schwindet mit Vertrauen

Geballte Aufmerksamkeit

zeigen. Nein, mit Angst kann selbst der Mensch nicht lernen! Man nennt das angstbedingte Denkhemmung.

Wenn das Pferd beim Reiten den Kopf sehr tief halten muss, ist es direkt vor seiner Nase blind, eine demütigende Haltung, wie sie beim Pleasure-Reiten oder bei sogenannten Rollkuren erzwungen wird. Ein Pferd ist ein äußerst aufmerksames Tier in der Natur, das seine Umgebung ständig im Blick haben muss. Das ist überlebenswichtig für ein potenzielles Beutetier. Aber man degradiert es zu einem würdelosen Kriecher mit Blick auf den Boden mit unnatürlich eingeschränktem Sichtfeld. Das ist erlernte Hilflosigkeit und gewiss nicht artgerecht!

Auch beim Sprung ist es für ein Pferd schwer, die Höhe zu taxieren. Es reißt dabei den Kopf hoch. Hochsprung ist Schwerstarbeit, auch mental, für ein Pferd.

Beim Fressen sieht es ebenfalls weniger, was es frisst, da es direkt vor der Nase einen toten Winkel hat. Der Mangel an Sehleistung wird an dieser Stelle mit ausgezeichneter Riechleistung und mit den Tasthaaren um die Nüstern ausgeglichen. Deshalb ist es mit Recht in Deutschland inzwischen verboten, diese funktionellen Sinnesantennen abzurasieren. Pferde nehmen besonders

grün und gelb wahr, die Farben für saftiges oder trockenes Gras, weniger rot und blau. Man hätte es sich denken können, denn blaues oder rotes Gras gibt es nicht, und Früchte dieser Farben stellen bestenfalls eine gelegentliche Nebenmahlzeit dar.

Da potenzielle Beutetiere auch nachts angegriffen werden und fliehen müssen, können Pferde bei Dunkelheit sehr gut sehen. Sie sehen also alles heller und besser als wir. Das geschieht durch eine Restlichtverstärkung im hinteren Teil ihres Auges auf der Netzhaut, das sogenannte Tapetum lucidum. Ein Nachtritt mit dem Pferd ist ein besonderes Erlebnis, nur zu! Hierfür gibt es den Beifall der Zuschauer nicht, aber die ganz persönliche, intensive Nähe zum lebendigen Transportmittel. Diesmal muss der Mensch dem Pferd vertrauen. Aber Sie werden feststellen, dass es scheufrei und zügig durch die Dunkelheit geht. Wettkampfpokale sind schal im Vergleich zu solchen Erlebnissen. Allerdings braucht das Pferd länger als der Mensch für die Hell-dunkel- bzw. Dunkel-hell-Adaptation. Schon Urmenschen kamen aus der Höhle direkt in die Sonne, konnten also relativ schnell adaptieren. In der Steppe gibt es einen so raschen Wechsel nicht. Pferde kommen auch nicht aus Höhlen, denn da wächst kein Gras. Allerdings verlangen wir manches Mal von ihnen, dort

Raubtiere haben ihre Augen vorne

hineinzugehen. Robustpferde, die nur in freier Natur aufgewachsen sind, können sich deshalb weigern, einen Stall zu betreten. Pferde erleben Enge als Bedrohung.

Ich hatte meine englische Vollblutstute Pandrea mit dem Anhänger das erste Mal zur Reithalle gefahren und schickte mich nach dem Reiten an, sie wieder nach Hause zu transportieren. Sie wollte allerdings nicht in den Hänger gehen. Es dauerte Stunden und alle Versuche und guten Ratschläge umstehender Besserwisser brachten keinen Erfolg. Ich sah mein Pferd schon angebunden in der Stallgasse die Nacht verbringen. Manchmal braucht man aber nur einen guten Rat, nämlich den, im Hänger Licht zu machen. Mein Hänger hatte keine Innenbeleuchtung und es war ja inzwischen Nacht geworden. Gesagt, getan. Anstandslos ging meine Stute sogleich in ihr Gefährt. Ja, was sollte sie auch in einer dunklen Höhle!

Auch wir Menschen fühlen uns in den ersten Minuten blind, wenn unsere Adaptation hinterherhinkt, aber beim Pferd dauert die Blindphase wesentlich länger. Zum Nachteil für das Beutetier verfügen allerdings auch seine Feinde,

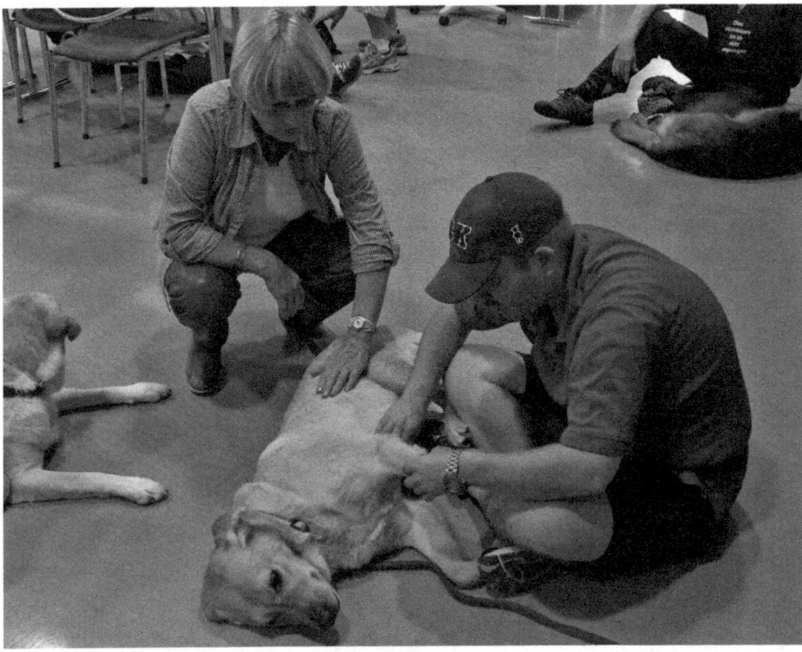

Blindenseminar

die Kaniden und Feliden, über gutes Nachtsehen mit dem anatomisch gleichen Augenhintergrund.

Raubtiere haben zum besseren räumlichen Sehen und Abschätzen von Entfernungen ihre Augen vorne und nicht seitlich am Kopf. Erst der doppelte, fast kongruente Blick mit beiden nach vorne gerichteten Augen liefert das scharfe Bild, mit dem ein zu jagendes Opfer präzise fokussiert werden kann. Beide Bereiche des Blickfeldes der Augen stimmen fast überein. Hunde können nur wenige Farben differenzieren, sie sind rot-grün-blind.

Es tut mir leid für die überzeugten Vegetarier, aber durch die nach vorne gerichteten, gut fokussierbaren Augen offenbart sich abermals die Raubtiernatur des Menschen. Was hat das mit dem Umgang mit unseren Vierbeinern zu tun? Sehr viel! Wir als visuelle Wesen legen den größten Wert auf ebenfalls visuelle Kommunikation. Das geht mit dem Hund durch Blickkontakt wunderbar. Er sieht uns direkt an, wir sehen ihm direkt in die Augen. Gebärden werden auf über 100 Meter Entfernung noch verstanden und sind ein sehr wichtiger Aspekt für die Feinheiten in seiner Dressur, weil Sichtzeichen ohne Stimme möglich sind. Ich habe beobachtet, dass selbst Blindenführhunde ständig den Blick nach oben richten und die menschliche Physiognomie aufmerksam zu interpretieren suchen. Allein an der Mundstellung können sie die Stimmung erkennen. Und wir erblicken wiederum im Auge des Hundes seine Freude, seine Arbeitsbereitschaft, seine Aufmerksamkeit.

Das Pferd hat keinen so direkten Blickkontakt zu uns, kann ihn auf Grund seiner Anatomie, siehe oben, nicht haben. Es kann uns nicht so direkt fixieren wie der Hund. Leider wird das fälschlich als geringere Intelligenz des Pferdes ausgelegt, vielleicht weil wir da mal wieder von unserer eigenen Spezies ausgehen: Menschen, die uns nicht direkt anschauen, werden als ängstlich, unfähig, verschlagen oder unehrlich angesehen. Pferde kommunizieren über die Artgrenze hinweg mit uns allerdings weniger über die Augen als über den Körperausdruck, den sie in seiner Gesamtheit erfassen, und zwar sehr genau: Sie können ein Fünftel Millimeter Veränderung eines unserer 26 Muskeln im menschlichen Gesicht registrieren.[26] Dabei erkennen sie auch sofort unsere Blickrichtung. Keine Gemütsverfassung wie Angst, Ungeduld, Misstrauen, Stress, Zeitdruck, Ärger oder freundliche Zuwendung und Ausgeglichenheit bleibt ihnen verborgen. Sie lassen sich auch nicht durch Angeberei, Markenoutfit oder Titel beeindrucken. Manager lernen in Spezialkursen von Pferden. Wer lernt hier wieder von wem? Im Vergleich mit Pferden sind wir körpersprachliche Analphabeten.

Ich staune auch immer wieder, wie genau meine Pferde im Voraus einen festen Klaps unterscheiden können, je nachdem, ob ich eine saugende Bremse an ihrer Haut erschlagen will, oder ob ich das Zur-Seite-Gehen einfordere. Im ersten Fall bleiben sie nämlich stehen, ohne mit der Wimper zu zucken. Sie müssen die Absicht wohl schon vorher an meiner Körperhaltung erkennen.

Es gilt als nachgewiesen, dass nicht nur Pferde, sondern auch Hunde und Affen absichtliche von zufälligen Bewegungen unterscheiden können. Das kann ich bestätigen. Auch mein Hund weiß genau, wenn ich ihn mal aus Versehen getreten haben sollte, und fasst das ganz offensichtlich nicht als Bestrafung auf. In allen Kulturen wird böser Vorsatz schlimmer bestraft als Unabsichtlichkeit.

Also, zusammenfassend können wir sagen: Hunde und Pferde sehen uns nicht nur, sie durchschauen uns! Das ist viel mehr! Pferde sehen kleinste Bewegungen und in der Ferne besser als wir. Sie hören weit höhere Töne als wir und verfügen auch über die feineren Nasen.

Wir haben als Reiter mit dem Pferd viel intensiveren Körperkontakt als mit dem Hund, vor allem, wenn wir beim Reiten auf dem blanken Pferderücken

Ohne Sattel und Gebiss

die Körperwärme, jede Muskelregung und jedes Hautzucken unseres geliebten vierbeinigen Freundes einzeln und ganz nah spüren. Verbinde Deinen Körper mit dem Deines Pferdes und Deine Seele wird folgen! Welch beglückende Erfahrung!

Kapitel 2

Emotionen und Persönlichkeit

„Viele Philosophen zerbrachen sich den Kopf über den Unterschied zwischen dem Menschen und dem Tiere; die alten Hebräer behaupteten, dass es eigentlich gar keinen gebe, denn Salomon sagt: „Der Mensch hat nichts mehr denn das Vieh, und es ist alles eitel!" (Pred. III 19). Die Christen wiederum behaupten, dass er eine unsterbliche Seele besitze. Die Philosophen sagen, dass er vernünftig sei, und Aristoteles behauptete, dass er öfter niest als die anderen Tiere; doch glaube ich, hat Sokrates den wichtigsten Unterschied gefunden, indem er sagte, dass wir darin die Tiere vorzüglich übertreffen, dass wir das ganze Jahr das tun können, was die Tiere nur im Frühjahr zu tun pflegen. Emmanuel Rhoïdis.[14]

Nun ja, wir sind das einzige Tier, das Klopapier braucht. Was auch immer den genauen Unterschied zwischen Mensch und Tier ausmacht, Charles Darwin meinte: „Wie groß der Unterschied zwischen der Seele des Menschen und der der höheren Tiere sein mag, so ist es sicher doch nur ein Unterschied des Grades und nicht der Art."[162] Er hatte schon dargelegt, dass der emotionale Ausdruck bei allen Menschen, egal ob Eskimo oder Südländer, gleich ist und sich teilweise sogar bei den Tieren wiederholt. Gefühle bei Tieren sind nicht fundamental von den unseren verschieden. Das beweist auch die moderne Hirnforschung. Hunde oder Pferde, die die Zähne fletschen, betätigen die gleichen Gesichtsmuskeln wie Menschen, die wütend sind oder sich bedroht fühlen. Das sind angeborene Ausdrucksmechanismen.[2]

In den Gehirnen aller Wirbeltiere befinden sich die gleichen Rezeptoren. Eiweißstoffe verändern als Botenstoffe Reaktionen im Gehirn. Die für die Übertragung verantwortlichen Proteine und Peptide sind bei allen direkte Produkte der Gene.[2] Gene sind aber durch Vererbung und, wie wir heute wissen, eben auch durch Umwelt und Lebenserfahrungen beeinflussbar, sodass sich bei Einzeltieren, und nicht nur bei Haustieren, deutlich unterscheidbare Persönlichkeiten ausmachen lassen.[4] Das Selbst wird als Erfahrungskontinuum definiert, es ist im Körper nicht lokalisierbar.[170] Allerdings leiten wir die Vorstellung von Persönlichkeit nahezu vollständig vom Menschen ab. Nach obiger Definition hätten es dann aber auch höher entwickelte Tiere. Aber nicht mal die Psychologen haben eine verbindliche Auffassung darüber, was darunter zu verstehen ist. Auch Philosophen, Theologen, Soziologen und Neurologen haben sich um diese Definition bemüht. Inzwischen gibt es Verhaltensbiologen, die sich mit der Animal Cognition und der Tierpersönlichkeit befassen.[154]

Bei Mensch und Tier haben die wichtigsten Gefühle mit dem Sozialpartner zu tun, soll heißen: Ohne Artgenossen verkrüppelt das Seelenleben, und das gilt besonders für Gruppenwesen wie Menschen, Hunde und Pferde, die in Horden, Rudeln und Herden leben, und natürlich auch für ihre Vorläufer: Schimpansen, Wölfe und Wildpferde. Als solche können sie nicht nur hervorragend untereinander z. B. bei der Jagd kooperieren, sondern verstehen auch speziesübergreifend zum Beispiel Alarmrufe. Im gleichen Territorium lernen Hunde Pferde zu verstehen und umgekehrt. Sie kommunizieren durch eine hochdifferenzierte Körpersprache und Mimik miteinander. Sie alle bevorzugen das Sippenleben, soll heißen, sie leben in mehr oder weniger geschlossenen Familienverbänden, wo jeder jeden kennt. Über ihre Verwandtschaftsgrade sind sie genauestens im Bilde. Ihr Geselligkeitstrieb erleichtert jedem Mitglied den Alltag. Er bietet mehr stressfreie Voraussehbarkeit des sozialen Geschehens, sofern die hierarchischen Beziehungen geklärt sind, höhere Überlebenschancen durch Imitation, bessere Verteidigung, Unterstützung bei Krankheit oder Verletzung, Übermittlung von Erfahrungen an die Jungen, mehr erfinderische Anpassungsoptionen, wichtiges Vertrautheits- und Zugehörigkeitsgefühl als Abgrenzung gegenüber Unbekanntem oder Gefährlichem zur Risikovermeidung. Hund, Pferd und Mensch nutzen wie schon ihre Vorfahren diese Vorteile bei Gefahr, Nahrungsfindung, gegenseitiger Hilfeleistung und Arbeitsteilung bei der Aufzucht, sowie gegen Feinde und Kälte. Eine Gruppe kann Probleme bewältigen, die für den Einzelnen unlösbar gewesen wären. Das Anerkennen gewachsener Hierarchie in einer Gemeinschaft vermeidet dabei Auseinandersetzungen und kommt allen Mitgliedern zugute. Gleichzeitig erfordert das Gruppenleben aber immer auch Kompromisse auf Kosten des Individuums in Form von Anpassung und zusätzlicher Konkurrenz. Das Dazugehören ist wichtiger als der soziale Status. Bei Mensch und Wolf bildet ein Leit-Paar mit seinen Nachkommen den Anführungskern der Gemeinschaft. Bei Pferden lebt ein Vatertier mit bis zu sechs Stuten samt ihren Nachkommen in einer Herde. Bei ihnen und den matriarchalischen Bonobos hängt die Position der Nachkommen von der Rangordnung der Mutter ab, bei den patriarchalischen Menschen von der des Vaters. Auch bei Schimpansen wird der Rang vererbt. Kinder erhöhen den Status der Mutter, das scheint nach wie vor sehr ausgeprägt zu sein. Sowohl bei Menschen wie bei Schimpansen haben die Kinder höherrangiger Mütter eine größere Überlebenschance. Sowohl

Hunde sind Rudeltiere

Pferde sind Herdentiere

Menschen-, Pferde-, wie Schimpansenmütter lassen ihre Kinder oft gezielt nur mit Kindern anderer ausgewählter Mütter spielen.[71] Freundinnen verstärken ihre Bindungen durch gegenseitige Fellpflege und verteidigen ihre Kinder gemeinsam. Alle Spezies ziehen die eigenen Verwandten Außenstehenden vor, ja begegnen ihnen mit Feindschaft. Misstrauen gegenüber Fremden ist also ein alter, genetisch bestimmter Schutzmechanismus schon bei Schimpansen, nein, sogar bereits bei Ameisen. Wolfsrudel besetzen Territorien von 100 bis 350 Quadratmetern und verteidigen sie gewaltsam gegen artgleiche Eindringlinge. Ob Menschen oder Tiere untereinander Rivalen oder Helfer werden, hängt meist von ihrem Verwandtschaftsgrad ab. Es gibt keine Gesellschaft, die ihre vitalen Interessen nicht mit Grenzen gegen andere abschottet. Der Psychoanalytiker und Sozialpsychologe Erich Fromm schreibt, dass die Verteidigung des eigenen Reviers die Funktion hat, ernsthaftere Kämpfe zu vermeiden, die bei Überfüllung entstünden.[149] Allerdings bestehen Nationalgrenzen nur in unseren Köpfen, da sie oft auf Volksstämme keinerlei Rücksicht genommen haben. Der Hirnforscher Wolf Singer schreibt dazu: „Kognitive Fähigkeiten und emotionale Kompetenzen wurden evolutionär für Kleingruppen selektiert, deren Mitglieder sich persönlich kennen. Es gab aber keinen Selektionsdruck für die Entwicklung der Fähigkeit, Mitgefühl für Unbekannte zu entwickeln.[170]

Erfüllung rein physischer Bedürfnisse reicht also nie aus, die emotional-sozialen sind ebenso wichtig.[1] Bindungsbedürfnis entsteht vom ersten Lebenstag an. Der Psychoanalytiker Réné Spitz hat das sehr früh an mutterlosen Affenbabys und menschlichen Säuglingen bewiesen: Sie sterben, wenn sie nicht genug emotionale Zuwendung bekommen.[15] Sie ist erwiesenermaßen sogar ein sehr wichtiger Genesungsfaktor.[132] Bis zu vier Jahre lang mütterlich umsorgte Schimpansenbabys überholen vernachlässigte Menschenbabys in ihrer Entwicklung im Vergleich.[71] Mütterliches Verhalten wird in jeder Gemeinschaft abgeschaut, deshalb funktioniert die Fortpflanzung oft bei einzeln gehaltenen Gruppentieren nicht richtig. Heranwachsenden Schimpansen-Waisen hat man deshalb im Zoo Lehrfilme über Kinderaufzucht ansehen lassen und sie mit stillenden Menschenmüttern zusammengebracht.[71] Vielleicht sollte man heutzutage manchen Menschenmüttern Filme aus dem Dschungel zeigen, damit sie sich ein Beispiel nehmen, wie Schimpansenmütter liebevoll und fürsorglich mit ihren Kindern umgehen und sie jahrelang mit sich herumtragen. Mensch und Menschenaffen lernen durch Zuschauen und Nachahmen. Nichts fördert die Mutter-Kind-Bindung mehr als Körperkontakt! Berührung und Körperkontakt ist das, was Geborgenheit und Selbstvertrauen schafft.

Immerhin haben Säuglinge ja den Greifreflex noch nicht verloren, auch wenn die Menschenmutter kein kuscheliges Fell mehr hat. Es wird vergessen, dass der Mensch ein Säugetier ist! Heutzutage streicheln Mütter ihr Smartphone mehr als ihre eigenen Kinder. In einigen Bundesländern gab es deshalb schon Plakataktionen: „Heute schon mit Deinem Kind gesprochen?" Mütterlichkeit ist keine anerkannte Tugend mehr. Deutsche Kinder lässt man im Durchschnitt einsam in ihrem Bettchen oder sonst wo abgelegt bis zu 30 Minuten und länger schreien, ehe sie aufgenommen werden.[127] Und westliche Kleinkinder halten sich heute fast 10 von 24 Stunden außer Reichweite ihrer Mütter auf! Betreuungspersonal gehört nun mal nicht zur Familiensippe. Diese Zusammenhänge sind besonders brisant, wenn man die neuesten Forschungen der Epigenetik[78] berücksichtigt, nämlich dass Erfahrungen sich auch in der DNS niederschlagen. Aber auch ohne diese stellte René Spitz schon fest, dass Traumata an die nächste Generation weitergegeben werden. Es ist interessant, dass Züchtigungen von Kindern erst aufkamen, als der Bauernstand Eigentum zu bewahren hatte.[127]

Nur sehr begrenzt kann man diese Fürsorge durch Artgenossen einer anderen Spezies oder durch stimulierende Umgebung, z. B. erzieherische oder Belohnungsaktivitäten, ersetzen. Immerhin können sie so überleben und mehr synaptische Proteine zur Nachrichtenübertragung im Gehirn bilden, so dass menschliche und tierische Zöglinge nicht verblöden.

Durch moderne Heukarussels und automatische Futterdosierer betritt der Mensch eine Pferdebox immer seltener und sieht sein eigenes Tier nur wenige Minuten am Tag, wenn nicht gar nur am Wochenende. So werden verschmutzte Tränken, Verletzungen, dicke Beine oder vergessene Bandagen auch schon mal übersehen. Dabei hätte sich unser vereinsamter großer Freund auch über ein paar Streicheleinheiten gefreut. Auch das mögen wir nicht gerne hören: Der Mensch ist für das Tier sowieso immer nur ein Ersatz. Für seine Ausgeglichenheit sollten wir uns also lieber zwei kleinere als einen einsamen großen Hund anschaffen und *nie* ein Pferd einzeln halten. Schließlich sind auch für Menschen Tiere nur ein Ersatz, wenn nur noch der Hund als Ansprechpartner und Bettgenosse übriggeblieben ist und als Lebensmittelpunkt herhalten muss. Kinder sind ein schlechter Hundeersatz.

Erstrebenswert und das seit alters her Natürlichste ist die gemischte Gruppe, wo ein Wesen das andere mit seinen besonderen Talenten ergänzt. Für mich gehört Jagdreiten dazu, wo sich Menschen, Pferde und Hunde nicht nur in ihren verschiedenen Fähigkeiten im Team vervollkommnen, sondern wo sich

Sport, Natur, Tradition, menschliche Gemeinschaft und musikalische Klänge zu einem Gesamterlebnis verbinden. Auch der berittene Cowboy hat auf dem Kamp bei den Kühen den mitarbeitenden Hund an seiner Seite. Neuerdings gehen in Pferd-Hund-Trails alle drei eine wettkampfmäßige Verbindung ein. Hier verschmelzen nicht nur Pferd und Reiter zu einem Doppelwesen, es erweitert sich zu einem idealen Trio.

Nicht nur erfahrene Pferdeleute wie Linda Tellington-Jones oder Klaus-Ferdinand Hänfling haben Bücher über die unterschiedlichen Charaktere bei Einzeltieren verfasst.[34] Jeder Tierhalter wird bestätigen, dass sein Hund oder Pferd genauso wie jedes Kind für sich ein unverwechselbares Individuum ist mit verschiedenen Vorlieben, Talenten, Auffassungsgaben, Charakterstärken oder -schwächen. Die Schimpansenforscherin Jane Goodall schreibt: „In dem Augenblick, als ich einem Schimpansen in die Augen schaute, sah ich eine denkende, urteilsfähige Persönlichkeit meinen Blick erwidern.“ [43] Sie war eine der Ersten, die das Gesetz der Verhaltensforschung überging, Tieren ja keine Gefühle und Individualitäten zuzuschreiben. Das galt als unzulässige Übertragung menschlicher Eigenschaften. Sie gab den beobachteten Schimpansen Namen. Es gibt Forscher, die Primaten inzwischen sogar Menschenrechte per Gesetz zuerkennen wollen. Menschenaffen haben sich zur ethischen Fast-Person aufgeschwungen, nachdem sie in der westlichen Gesellschaft im Laufe der Geschichte als verlachtes und gefürchtetes Monster angesehen wurden, begafft auf Jahrmärkten, später, und bis heute, als menschenähnliches Experimentierfeld für wissenschaftliche Quälereien. Nachdem ihre Euthanasie verboten wurde, dürfen sie jetzt wenigstens ihr Gnadenbrot in freier Gruppenhaltung erleben.[152] Leider beachten wir ja nicht einmal die Menschenrechte innerhalb unserer eigenen Spezies.

Gefühl kann man nicht auf einem Objektträger aufbringen oder im Reagenzglas züchten. Es lässt sich höchstens indirekt nachweisen. Mit Gefühlen tut sich Wissenschaft deshalb so schwer. Sie will wissen durch Messen. Aber was ist es dann? Gefühlsregung, die aus sich herausgeht, also gezeigt wird, nennt man auch Emotion. Wie zeigt sie sich denn? Rührung ist innere Bewegung.

Gefühl wird als erstes durch Sinnesleistung provoziert, also beispielsweise Peitsche sehen, dann Schmerz über Hautnerven, also *Wahr*-nehmung im engsten Sinne. Pferde empfinden Schläge wie ein Mensch, schmerzhaft und demütigend. Dieser Input hinterlässt über die leitendenden Nervenbahnen einen Sinneseindruck im komplizierten, gespeicherten Erinnerungsmechanismus des Gehirns, das Individuum fühlt. Dieser Mechanismus wird beim gleichen Input des Sinnesorgans Auge, z. B. wieder die Peitsche sehen, verwandelt als Gefühl der Angst vor dem Gefühl des Schmerzes. Erfahrungen sind erlernte Verknüpfungen von Sinnesreizen und Emp-*find*-ungen. Angst verändert Verhalten. Verhalten ist Reaktion auf einen Reiz, Antwort auf ein Signal. Angst z. B. vor Raubtieren oder Schlangen wird als angeborener Angstauslöser, je nach Art so früh wie möglich, auch zum Teil lange vorher evolutionär, in der Erinnerung aktiviert, sodass eine Handlung vorsorglich sinnvoll wird. Schutzreflexe sind Abwehrreflexe, die sich bewusster Kontrolle entziehen. Trotzdem wird auch überlegt gehandelt: sehen, stutzen, erkennen, abschätzen: Harmloses wird nicht beachtet, Gefährliches wird umgangen, bei sehr Gefährlichem wird geflüchtet, Unüberwindbares wird angegriffen. Für alle drei Spezies gilt gleiches Verhalten. Es ist eine sehr sinnvolle und überlebenswichtige Lerneinrichtung des Gehirns. Angst ist ein lebenswichtiges Gefühl. Unachtsamkeit und Sorglosigkeit werden in der Natur schnell bestraft - und schnell tödlich.

Das unbefangene Kind oder der einfache Bauer steht den Tieren seelisch näher als der Psychologe in seinem Büro, der Soziologe an seinem Schreibtisch oder der Laborant im Versuchstierstall. Im Hinschauen und Interpretieren lebendiger Zusammenhänge hinkt die moderne, rein intellektuelle Wissenschaft den Schamanen, Vaqueros und Schäfern hoffnungslos hinterher. Ein Teil der Vergangenheit könnte unsere Zukunft sein: Rücke- und Zugpferde in der Landwirtschaft, die den Boden nicht verdichten, traditionelle Kreislaufwirtschaft ohne giftige Abfälle und vieles mehr.

Unsere felligen Schützlinge spiegeln uns Menschen. Wir sind in der Lage, ähnliche Verhaltensweisen mit unseren zu vergleichen.[1] Sie fühlen Schmerz, Neugier, Gier, Faulheit, Angst, Freude, Müdigkeit, Ekel, Hunger und Todesangst wie wir. Machen wir uns nichts vor, ihre Neurochemie und Anatomie sind ähnlich bis identisch.

Leider bekommen heute viele Kinder ihr Wissen über Tiere in Kitschfilmen vermittelt und nicht mehr durch Beobachtungen im Wald oder auf einem Bio-Bauernhof, in der Schule eigentlich auch nicht.

Ich kann mich immer sehr amüsieren, wenn unpassenderweise moderne Pferderassen und deren Outfit in altertümliche Filme verpflanzt werden. Beispielsweise wurden für einen Abspann im alten China große vollblütige Pferde eingesetzt, wo es aber früher nur die kleinen Mongolenponys gab. Jede Region oder Geschichtsepoche besaß ihren ureigenen Typ. Dass auch Pferderassen eine historische Kulturentwicklung durchgemacht haben scheinen Regisseure nicht zu wissen. Regisseure haben keine Pferde.

In Filmen wiehern Pferde auch in Situationen, in denen sie in Wirklichkeit nie wiehern würden. Für den Mitschnitt wird dann auch noch der verlängliche Ruf eines liebestollen Hengstes aufgenommen, das ist ja so schön kräftig – und passt dann ja schon meist überhaupt nicht. Ja, so ist es, wenn für Menschen Pferdewiehern eben einfach nur Pferdewiehern ist, ohne spezielle Aussage. Ihre Gewichtigkeit bestimmt sich nur durch das Verständnis des Empfängers.

Regisseure haben auch keine Hunde. Sonst würde einem solchen nicht einfallen, dass ein Filmhund beispielsweise, wie die Tiertrainerin Tatjana Zimek[35] schreibt, fünf Bälle hintereinander aufsammeln und in sein Maul nehmen soll. Selbst bei Golfbällen wäre das anatomisch nicht möglich. Tiertrainer beschweren sich, dass die Konzepte von Filmproduzenten zuweilen unmöglich umzusetzen sind.

Mir selbst ist nie bewusst gewesen, dass ich Tierlaute anders wahrnehme als die meisten Menschen, für die Bellen eben einfach nur Bellen ist. *Wenn der Nachbarshund stundenlang bellt, dann leide ich mit ihm, denn er ruft die ganze Zeit: „Ich bin so allein. Hört mich denn keiner? Wann kommt denn mein Frauchen wieder?"*

Das typische Bellen aus Einsamkeit und Langeweile. Ich kann jedem Hund, in der Nachbarschaft und bei meinen eigenen sowieso, die jeweilige Aussage zuordnen. Ich höre, ob er einen Menschen verbellt, ein Tier stellt, freudig lautstark Begrüßungstöne von sich gibt, etwas fordert oder leidet.

Einmal bellte der Nachbarshund und ich sagte zu meinem Lebenspartner: „Das hört sich an, als ob er in einem Zaun festhängt." Wir holten eine Leiter, um über die Mauer zu sehen, und tatsächlich! Wir informierten sein Frauchen, denn Hunde, die sowieso immer viel bellen, die hört am Ende keiner mehr!

Auch Wiehern ist für mich nicht einfach Wiehern. Ich kann jedes unserer Pferde einschließlich unserer Pensionspferde nicht nur am Wiehern unterscheiden, ich weiß auch, was sie sagen.

Criollo-Wallach James wiehert und ich sage: „Das klingt, als wenn ein fremdes Pferd in der Nähe wäre." „Ja", bestätigt mein Freund, „der Nachbar hat ein neues Pferd mitgebracht."

Ein anderes Beispiel:

Ich sitze im Garten und die Pferde grasen um mich herum. Meine Appaloosa-Stute Tormenta wiehert, als wenn sie meinen Lebenspartner freudig begrüßen würde, und schaut dabei die Straße hinunter. Ich stehe auf, schaue auch, kraule sie an der Mähne und sage: „Nein, der kommt noch nicht so früh." Keine fünf Minuten später war er da. Das Pferd hatte recht. Da sage doch einer, Pferde und Hunde hätten keine Sprache und könnten über ihre Gefühle keine Auskunft geben, die Frage ist doch nur, ob man sie versteht.

Ich habe lange meine schon als Kind vorhandene automatische Interpretation der Tierlaute als ganz normale Fähigkeit eines jeden Menschen angesehen, bis ich merkte, dass dem aber leider nicht so ist, sonst würden viele Tierhalter einfach achtsamer reagieren. Aber selbst Tierforscher behaupteten bis vor kurzem noch, dass Bellen keinerlei kommunikative Aussage hätte.[122] So können Forscher Unverständnis und Tierquälerei Vorschub leisten.

Leider hat sich auch die Wegwerfmentalität im Konsum auf lebendige Tiere übertragen und menschliche Sinne für ihr Leiden abgestumpft: Hamster werden in geschlossenen Laufrädern von Kindern wie ein Spielzeug einfach vergessen bis sie verhungert sind. Kaninchen oder Katzenwelpen werden totgespielt. Hunde werden vor dem Urlaub, wenn sie alt sind oder sich unverständlich benehmen, irgendwo aus dem Auto gesetzt oder an einen Baum gebunden. In den USA kann man „überzählige" Hunde in Containern entsorgen wie in einer Babyklappe, Pferde übrigens neuerdings auch, sogar in Deutschland. Selbst Rennpferde, auch tragende Stuten und Sportpferde wurden nach vielleicht militärischem Drill einfach in Irland, Spanien und Portugal bei Geldknappheit völlig sich selbst in gnadenlose Freiheit überlassen. Artgerecht? Es wird der Einfachheit halber angenommen, dass Tiere weniger leiden als Menschen, auch dass man sie wahllos in neue Gruppen stecken kann. Das kann man nicht mal mit Hühnern machen. Hunde wie Pferde, und Menschen ja sowieso, leben als soziale Tiere am stressfreiesten in einer gewohnten Rangfolge und sind zu tiefen, dauerhaften Freundschaften fähig, bedingt durch ihre Gruppenmentalität. Genau wie wir Menschen schätzen sie dabei Sozialpartner mal höher, mal indifferent und mal niedriger ein, bis zu Feindseligkeit. Wir reißen Freunde auseinander, wenn wir unser Pferd einfach in einen neuen Stall stellen. Ja, Pferde können Heimweh haben und depressiv werden! Sie sind tief verstört, wenn wichtige soziale Bindungen zerrissen werden. Sie sind Gewohnheitstiere, das gibt ihnen Sicherheit, uns übrigens auch. Hunde sind als Jäger anpassungsfähiger und flexibler, schließlich muss sich der Jäger seinem Opfer anpassen, will er es erlegen. Sie leiden aber auch wie Hund unter Einsamkeit und dem Auseinanderreißen von *gewachsenen* Rudeln.

Wir erwarten also vom Menschen Einfühlungsvermögen für Tiere. Anscheinend leisten wir als Intelligenzwesen das eben nicht immer, vielleicht sogar immer weniger. Ich beobachte auch immer weniger Einfühlungsvermögen für Kinder: Kleinstkinder, die mit Hamburgern vollgestopft werden; Mütter, die ihr Neugeborenes fernsehend, im Smartphone schreibend oder mit Kopfhörern stillen, wenn überhaupt, anstatt liebevollen Blickkontakt aufzunehmen; die sich selbst dick anziehen, aber ihr Baby, welches sich ja nicht bewegt, im Buggy nur mit dünnen Strümpfchen umherfahren und ohne möglichen Blickkontakt als erstes in Richtung Gefahrenzone Straße vorausschieben. Ich empfinde diese Kinderwagen, es sind die meisten, als extrem lieblos, denn das Kleinkind braucht und sucht den Blickkontakt zum Beschützer. Es hat die Blickhöhe eines Hundes von unten und nicht wie bei Tragetüchern die des Erwachsenen. Wenn schon kein Hautkontakt, dann sollte das Kleinkind doch wenigstens noch Blickkontakt haben! Wie oft sehe ich verzweifelt sich aus ihren Gurten windende Kleinkinder, die sich nach hinten zum Elternteil umdrehen und den liebevollen Blick der Mutter suchen und dann doch nur Ermahnung ernten. Soziales Lernen geschieht durch Interpretation von Mimik. Durch Stoffmasken und Verschleierung ist es kaum noch möglich. So wird kommunikative Mitmenschlichkeit schon früh erst gar nicht eingeübt, denn die Eltern dienen mit ihrer Fixierung auf ihr Smartphone nicht mehr als Ansprechpartner und nachahmenswerte Vorbilder. Mütterliche Dauerfürsorge wird nicht mehr als Tugend angesehen. Overprotection in der Zeit der Anwesenheit ist keine.

René Spitz sagte schon in den 1950er-Jahren, also vor mehr als einem halben Jahrhundert: „Die Drahtmutter ist schon Wirklichkeit geworden durch Babyablageräume nach Geburt, durch Milchflasche, Kinderbett, Kinderzimmer, Fernseher, Musikdose, Märchenkassetten als Tätigkeiten von Surrogatmüttern.“[15] Bei allen hier zu behandelnden Spezies besteht die dauerhafteste soziale Bindung zwischen Müttern und ihrem Nachwuchs. Es scheint, dass selbst diese beim Menschen in unserer westlichen Welt keine Selbstverständlichkeit mehr ist. Mütter und Kinder entfernen sich körperlich, zeitlich und emotional immer mehr voneinander. Das hat Folgen für die nachkommenden Generationen, was sich in Störungen der Sprach- und Sozialentwicklung niederschlagen kann.

Bei Affen führt mutterlose Aufzucht zu autistischen, sexuell abnormen oder aggressiven Erwachsenen, sie säugen nicht und vergessen ihre Kinder. Kommen da irgendwelche Parallelgedanken auf? Nur noch jedes dritte Schulkind wird zum Beispiel mit Frühstück und Pausenbrot in die Schule geschickt. Und da erheben wir uns über Indigene, die ihre Kinder den ganzen Tag am

Körper tragen. Nahrung auszuwählen und zu geben sind die mütterlichsten und altruistischsten Gaben von allen, aber wir überlassen es lieber Food-Designern, Gläschen-Herstellern, Mikrowellen und Schulkantinen. Das ist angelernte Hilflosigkeit für Mütter, die sich keine Gedanken mehr über Nahrung und Gesundheit machen müssen, wollen oder können. In vielen Familien wird ja nur noch Fertigessen aufgewärmt, weil schon die zweite Generation nicht mehr kochen kann und Kinder keine Tomate mehr von einem Apfel unterscheiden können. Dabei haben mütterliche Qualitäten in jeder Hinsicht den größten Einfluss auf die Gesundheit des Nachwuchses. Forscher in Taiwan und Australien fanden heraus, dass Menschen, die nie selber kochten, nach zehn Jahren zu 46 Prozent gestorben waren. Von denen, die mehr als fünfmal pro Woche ihr Essen selber zubereiteten, starben nur 26 Prozent.

Zoologische Unterscheidungen sind bei all diesem nur vordergründig. Der Mensch ist uns selbst unter allen Tieren eigentlich doch das am besten bekannte.[4] Trotzdem nehmen Menschen oft noch nicht einmal die Stimmungen ihrer nächsten Familienmitglieder wahr, geschweige denn die von Tieren. An welchem Emotions- und Aufmerksamkeitsstandard wollen wir also Menschen messen? Tiere leiden in anderer Weise und in anderen Situationen als wir. Sie hören, was wir nicht hören, sie riechen, was wir nicht riechen, sie sehen in der Dunkelheit, was wir nicht sehen. Andere Lebewesen haben eine andere Art von Wissen. Trotzdem können sich manche Menschen mit Tieren besser verständigen als mit Ihresgleichen, obwohl die ja ein ähnlicheres Gefühlsspektrum vorweisen. Unvoreingenommene Kinder nehmen Tiere noch intuitiver wahr als Erwachsene. Aber kein Mensch fühlt genau wie der andere. Das meiste unseres Innenlebens entzieht sich der Vermittelbarkeit trotz Sprache, die ja als der Gipfel unseres Bewusstseins gilt. Nicht einmal der Duft einer Blume oder ihre Farbe wird in genau gleicher Weise wahrgenommen.

Durch die Banalität einer kleinen Meinungsverschiedenheit über Mode merkte ich zum ersten Mal, dass mein langjähriger Partner die Welt in völlig anderen Farben als ich wahrnahm, nämlich fast nur in Grautönen, bei ihm wurde später eine Rot-Grün-Blindheit festgestellt.

Gemäß Neurologieprofessor António Damásio[37] laufen Gefühle bei Mensch und Tier über die Funktion der Sinnesorgane und deren Wahrnehmung, Verarbeitung und Erinnerung im Gehirn, je nachdem nämlich, ob diese Sinneseindrücke angenehme oder unangenehme Gefühle ausgelöst haben. Subjektive Erlebnisvorgänge, also Erfahrungen, verbinden sich mit Emotionen. Gefühle sind die Farben der Seele, sonst wäre die Welt stumpf, grau und leer. Seele ist die Verbindung des Körpers mit dem höheren Bewusstsein. „Ich sehe die Landschaft, aber ich sehe nicht, dass sie schön ist“, sagt die Autistin Temple Grandin.[38] Deshalb nennt man Autisten auch seelenblind und leidenschaftslos. Schönheit zu sehen, scheint mir eine wirklich rein menschliche Dimension zu sein. Der Mensch sieht sie in Landschaften, Natur, gut gebauten Menschen, technischen Eigenkreationen, Musik, den schönen Künsten oder mathematischen Gleichungen. Nur insofern wären Tiere autistisch zu nennen. Aber kaum habe ich das geschrieben, beschleichen mich schon wieder Zweifel: Jane Goodall beobachtete Schimpansen, die von einem Ausguck lange Zeit einen Sonnenuntergang oder einen Wasserfall bewunderten.[43]

Andererseits gibt es wohl auch Eindrücke, die eindeutig nicht über die äußeren Sinne laufen: Blindgeborene sind in der Lage, Zeichnungen von ihren Träumen anzufertigen, die nicht von denen Sehender zu unterscheiden sind[53], und bei Nahtoderfahrungen können sie genau über Objekte bei ihrer Operation oder ihrem Unfall Auskunft geben, sogar in Farbe.[66] William Shakespeare sprach vom Auge des Geistes.

Schmerz bleibt am ehesten in der Erinnerung haften. Er ist der größte Verstärker beim Lernen. Schmerzliche Erinnerungen haben nämlich Überlebenspriorität. Deshalb hat man lange Kinder und Tiere mit Schlägen erziehen wollen. Der bekannte Schweizer Philosoph und Pädagoge Johann Heinrich Pestalozzi befürwortete Schmerz als erzieherische Maßnahme. Im 16. Jahrhundert hatten Eltern in Massachusetts sogar das Recht, ungehorsamen Nachwuchs zu töten.[101] Im „Dritten Reich“ wurde körperliche Züchtigung als richtige Pädagogik gepriesen. Erst im Jahr 2000 wurde Erziehung mittels Gewalt gesetzmäßig verboten!

Lernen durch Schmerz ist von der Natur sinnvoll eingerichtet, denn die Vermeidung einer unangenehmen Erinnerung kann Leben retten. Allerdings wird dadurch gleichzeitig Angst ausgelöst, und die ist direkt instinktmäßig bei Mensch und Tier mit dem Fluchtreflex verbunden unter Blockierung des Vernunftdenkens. Das kann es also nicht sein, wenn wir unserem Kind oder Tier etwas lehren wollen. Aus der Perspektive der Evolution ist Vernunftdenken nämlich etwas ziemlich Neues.[53] Wir haben instinktmäßig immer noch Angst vor Spinnen und Schlangen, aber sind noch lange nicht angepasst an die Gefahren von Autos und Verkehr, die jeder Einzelne erst lernen muss.

Nicht nur Strafe mit Schmerz, sondern auch Überanstrengung, Verletzung, Langeweile, Lärm, Stress, räumliche Enge, Hektik, schlechte Luft, ewig die gleichen Übungen, sind alles Negativerinnerungen, die die Lern- und Arbeitsbereitschaft oder das Lustgefühl eines Tieres oder Menschen blockieren können. Es werden Stresshormone ausgeschüttet. Cortisol vermindert das Erinnerungsvermögen und beeinträchtigt jede kognitive Leistung, weil es die Bildung neuer Neuronen, Synapsenbildung und die Reifung von Nervenfasern unterdrückt. Negativ-Stress ist also neurotoxisch. Er wird gespeichert, wir können dann Informationen nicht mehr kritisch hinterfragen. Abhauen ist nicht immer möglich und das Fluchthormon Adrenalin wird dann unterdrückt. So findet keine Abfuhr statt und das führt zuerst zu Leistungsabfall. Spätere Folgen sind Burnout mit Abschalten oder automatisierten Bewegungsabläufen, wie man es bei übertrainierten Pferden sehen kann. Es kommt zu Verhaltensstörungen wie Asozialität oder, wenn die Anpassungsmöglichkeiten chronisch überschritten sind, Immunsuppression und Krankheit, da das System von Nerven und Abwehr über die gleichen Neurotransmitter übermittelt wird. Chronische Krankheiten sind heute oft Ersatz für nicht gelebte Flucht. Stress ist die Reaktion des Körpers auf physische oder psychische Überforderung und wird individuell sehr verschieden empfunden. Er ist auch abhängig von Gewöhnung, Erziehung, Gehirnkapazität und genetisch mitgegebener Charakterstruktur. Je empfindsamer die Sinne, desto schneller leidet der Mensch oder das Tier. Stress kann eine Erscheinungsform von Informationsüberlastung sein, von zu viel Input an Sinneseindrücken blinkender Farben, unangenehmer Gerüche, Verkehrslärm und Gedränge in der Großstadt. Das evolutionsbiologische Programm hat sich ja bei Mensch und Haustier nicht groß geändert, nur weil wir jetzt vermehrt in Städten wohnen. Viele neue Faktoren dieser Art, wie Schlafmangel durch Kunstlicht und akustische Umweltverschmutzung, haben für Tier und Mensch in den letzten 50 Jahren stark zugenommen. Es ist wie eine Nervositätsepidemie, in die die westlichen Städter alle anderen hineinzuziehen scheinen. Durch Dichtestress nehmen Aggression und Kindervernachlässigung zu. Schon Stress während der Schwangerschaft kann zu verhaltensgestörten Kindern führen, indem sie durch die mütterlichen Hormone pränatal beeinflusst werden.[154]

Ich habe mit Indianern gesprochen, die gar kein Wort für Stress kannten und nicht wussten, was das überhaupt ist. Aber der „zivilisierte" Westen hält seine Lebensweise für die einzig menschlich erstrebenswerte und will sie auch noch in den hintersten Winkel der Erde exportieren. Die Geschichte der Zivilisation hat eine unermessliche Spur an Gewalt und Blut hinter sich hergezogen. Ein Weiterso alles technisch Machbaren kann also nicht die Lebensform der Zukunft sein.

Was für das Pferd ein Leichtes ist, wie z. B. langes Stehen, ist für den Hund Stress. Was der Hund mit Bravour meistert, wie über Gräben und Sprünge flitzen, ist für das Pferd Schwerstarbeit. Trotzdem gibt es auch Pferdeindividuen, die freiwillig und gerne springen, da spielen die Gene bzw. die Zuchtauswahl eine Rolle. Was für einen Menschen ein Musikvergnügen ist, kann ein anderer als reine Körperverletzung empfinden, trotz anatomisch gleicher Sinnesorgane. Andere Assoziationen und nervliche Verknüpfungen, welche verschiedenes Erleben hervorrufen, spielen hier eine Rolle.

Bestimmte Verhaltensstörungen können auf nervliche Fehlschaltungen und fehlerhaft funktionierende Proteine zurückgeführt werden, für die es wiederum einen genetischen Grund geben kann. Gene bringen aber ihrerseits kein Verhalten hervor. Sie geben nur Anleitungen zum Proteinbau und helfen, die Nervennetze zu knüpfen, die Verhalten über eine hierarchische Steuerung koordinieren. Gene liefern vom ersten Moment des Lebens eines jeden Wesens alle nötigen Informationen, werden aber auch sofort von der Umgebung beeinflusst. Die Diskussion, ob Gene oder Umwelt den größeren Einfluss auf ein Individuum ausüben, ist also ein Streit um des Kaisers Bart, weil Angeborenes und Erworbenes über Gene miteinander verflochten sind. Sie sind keine Gegensätze, sondern beeinflussen sich wechselseitig. Denn die Umwelt beeinflusst das Erbe, und umgekehrt hinterlässt alles Handeln Spuren im molekularbiologischen Fundament eines jeden Organismus.[16] Die Erkenntnis der Physiker über die Welle-Teilchen-Dualität sollte nicht nur hierbei das Ende der Entweder-oder-Weltsicht einleiten. Die Überwindung der Widersprüchlichkeit ergibt im Gegensatz zur antagonistischen Polarität eine Sowohl-als-auch-Komplementarität, vervollkommnet dargestellt im Kreissymbol des Tao. Der Physiker Niels Bohr sagte: „Eine wahre Aussage lässt sich dadurch charakterisieren, dass auch ihr Gegenteil eine tiefe Wahrheit ausdrückt." Das lässt sich auf viele angebliche Wahrheiten und Lebensbereiche übertragen. Das Paradox der Widersprüchlichkeit von Gegensätzen hat der Mensch zu seiner Orientierung geschaffen, denn Zufall und Gesetz, Chaos und Ordnung, Wahrscheinlichkeiten und Selbstorganisation existieren seit Äonen als Naturfaktoren nebeneinander, ergänzen und bedingen einander.

Lernen ist erstmal zerebrale Speicherung einer Information, dann Veränderung des Verhaltens durch die Erfahrung. Das schließt langsame Gewöhnung ein.[16] Es muss also erinnert werden. Wenn das nicht funktioniert, auf Grund von Stoffwechselstörungen im Gehirn wie bei ADHS bei Kindern oder Hyperaktivität bei Hunden, dann lernt das Individuum nicht aus Erfahrung und macht immer wieder die gleichen Fehler. In der Natur sind unaufmerksame Tiere nicht lebensfähig. Lernen ist Gedächtnis. Gedächtnis braucht gesundes Hirn, ist aber für sich ein Vorgang. Gedächtnis kommt zwar von Denken, aber es sitzt nicht nur im Gehirn, sondern in sämtlichen gespeicherten Informationen der DNS jeder Zelle, vor allem auch im Immunsystem, welches selbständig erkennen und entscheiden kann.

Es bestehen hierbei Zusammenhänge zwischen Molekülen innen und gezeigtem Verhalten außen.[16] Das Außen wirkt auf das Innen, das Innen auf das Außen. Soll heißen: ein zufriedener Mensch oder ein artgerecht gehaltenes Tier werden wahrscheinlich auch einen physisch normalen Stoffwechsel haben und selten krank sein. Die körperliche Gesundheit wiederum ist Voraussetzung für ein seelisch-psychisch ausgeglichenes Innenleben. Was im äußeren Milieu eines Organismus geschieht, spiegelt sich in seinem inneren Milieu wie Darmflora oder Säuren-Basen-Ausgleich wieder.[52] Ein gebrochenes Bein beeinflusst die Psyche. Eine trauernde Psyche verändert die Bewegungsform auch ohne gebrochenes Bein. Oder anders gesagt: Stress, auch Zellstress, verändert den Stoffwechsel, der Stoffwechsel verändert das Verhalten. Es gibt keine Trennung zwischen Psychologie und Physiologie. Es gibt auch keine Trennung zwischen Makro- und Mikroorganismus. Jede einzelne Körperzelle ist zur Speicherung von Erinnerung befähigt. Prof. Popp hat nachgewiesen, dass Erinnerungen in den Chromosomen als eine Art Hologramm gespeichert werden und durch Biophotonen wieder ins Bewusstsein dringen können. Beim Verhaltenstherapeuten besteht die Gefahr, dass er den ernährungsmäßigen Anteil als wichtigsten Umweltfaktor bei einer Störung nicht zur Kenntnis nimmt, wie andererseits der Ernährungsfachmann die Möglichkeit nicht in Betracht zieht, biographisch wichtigen Einflüssen Aufmerksamkeit geschenkt zu haben. Bei Tierverhaltensstudien wird die Fütterung nicht berücksichtigt, bei Fütterungsversuchen das Verhalten nicht. Oder anders: Schulmediziner wissen wenig von der Seele und Psychotherapeuten wenig vom Stoffwechsel.

Ein neues interessantes Denkmodell ist die Biosophie: Der Inder Basile Teberekides philosophiert über den Zusammenhang zwischen Nahrung und Gewalt. Es mag verwundern, dass zwei so offensichtlich unterschiedliche Begriffe in Verbindung gebracht werden. Erst ferngespeist, dann ferngesteuert? Man hat Gefangene mit viel Biorohkost und Omega-3-Fettsäuren ernährt und siehe da, die aggressiven Auseinandersetzungen wurden messbar weniger.

Verhalten ist also Ausdruck von Körper und Seele. Leib und Seele sind komplex vernetzt, deshalb ist auch hier die Diskussion unsinnig, ob eines das andere dominiert. Wir sollten unsere Denkweise überprüfen, und anstatt linear-kausale Wertekategorien zu sehen, mehr zirkulär-kybernetische und rhythmische Zusammenhänge beachten. Die komplexe Vernetzung ist jeweils bei Mensch und Tier eine Vielkomponenten-Einheit von in sich abgeschlossenen Wesen, nämlich eine In-*divi-dual*-ität, die, wie das Wort sagt, nicht geteilt, auch nicht eingeteilt werden kann. Jedes existiert einzigartig in Erbsubstanz, Bewegungsbild, Lautmelodie und Seelenmuster im Wechselspiel mit einer dynamischen Umwelt.

Wir setzen voraus, dass beim Tier ererbte Verhaltensweisen eine größere Rolle spielen als ein erworbenes Ich.[15] Sonst könnten wir ja keine Rassen mit bestimmten Charaktereigenschaften und Fähigkeiten züchten. Das ist beim Menschen ja zum Glück bisher fast ausgeblieben, und in Aldous Huxleys „schöner" neuer Welt leben wir ja noch nicht ganz.

Der Erwerb von Individualität findet vor allem in der Wachstumsphase im Austausch mit der Umwelt statt. Das Pferd ist ein Nestflüchter und fast sofort zu allen angeborenen Aktivitäten wie Sehen, Riechen und Laufen fähig. Wolf und Hund sind dagegen blinde, kriechende Nesthocker. Ihre Hilflosigkeit ist aber von viel kürzerer Dauer als bei Primaten. Deshalb hat der Mensch mehr Zeit, in seiner Bemutterungsphase sein Gehirn und seine Individualität zu entwickeln. Nach der Geburt ist das menschliche Gehirn noch nicht ausgereift. Es wächst im Gegensatz zu allen anderen Säugetieren langsamer als der Körper, bleibt aber so besonders lange lernfähig.[2] Schimpansenbabys können bereits weit früher Verstecktes finden als gleichaltrige Menschenbabys.

Das Gehirn bei jungen Wesen, egal ob Mensch oder Tier, ist im Guten wie im Schlechten in der frühen Entwicklungsphase durch Erlebnisse besonders prägefähig. Die erhöhte Lernbereitschaft ist in diesem Zeitabschnitt außerordentlich wichtig. Was versäumt wird, ist manchmal später nicht mehr gutzumachen. Die Prägephase gilt beim Kind bis zu fünf Jahren[2], beim Pferd in den ersten zwei Jahren und beim Hund im ersten Lebensjahr. Jungtiere und noch mehr Kinder brauchen also ausreichend Gelegenheit, ihre Wahrnehmungsorgane zu trainieren. Dafür braucht es eine reichhaltige Umwelt für die Sinne und authentisches Spüren. Ein Kind, welches stundenlang vor dem Fernseher oder Computer sitzt, nimmt nur zweidimensionales Sehen und monologes Hören auf und eine künstliche Realität mit Gefühlen zum Abgewöhnen. Es ist von eigener Sinnes-Erfahrung der dreidimensionalen Bewegung, des Riechens, des Schmeckens und des persönlich Sozialen abgeschnitten. Es tobt nicht, streitet nicht, versöhnt sich nicht, es spürt das feuchte Gras unter den nackten Fußsohlen nicht, es erkennt die Grenzen seines Körpers in Gleichgewicht, Verausgabung, Anpassung an Temperaturen nicht, es riecht den Duft einer Blume nicht. Dabei ist wichtig zu wissen, dass unser Riechhirn, nicht die Sehrinde, älter und größer ist und am intensivsten mit Gefühlswelt und Erinnerung verbunden ist. Wir haben ein sehr langes Gedächtnis für Gerüche.

Ich kann heute noch das Parfüm meiner Mutter herausfinden und sofort steigen intensive Erinnerungen in mir hoch, obwohl sie schon vor fast 40 Jahren gestorben ist.

Schließlich ist der Geruchsinn der erste, den wir zum Überleben brauchen. Welpen, Fohlen sowie Säuglinge nutzen ihren Geruchsinn und suchen die Milchquelle mit rudernden Kopfbewegungen. Fohlen haben da etwas mehr Schwierigkeiten, sie müssen erst gelernt haben zu stehen, doch auch sie suchen nach Geruch.

Im Fernsehen oder Computer kann ich den Duft eines leckeren Menüs nicht erfassen, noch ein Grund mehr, warum das Nasentier Hund sich nicht für Filme interessiert. Außerdem verarbeitet der Hund Bewegungen in Filmen viel schneller als der Mensch, siehe Tabelle.

Jedes fünfte Grundschulkind kann schon nicht mehr klettern und balancieren. Für die Sozialpsychologin Astrid von Friesen[23] ist deshalb ein Fernseher im Kinderzimmer reine Kindesmisshandlung. Es fehlen die Antworten auf Fragen, die streichelnde Hand, das Kuscheln. Heute sieht man mehr Kids in Autositzen als auf dem Schoß ihrer Oma. Die meisten Zärtlichkeiten erfahren wir über die Haut, die Grenze zwischen Außen und Innen, und daran haben wir in unserer westlichen Kultur einen eklatanten Mangel. Die westliche Gesellschaft vernachlässigt Körperkontakt und emotionale Entwicklung zu Gunsten von Intellekt. Im Norden gibt man sich kaum noch die Hand, im Süden hingegen Umarmungen mit ein bis drei Küsschen sogar mit nur locker Bekannten. Schon der gewöhnliche Individualabstand ist bei Südländern kleiner als bei Deutschen. Babys schreien auffällig seltener in südlichen Gefilden, werden mehr herumgetragen als bei uns herumgeschoben. Könnte das auch ein Grund sein, warum Allergien häufiger in nördlichen Industrienationen anzutreffen sind? Gestreichelte Laborratten jedenfalls entwickelten weniger Asthma.[29] Rattenmütter, die ihre Kinder nicht ausreichend lecken, haben aggressive oder ängstliche Junge, weil sich epigenetisch ihre Stressresistenz vermindert, was ihren Charakter prägt.[78] Positiver Körperkontakt, also Stillen, Lausen, Massieren, Kraulen, gilt bei allen als Immuntherapie. Aber wir impfen lieber.

Auch Kühe, die Zuwendung von ihrem Bauern erfahren, geben mehr Milch. Bei Ratten heilen Wunden schneller, wenn sie gestreichelt werden. Könnte es sein, dass auch Frauen besser stillen können, wenn sie vom Vater des Kindes reichlich Zuwendung erfahren? Und die Kinder dann gesünder sind? Ich bin davon überzeugt. Aber Pulver anzurühren transportiert ganz andere, fremde Informationen.

Die Sinne verkümmern, der Geist verdummt durch blutleeres Konsumieren, wo alles vorgegeben ist. Kinder schauen heute mehreren Stunden Fernsehen am Tag bis zum 18. Lebensjahr. Es besteht nun mal eine enge Verknüpfung zwischen Gefühlen und geistigem Lernen, beziehungsweise hier zwischen Nicht-Bewegung und sozialer Verarmung. Ich plädiere hier für ausreichenden „Auslauf" für Kinder und Hunde! Die Welt wird durch Sinne erfahren und nur durch die eigenen. Weniger Spielzeug macht kreativer. Eigene Fragestellungen lösen dabei neue Denkprozesse aus. Lernen gelingt umso besser, je mehr Sinne daran beteiligt sind. Das sagte schon der Pädagoge Pestalozzi im 18. Jahrhundert.

Inzwischen gibt es Dutzende Bücher „Richtig spielen mit Hunden". Ist es wahr, dass Menschen so was brauchen? Gibt es auch das Buch „Öfter spielen mit meinem Kind" oder habe ich da etwas übersehen? Wie oft spielen Eltern noch mit ihren Kindern, außer vielleicht einmal im Jahr im Urlaub? Interessanterweise werden in Großstädten achtmal mehr Persönlichkeits- und Verhaltensstörungen diagnostiziert als auf dem Lande. Die geistige Gesundheit einer gesamten Gesellschaft gründet sich auf die mentale Gesundheit der Gehirne, aus denen diese Gesellschaft besteht. Der amerikanische Neurowissenschaftler James Fallon stellte anhand von Hirnscans die These auf, dass durch 18 Prozent verminderte Aktivität des präfrontalen Cortex, durch sich vermehrende „Kriegergene" und eine unbehütete Kindheit ganze Völker in kriegerischen Auseinandersetzungen verharren.[145]

Bei sogenannten menschlichen Wolfskindern ohne menschliche Ansprache bleibt das Gehirn klein, sie lernen durch mangelnden Input nicht mal richtig laufen und sprechen. Wenn die Auseinandersetzung mit gleichartigen Wesen fortfällt, regrediert die Entwicklung. Es gibt allerdings 137 dokumentierte Fälle von „Wolfskindern", die ausgesetzt, verloren gegangen oder entführt bis zu zehn Jahren überlebt haben, weil sie in der Lage waren, von Tieren zu lernen.

Wie wir gesagt haben, werden Gefühle primär über Sinneseindrücke ausgelöst. Das Erspüren der Gefühle anderer ist aber ohne das Erspüren eigener Gefühle nicht denkbar. Bei ADHS -Kindern und Autisten ist die eigene

Körperwahrnehmung gestört. Wer sich selbst nicht spürt, kann sein Gespür auch nicht auf andere transponieren. Deshalb haben sie wenig Einfühlungsvermögen, sei es für Menschen oder Tiere, und neigen zu Quälereien. Gefühlsbildung ist ein komplexer Vorgang nicht nur des Lernens, sondern auch der Persönlichkeitsentwicklung. Und die findet nicht nur bei Menschen, sondern auch bei Hunden und Pferden statt. Bei der Beobachtung von Wölfen konnten ganze Persönlichkeitsprofile und Biografien zusammengestellt werden, individuelle Vorlieben, Abneigungen und Angewohnheiten.[30, 72] Schon bei Drosophila-Fliegen lassen sich individuelle Charakterunterschiede zum Beispiel im Balzritual feststellen.[78] Übrigens ist Jack London mein Lieblingsromanautor, weil er Tieren eine Eigenpersönlichkeit zuerkennt, ohne je sentimental zu werden. Jeder gute Feldforscher entdeckt individuelle Eigenheiten bei den beobachteten Wildtieren.

Ähnliche Entbehrungen wie oben beschrieben für Babys gelten ebenfalls für Feierabendpferde oder Hunde, die den ganzen Tag allein sind und abends einmal an der Leine um den immer gleichen Block bzw. in die immer gleiche Sandkasten-Reithalle mit den immer gleichen Übungen geführt werden. Sinne und Kommunikationsfähigkeit verkümmern zunehmend bei Mensch und Tier - und damit ihre soziale Kompetenz und Sensitivität. So kommt es, dass heute mindestens zehn Prozent aller Kinder Verhaltensauffälligkeiten zeigen und ein Drittel aller Drittklässler bereits eine Bewegungstherapie braucht.[23] Und dass wir immer mehr Hundetrainer und -schulen sowie Rechtsvorschriften für sich nicht mehr normal verhaltende Vierbeiner haben. Der Ruf nach artgerechter Tierhaltung ist allerdings zuweilen lauter als der nach einer kindgerechten Umwelt. Muss man es als normal betrachten, dass ein gesundes Menschlein bis zum sechsten Lebensjahr 34 Impfungen mit nochmal so vielen Antigenen über sich ergehen lassen sollte?

Ein Pferd, dessen Willen man in jungen Jahren gebrochen hat, verliert seinen Glanz an Augen und Fell, seinen Ehrgeiz und einen großen Teil seiner Persönlichkeit oder es wird bösartig und versucht, sich fortan Menschen vom Leibe zu halten, weil sie Schmerzerinnerungen hervorrufen.

Ein Mensch, der zehn Stunden am Fließband arbeiten muss, verliert ebenfalls seine persönliche Ausstrahlung, seinen Ehrgeiz und früher oder später seine Gesundheit. Einerseits geht der Trend zu immer mehr Eigenständigkeit, Selbsterfahrung und Individuation, ja auch zu Egoismus, andererseits ist politisch die Gleichmacherei erwünscht und ausgefallene menschliche Lebenskonzepte passen nicht ins administrative Raster. Nur ist eben doch jeder

Mensch noch irgendwie für sich selbst verantwortlich. Deshalb gilt meine Fürsprache hier besonders Kindern und Tieren, die gezwungen sind, sich der menschlichen, männlichen und westlichen Erwachsenenwelt anzupassen. Kinder und Tiere sind nicht unsere Untertanen, sie sind eine Botschaft von der Vielfalt der Schöpfung an uns[4], inkarnierte schöpferische Ideen. Diese Ideen sind wie Samen, die zur Ent-*falt*-ung gepflegt werden müssen. Und wenn schon Anpassung, dann so artgerecht wie möglich. Aber was bedeutet denn artgerecht? Es bedeutet, dass ich soweit als irgend möglich die angeborenen und wesensgemäßen Grundbedürfnisse physischer und psychischer Art des mir anvertrauten Tieres absichere unter Beachtung der wichtigsten Artverhaltensregeln. Und dazu muss ich sie kennen. Das heißt nicht, dass ich meine eigenen verleugnen muss. Mit anderen Worten, den Hund Hund sein lassen, das Pferd Pferd sein lassen, soweit es menschenmöglich ist, und Kinder nicht als kleine Erwachsene behandeln.

Ist es noch artgerecht, wenn ein Pferd 23 Stunden des Tages in einem Gefängnis von drei mal drei Meter stehen muss, gerade mal etwas größer als seine Körperlänge? Wenn es über hohe Hindernisse springen soll, obwohl energiesparend genügend Platz wäre, daran vorbei zu flüchten? Und wenn der Instinkt des Pferdes dazu nein sagt, es mit Blistern, Stacheldraht um Beine, Barren (die FN nennt das jetzt Touchieren), Elektroschocks oder Nervenschnitt dazu zu zwingen? Ein besonders schlimmes Beispiel ist das englische Grand National Rennen, das so schwere Sprünge hat, dass in seiner mehr als 130-jährigen Geschichte über 300 Pferde mit Genick- oder Beinbrüchen tot auf der Strecke blieben, weil sie ihrem Reiter vertrauten. In ihrem natürlichen Biotop gibt es keine ausweglos hohen Hindernisse. Ist es artgerecht, wenn sie, zu höherem Tempo angetrieben, in Galopp fallen wollen und dann mit Beinschlaufen und scharfen Gebissen dazu gezwungen werden, sich in unnatürlichem Renntrab oder -pass fortzubewegen? Kürzlich stieß ich im Internet auf das Soring bei Tennessee Walker Horses, eine brutale Methode mit angenagelten Klötzen unter den Hufen und geblisterten Fesseln, um die Reittiere zu völlig unnatürlichem Gangwerk zu zwingen. Auch Springpferde werden allenthalben noch mit diesen entzündungsfördernden Einreibungen gedopt, damit sie durch Schmerz ihre Beine mehr in Acht nehmen. Barren nennt man jetzt Touchieren. Sie leiden Qualen für den krankhaften Ehrgeiz des Menschen.

Ist es artgerecht, wenn das Pferd noch nicht einmal seinen Kopf halten darf wie es möchte? Warum wird Reitern gelehrt, ständig auf die tiefe Kopfhaltung

Serrata

des Pferdes fixiert zu sein? Ist es artgerecht, wenn es mit Schlaufzügeln in Kandaren geschnallt, hart an die Parade genommen wird? Wenn es selbst bei Führzügelklassen bei Kindern unausweichlich eng ausgebunden wird? Wenn enge Reithalfter mit Maulriemen, gar Ketten, oder Serratas Hautläsionen und Knochendeformationen auf dem Nasenrücken hinterlassen? Serratas kann man z. B. auf spanischen Ferias sehen. Über der Nase, wo die feinste Haut des Pferdekörpers ist, legt man radkettenähnliche Bänder mit zwei Reihen Zacken aus Metall mit einem gesonderten Zügel. Man sollte schon deren Produktion verbieten.

Wenn es nicht mal sein Maul öffnen darf, wenn es sich dem Schmerz auf Laden, Gaumen und Zunge entziehen will, weil das routinemäßig ein Sperrriemen verhindern soll? Und wenn das Pferd dann die Zunge rausstreckt, wird sie festgebunden und auch schon mal dabei ganz abgeschnürt. Auf Versteigerun-

Folge von Sperrriemen

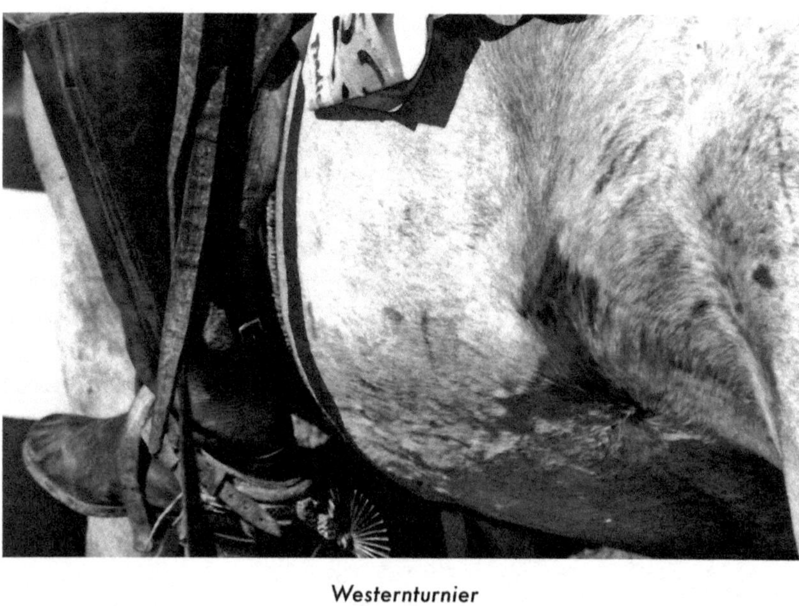

Westernturnier

gen habe ich selbst schon Pferde mit solcherart komplett abgetrennten Zungen gesehen. Auf Abreiteplätzen vor Turnieren sieht man nur selten ein wirklich entspanntes Pferd, noch weniger im Wettkampf. Kürzlich wurde ein Dressurpferd bei der Europameisterschaft disqualifiziert, weil es nach der Vorstellung blutige Flanken durch Sporeneinsatz aufwies. Wo sind hier die Vorbilder für die Jugend? Allenthalben wird darüber gesprochen und geschrieben, welche Probleme Menschen mit Pferden haben. Aber eins ist sicher: Pferde haben mehr Probleme mit Menschen.

In einem Kaufhaus sah ich ein riesengroßes Foto von einem Polospieler als Reklame für Polohemden einer bekannten Marke. Ich kann mich für diesen Sport wegen mangelnder Ästhetik nur begrenzt begeistern, allerdings werden diese wertvollen Pferde normalerweise gut versorgt. Auf dem Foto jedenfalls streckt das Pferd seine Zunge unter dem Gebiss weit nach draußen. Anscheinend ist diese Schmerzreaktion niemandem aufgefallen. Wie kann man mit so einem Foto auch noch Werbung machen? Fotografen haben auch keine Pferde!

Schauen Sie mal in Pferdebedarfskataloge, es gibt fast keine Reithalfter ohne doppelten Sperrriemen zu kaufen! Das ist eine neue Variante der Tierquälerei. Besonders graust es mich, wenn Pferdeleute sich dann noch Leckerli gebend auf Fotos ablichten lassen. Versuchen Sie mal, mit zugebundenem Mund Ihre Chips zu essen!

Sollten zufällig Pferd oder Reiter auf den Zügel treten, kann es mit solchem Sperrhalfter zum Brechen des Unterkiefers kommen. Mit Mouthclosern blockiert man die Kieferntätigkeit, da sie meist viel zu eng geschnallt sind. Bei Untersuchungen stellte sich heraus, dass das bei jedem zweiten Pferd der Fall war, sowohl im Turnier- wie im Freizeitbereich und neuerdings auch bei den Rennpferden. Finnische Forscher untersuchten über 200 Vielseitigkeitspferde und fanden bei über der Hälfte Verletzungen im Gebiss- und Schleimhautbereich, die meisten im Maulwinkel. Diese Verschnallungen ziehen den Maulwinkel hoch und machen ihn wund, wogegen dann „Maulbutter“ verkauft wird. Sie scheuern auf dem Nasenrücken und schnüren Blutgefäße, Nerven, Lefzen und den Nasenkanal ein. Pferden ist nur Nasenatmung möglich! Wenn dann auch noch die Zügel stark angenommen werden, wird die Sauerstoffversorgung deutlich gestört. Durch Hyperflexen des Kopfes nach unten werden zusätzlich Kehlkopf und Rachenraum eingeengt, die Luftzufuhr ist vermindert, die Zunge kann blau anlaufen, (aber das sieht ja keiner), das Nackenband wird überdehnt, Ohrendrüse und Luftsäcke werden zusammengepresst. Das Kiefergelenk kann sich entzünden und schmerzen, wodurch es zu verkrampfter

Halsmuskulatur und Abwehrbewegungen kommen kann. Zuweilen entstehen unnatürliche pfeifende, keuchende oder hustende Atemgeräusche, durch Stress erhöht sich der Puls. Durch Sportanforderung mit hohem Sauerstoffbedarf und gleichzeitiger Luftabschnürung kann es deshalb sogar zu Aortenabriss oder plötzlichem Herztod kommen. Diese Kopfhaltung sieht man niemals in Freiheit. Aber FN und FEI haben diese Quälerei in „low, deep and round" verharmlost und erlauben sie zehn Minuten lang. Aber das wird fast nirgendwo kontrolliert. Es gibt Kontrollzügel, die bei zu hoher Spannung reißen. Schließlich wird vergessen, dass ja schon ein Sattelgurt Brustkorb und Rippenmuskeln einschnürt, der Atmung und Bewegung unnatürlich behindert.

Jean Claude Dysli nannte Ross und Reiter auf der Americana 2011: „Weder FEI noch FN, noch andere maßgebliche Organisationen machen Anstalten, wissenschaftliche Beweise zu führen, wie Pferde unter falschen Trainings- und Ausbildungsmethoden leiden. Weiterhin werden auf allen Abreiteplätzen der Welt Rollkuren erlaubt." Er mokierte sich auch über einige Aufgaben in Reining-Prüfungen wie den Sliding Stop oder Spin, die so rein gar nichts mehr mit dem Kühehüten zu tun haben, nur die Beine des Pferdes strapazieren und zu quälerischen Ausbildungsmethoden verführen. Das Direktorium für Galopprennen erlaubt 5 Peitschenhiebe pro Rennen, dabei hat eine australische Studie bewiesen, dass ihr Einsatz das Rennergebnis kaum beeinflusst. Beim Springreiten ist durch das Hinterherjagen von Sekunden jegliche Ästhetik verloren gegangen. Kaum einer reitet noch mit einfacher Wassertrense und Hannoverschem Reithalfter. Warum schreibt man nicht mehr Stilspringen aus, wo es auf Feinheiten und Harmonie ankommt? Warum erlaubt man, dass Einjährige bereits eingeritten werden müssen, damit sie im Alter von zwei Jahren, wenn ihr Skelett sich noch im Wachstum befindet, die ersten Rennen verdienen können? Warum ändern sich die Reglements der Reiterlichen Verbände nur zum Negativen der Kreaturen, für die sie eigentlich, so dachte ich immer, Fürsprecher zu sein hätten? Das wäre doch ihre vordringlichste Aufgabe. Schlimmer noch, Völker, die früher ihre eigenen lockeren oder traditionellen Reitweisen hatten, meinen sich heute dem angeblichen Vorbild der europäischen (ehemaligen) Militärreiterei anpassen zu müssen, damit sie am internationalen Sportkapital teilnehmen können.

Die Atmung ist beim Pferd nun mal am besten bei hohem oder gestrecktem Kopf gewährleistet. Nicht umsonst entspricht das der natürlichen Kopfhaltung eines freien Pferdes im Galopp, im Tölt, beim Distanzreiten und der eines Rennpferdes. Schauen Sie nur hin! Selbst bei den höchsten Dressurprüfungen

Peruaner lieben die Arrogancia ihrer Pferde

gehen heutzutage fast alle Pferde hinter der Senkrechten und der Atlaswirbel ist nicht der höchste Punkt des Halses, wie es sein sollte. Vergleichen Sie einmal Fotos von Nachkriegsolympiasiegern in der Dressur! Sollte da noch etwas übriggeblieben sein von militärischem Drill und erzwungener unterwürfiger Demut? Im Gegensatz dazu wünschen beispielsweise die Peruaner bei ihren Pasos eine Aufrichtung und nennen sie „Arrogancia". Diese Pferde strahlen Selbstbewusstsein, Würde und Erhabenheit aus, am lockeren Zügel geritten. Welch ein Unterschied zu den runtergeriegelten Pferden hierzulande und anderswo mit stumpfem Blick auf den Boden!

Eine dressurmäßig geforderte Anlehnung ans Gebiss mit Versammlung ist eindeutig durch die Praxis und auch im Verständnis von physiologischen und anatomischen Gegebenheiten nicht notwendig, damit ein Reitpferd über Jahre hinweg seinen Reiter gesund und zufrieden tragen kann.[61] Anstatt ein gut gehendes Pferd nur über die Kopfhaltung zu bewerten, sollte lieber auf das innerliche Ver*sammel*tsein, das mentale Miteinander von Pferd und Reiter Wert gelegt werden. Der Kopf Deines Pferdes liegt in Deiner Hand, nicht nur anatomisch! Auf die Reiterhand kommt es an. Ein Pferd, welches Vertrauen zur Reiterhand hat, sperrt das Maul nicht auf. Ausgerechnet in der hohen Dressur, bei Rennen und beim Westernreining benutzt man nämlich im Allgemeinen keine zuschnürenden Nasenriemen. Ähnliches sagt Peter Kreinberg: „Man muss der Tatsache wohl ins Auge sehen, dass Reitpferde auch dann gesund und zufrieden bleiben können, wenn sie nicht im Sinne aktueller deutscher Dressurreiterei geritten werden." Kehlriemen und Sperrriemen sind vollkommen überflüssig. Ein Reiter mit einfacher Trense stellt aber heute leider die Ausnahme dar. Rennpferde laufen heute mit modernem Dresscode in Form von Ohren- und Augenschützern, bunten Klebestreifen auf Nasenrücken und angebundener Zunge. Letzteres ist allerdings in Deutschland verboten. Das bravste Pferd wird neuerdings mit Kette über der Nase geführt, früher reichte der Strick im Halfterring. Übliche Bewegungsformen im leichten Bodentraining scheinen nur noch mit diversen Beinkleidern am Vier-Huf-Antrieb ausführbar zu sein. Dabei brauchen nicht mal Rennpferde solche, trotz Höchstbelastung für ihre Sehnen, Bänder und Gelenke. Also, weniger Leder ist mehr! Bandagen sind zur Vorbeuge ungeeignet, da sie den Stützapparat verweichlichen. Besser hilft ausgewogenes Training zur Muskelkräftigung. Es gibt keinerlei Studie, dass Sehnen durch Bandagen gestützt würden. Im Gegenteil werden Arterien und Lymphbahnen unnatürlich abgeklemmt und erwärmt. Bandagen sollten nur therapeutisch angewendet werden und meist werden sie auch noch falsch gewickelt, nämlich von oben nach unten. (Wegen des Herz- und Lymphzuflußes müssen sie von unten nach oben angelegt werden.)

Man erwartet von Pferden, losgelassen vorwärts zu gehen, während vielleicht gleichzeitig immer wieder der gleiche Sattel oder Gurt drückt und wundscheuert, was oft noch nicht mal wahrgenommen, geschweige denn verarztet wird, wie ich es immer wieder bei meinen Nachbarn sehe. Wie läuft ein Mensch wohl, nur mit einer Blase an der Ferse? Er würde jammern, wenn er weiter wandern müsste, aber Pferden mutet man so etwas zu. Aber der Besitzer wundert sich, wenn sein Pferd ihm vor dem Satteln im wahrsten Sinne jetzt die Arschkarte zeigt. Dann werden eben Peitsche und Sporenstiche eingesetzt. Ist es artgerecht, wenn Equiden anstatt vom Boden aus hohen, geraden Steinkrippen fressen müssen, wo sie sich, den natürlichen Ausfallschritt reflexhaft ausführend, ständig die Vorderbeingelenke anschlagen? Nebenbei werden sie inzwischen gezwungen, genmanipuliertes oder unnatürlich gesüßtes Futter zu fressen, anderes gibt's ja kaum noch. Ist es artgerecht, wenn man Pferde in Touristenstationen und Reitschulen wie Mietwagen behandelt, die man nach Gebrauch wieder irgendwo abstellt? Aber man mietet ja sogar Menschen in Form von Söldnern, Prostituierten, Drogenkurieren etc. Ist es artgerecht, wenn auf solche Weisen Pferde als lebendiges Trimm-Dich-Gerät mit vier bis fünf Jahren verheizt sind, obwohl ihre durchschnittliche Lebenserwartung weit mehr als 25 Jahre wäre? Kann ein Mensch das Individuum Pferd in 20 Minuten kennenlernen, um dann ein Parcoursspringen zu absolvieren? So geschieht es beim Fünfkampf, dabei kommt man nicht mal mit einem unbekannten Auto in so kurzer Zeit gut zurecht. Pferde sind zur Handelsware verkommen, anstatt als Freund und Helfer des Menschen geschätzt zu werden. Wir sitzen auf sehr hohem Ross!

Das Neueste sind in den USA aufgelegte Fonds, die in Renn- und Sportpferde investieren. Da können wir noch mehr Quälereien erwarten, um auf jeden Fall die Anleger zufriedenzustellen. Die Geldgier kennt keine moralischen Grenzen mehr. Mit Geld kann man Macht kaufen, auch Menschen.

Ein getretener Hund jault, ein Pferd nicht, es zeigt seinen Schmerz nur lautlos. Es hat außer leisem Stöhnen und Zähneknirschen keine Lautäußerung dafür zur Verfügung. Es kann nicht vor Schmerz schreien! Deshalb nehmen Menschen an, Pferde leiden kaum. Welch ein Irrtum! Doch Equiden sind hochgradig sensibel, aber sie leiden still. Da sie ihrer Natur nach potenzielle Beutetiere sind, wollen sie lärmend ihre Feinde nicht auf sich und ihre momentane Hilflosigkeit aufmerksam machen. Regisseure haben keine Pferde. Lieber Herr Spielberg, ein Pferd wiehert nicht im Todeskampf, auch nicht als „Gefährte" des Menschen. Aber es wiehert leise zur Begrüßung, wenn es ein anderes Pferd näher kennenlernt. Aber da blieben Ihre Pferde stumm! Pferde wiehern auch im Allgemeinen nicht galoppierend mit Reiter, mit einem eingeschnürten Brustkorb und einem Stück Eisen im Maul. Da fehlt eher die Luft.

Auch Schafe sind ohne Lautgebung stille Dulder aus demselben Grund, weil sie potenzielle Beutetiere sind. Deshalb muss der Betreuer all diese besonders aufmerksam beobachten, ihr Verhalten und ihr verheimlichtes Unwohlsein: geringere Futteraufnahme, Schwitzen, ein in sich gekehrter Blick, die Augen starr und glasig, das verminderte oder ganz eingestellte Ohrenspiel, das sogenannte Schmerzgesicht. Nur im äußersten Leiden wird das Herdentier bei nicht vertrauten Menschen liegen bleiben, keine Fluchttendenz mehr zeigen und nicht mehr seiner Gruppe folgen, was fast schon dem eigenen Todesurteil gleichkommt, da die Herde Schutz und Überleben sichert. Deshalb neigen Pferde zu dem sogenannten Kleben. Ausschluss bedeutet für sie immer Verlust von Wohlbefinden, stärkste Strafe oder sogar Tod. Alleingelassen wird es sich nach seinen Artgenossen sehnen, rufend unruhig umherlaufen und aufhören zu fressen, ja sogar in Panik geraten und in Zäune oder Gatter springen. Dann heißt es wieder, es sei ein dummes Tier. Nein, die Erzwingung von Distanz wird sogar in der Herde von ranghohen Mitgliedern nur durch körperliche Andeutungen wie leichtes Ohrenanlegen, kurzes Erstarren oder strengen Blick als effektivste Erziehungs- und Strafmaßnahme eingesetzt. Erziehung bedeutet das Akzeptieren-Lernen einer hierarchischen Ordnung. Soziale Beziehungen funktionieren nur mit Gedächtnis und hierin steckt das Wort *denken*. Tiere denken also, sonst könnten sie nicht erzogen werden, weder von ranghöheren Artgenossen noch vom Menschen.

Ein Pferd darf also nie gestraft werden, wenn es den Artgenossen folgen will anstatt den Reiterhilfen. Es muss durch Geduld, Erziehung und vor allem Vertrauen zum Reiter seine Angst vor dem Alleingang verlieren. Allerdings gibt es Pferde, die besser allein sein können als andere, wie beim Menschen auch.

So weit entfernt ist hierbei der Mensch auch wieder nicht in seinem Verhalten. Auch Naturvölker nutzen die Verbannung als stärkste Strafe, also den Ausschluss aus der Gemeinschaft.[127] Das tun wir auch mit Gefängnissen. Man hat in Versuchen festgestellt, dass beim Menschen bereits durch soziale Zurückweisung in einem Spiel das Schmerzzentrum aktiviert wird. Und schon für ein Kind ist die Außenseiterrolle das Letzte was es anstrebt, denn es ist unsicher und die Gruppe vermittelt ihm Normen. Bei Mensch und Säugetier ist der Nachahmungstrieb angeboren, dient der Sicherheit des Individuums und ist ein Hilfswerkzeug des Selbsterhaltungstriebes. Die Lernfähigkeit des Menschen beruht hauptsächlich auf diesem schon im Tierreich vorkommenden Nachahmungstrieb. Das Gefühl des Verlassenseins wird als existenzbedrohend empfunden, je jünger desto mehr, beim Menschen und besonders beim Pferd als Beutetier. Auch Welpen weinen nach dem warmen Pelz ihrer Mutter oder nach ihren Geschwistern. Auch wir laufen blindlings mit der Horde. Kein Mensch, kein Pferd und kein Hund möchten ein einsamer Wolf sein. Kinder oder Hunde aber, die Spielregeln nicht einhalten, werden gemieden und ausgegrenzt und können so zu einem solchen werden. Sie verfügen offensichtlich nicht über eine regelgerechte Verwendung der Sprache ihrer eigenen Spezies. Tiere haben Gesetze, Menschen machen Gesetze. Tiere brauchen weder Gesetzesbücher noch Rechtsanwälte zum Einhalten ihrer Regeln. Gruppenverhalten wird imitiert, um nicht zum sozialen Verlierer zu werden. Verstöße gegen soziale Spielregeln werden durch Sanktionen geahndet, durch körperliche Strafe, Mobbing und besonders durch Ausgrenzung aus all diesen Schutzgemeinschaften.

Riten und Zeremonien beim Menschen ähneln rituellen Verhaltensweisen von Tieren durch Rhythmus und Wiederholungen. Rituale machen den Alltag berechenbar, vermindern Stress und Auseinandersetzungen, betonen die Gruppenzugehörigkeit. Durch Begrüßungs- und Werbungsrituale werden Konflikte vermieden. Sie sind auch bei Tieren der erste Schritt zum zivilisierten Umgang miteinander, gewissermaßen zur Höflichkeit. Händeschütteln, Küsschen, Umarmungen oder Geschenke sind unsere Begrüßungsrituale. Natürlich kennen auch unsere Hunde die Rituale des Grüßens bei Artgenossen und Menschen. Das sind tierische und menschliche *Kon-ventionen* des Zusammenkommens. Unterwerfungsrituale garantieren hier wie dort ein stabiles soziales Gleichgewicht im Kollektiv, weil irgendwann immer das Ich-Bedürfnis mit den Interessen des Nachbarn in Kollision gerät. Der Mensch versucht den Spagat, für sich selbst mehr zu bekommen und trotzdem als guter Mensch zu gelten.

Die meisten Menschen ängstigen sich ebenfalls vor der Freiheit von Alleingängen, die eigene Verantwortung und unabhängige Meinung erfordern. Lieber passen auch sie sich in Herdenmentalität von vorneherein dem Konsens, Zwängen und Regeln vorgegebener kollektiver Normen von Staat, Kirche und Familie an. Befehlsstrukturen werden auch von vernunftbegabten Menschen im Allgemeinen kaum in Frage gestellt, siehe Milgram- und Stanford Versuche, selbst dann nicht, wenn sie mit entwürdigender oder schleichender Einschränkung der Meinungs- und Handlungsfreiheit einhergehen. Kein Mensch regt sich auf, wenn uns selbst die Glühbirne, die wir in unsere Wohnzimmerlampe schrauben dürfen, vorgeschrieben wird oder welcher Baum im eigenen Garten zur Abholzung staatlicherseits freigegeben ist.

Man hat das gruselige Milgram-Experiment mit Primaten wiederholt. Sie wurden vor die Wahl gestellt, auf Futter zu verzichten oder ihren Artgenossen per Elektroschocks Schmerzen zuzufügen. Fast alle weigerten sich und fasteten bis zu zwei Wochen.[141] Bewundernswert! Trotzdem wissen wir seit den Forschungen von Jane Goodall, dass sie nicht die besseren Menschen sind.

Alle Gruppentiere, einschließlich des Menschen, haben ein überwältigendes Bedürfnis nach Sicherheit, festgelegt in den älteren Gehirnarealen,

Blindenhunde arbeiten umsichtig

die in komplexen unübersichtlichen Situationen entscheidungsaktiv werden. Verteidigung, Jagd und Fortpflanzung sind als Einzelgänger viel schwerer durchzusetzen. Wir mokieren uns über Pferde, die in einen brennenden Stall zurücklaufen. Dabei wenden sie eine Strategie an, mit der sie bisher erfolgreich waren, nämlich bei Gefahr an einen vertrauten Ort zu gelangen. Aber veränderte Umstände erfordern verändertes Verhalten und nicht immer mehr vom Gleichen. Da ist auch der Mensch oft nicht intelligenter, und die Erfahrung kann zur Falle werden. Denn auch misshandelte Frauen gehen zu ihren gewalttätigen Männern (oder umgedreht, wenn auch zahlenmäßig kaum erfasst und wesentlich seltener) zurück, weil es wenigstens eine Unsicherheit bekannten Ausmaßes bedeutet. Erich Fromm spricht von der Furcht vor der Freiheit.

Da haben es die Haremsweibchen bei den Gorillas besser: Sie verlassen geschlossen augenblicklich ihren Graurücken, wenn er sie und ihre Kinder nicht ausreichend beschützt.[132]

Bei Soldaten spricht man in den unsinnigsten Kriegen noch von Kadavergehorsam, hündisch bis zum Leichenstatus. Zu wahr, um schön zu sein! Erfolgreiche Armeen bestehen nicht aus Individualisten. Aber es fängt ja schon im Kleinen an, wenn ich mich nicht getraue, eine Frage in einem Vortrag zu stellen in der Annahme, alle anderen hätten alles verstanden. Oder wenn ich mich mit meiner Kleidung an die gerade vorgegebene Modeströmung anpasse. Das Wirgefühl wird durch Uniformen unterstrichen.

Da lobe ich mir die intelligente Gehorsamsverweigerung eines Blindenhundes, der entscheidet, wann er einem Befehl nachkommt und wann besser nicht, was man auch von Schlittenhunden kennt. Das heißt, sie führen einen bestimmten Befehl nur aus, wenn nicht andere Umstände gerade dagegensprechen. Sie überqueren die Straße nicht, weil Autos kommen. Sie gehen einen geraden Weg nicht weiter, weil ein Hindernis in Kopfhöhe (!) den Blinden verletzen könnte. Sie verweigern die Weiterfahrt, wenn das Eis zu dünn ist. Das sind außergewöhnliche Leistungen, die man auch von Pferden kennt. Hunde können Dinge über ihrem Kopf nicht gut erkennen, da ihr üblicher Wahrnehmungsbereich sich eher am Boden abspielt. Intelligente Gehorsamsverweigerung sollte man mal beim Menschen einführen! Ich wünsche mir eine Welt, in der flexibles Handeln mehr gilt als Dienst nach Vorschrift.

Der Philosoph Kanitscheider meint: „Regeln können unter Menschen anders als im Tierreich der bewussten Reflexion ausgesetzt werden. Menschen können Vor- und Nachteile unterschiedlicher Regeln (für die Sozialstruktur) rational verhandeln.“ [81] Ja, sie könnten, aber tun sie es denn? Im Allgemei-

Der Leitstute folgen

nen eben nicht! Der Mensch ist ein Herdentier und ein Mitläufer und steht genau wie ein Tier unter Gruppendruck. Oft wird die Freiheit des Handelns und die Übernahme persönlicher Konsequenzen doch eher als bedrohlich empfunden. Im Kollektiv ist jeder Einzelne weniger schuldig. Das ist Gefolgstreue aus Nahrungsgründen, hier hinter der Leitstute oder dem Leitwolf, dort hinter dem Chef oder dem Arbeit gebenden Konzern. Menschen folgen den verbrecherischsten Führern bis in die Katastrophe. Sie folgen wie Tiere den Mächtigsten, weil sie sich dort Schutz versprechen, sonst gäbe es keine Kollaborateure. Unsere hochentwickelten Gehirne schützen uns nicht vor kollektiven Verirrungen. Keine Strafandrohung ist für Gruppenwesen schlimmer, als ausgestoßen und verlassen zu werden und die soziale Gruppe, insbesondere die Familie, zu verlieren.

Es gibt Hundehalter, die Hunde in ihrem Schrebergarten halten, wo sie eine Riesenschüssel dieser lieblosen Trockenkräcker hinstellen und den

Wassernapf an die Regenwassertonne anschließen und alle paar Tage mal vorbeikommen. Ich habe selbst mal einen Hund aus solch einem Verlies und Isolationshaft gerettet. Er wurde einer meiner besten.

Divide et impera ist immer noch ein gültiges politisches Kalkül! Diese Angst bereitet bei Mensch und Tier den Nährboden für willfährige Untertänigkeit in dem Streben nach vermeintlicher Sicherheit durch Unterwerfung. Entscheidungsfreiheit und abweichendes Verhalten auf Grund eigener Urteilsbildung sind in den meisten Staaten nicht gerngesehen und sind weder in der Schule noch im normalen Bürgerleben geförderte und erwünschte Tugenden. Wir sind auch nicht viel mehr als dressierte Säugetiere. Sollte da noch eine atavistische Angst übriggeblieben sein? Treffen drei oder mehr unserer felligen Urwaldbrüder ein einzelnes Schimpansenmännchen, so töten sie es.

Es herrschen schematische Verhaltensmuster und Normokratie vor, inzwischen global. Schon der deutsche Philosoph Friedrich Nietzsche erkannte, dass nur Einzelne, die Starken, die Fähigen und die Klugen, es dem Menschen ermöglicht haben, aus dem tierischen Zustand in seiner Gesamtheit herauszutreten. Evolution entwickelt sich aber nur durch die Abweichung von der Norm weiter. Der Mensch ist als Gesellschaftswesen außerordentlich angstempfindlich gegen alles, was ihn von seiner Gruppenbindung isolieren kann. Jeder Andersdenkende begibt sich in Gefahr, zum Ziel aggressiver Regungen zu werden. Mit den Wölfen zu heulen, bedeutet Sicherheit in der eigenen Gruppe. (Nach dem Philosophen, Arzt und Psychoanalytiker Alexander Mitscherlich 1967.)

Von unseren 14.000 Gedanken pro Tag sind 90 Prozent nur Wiederholungen dessen, was wir schon mal gedacht haben.[73] Querdenker - das war mal ein Kompliment -, die in der Wissenschaft tätig sind und dem kollektiven Wahrheitsverständnis widersprechen, allgemein gelehrte Standards in Frage stellten und stellen, hatten und haben immer schon einen schweren Stand. Sie wurden mit Hohn und Spott überschüttet und oft erst nach ihrem Tode rehabilitiert. Man befasse sich nur mal mit Medizingeschichte und man wird viele dunkle Stellen, um nicht zu sagen Abgründe finden![159] Schon früh spielten Eitelkeit, Geheimniskrämerei und Egomanie eine Rolle. 2018 verpflanzten chinesische Forscher menschliche Gene in Rhesusaffen. Der Mann schwingt sich zum Schöpfergott auf und schreckt vor nichts zurück, was machbar ist, egal ob dabei Tiere, Menschen und die Wissenschaft dem Missbrauch anheimfallen.

Doch die Moralisten behaupteten, die Schwachen müssten geschützt werden, dann würde die Welt nur noch aus Sanftmütigen bestehen. Der Prozess, der den Menschen über die Tiere erhoben hatte und aus dem die Zivilisation entstanden war, verkehrte sich, wie Nietzsche sagt, in sklavische Eigenschaften wie Selbstverleugnung, Aufopferung und im Dienste anderer zu leben. Mutige, Selbstsichere, Erneuerer würden so „entselbstet", weil Mittelmäßigkeit als Tugend gepriesen sei. „Der Mensch ist ein Seil, geknüpft zwischen Tier und Übermensch, ein Seil über einem Abgrund."[25]

Wenn der Mensch mit dem Tier verglichen wird, werden immer die intelligentesten Einzelmenschen, zu denen anzunehmenderweise die Philosophen gehören, mit den dümmsten Tieren als Masse verglichen. Aber auch unter diesen gibt es herausragende Exemplare und manches kluge Tier scheint mir intelligenter als ein einfältiger Mensch. Wir haben nicht automatisch einen Status, der uns über andere Lebensformen hinaushebt. Der amerikanische Philosoph Daniel Dennett geht noch weiter. Er fragt, ob wir denn so sicher sein können, dass alle menschlichen Wesen einen Geist haben. Der gesunde Menschenverstand ist nämlich leider keineswegs selbstverständlich.

Ich lese in einem (von sechs Männern verfassten!) Psychologielehrbuch: „Während in tierischen Sozialordnungen der Rangplatz eines Individuums hauptsächlich durch körperliche Stärke bestimmt wird, treten beim Menschen noch geistige Merkmale wie Klugheit und Überzeugungskraft hinzu."[59] Ach, wenn es doch so wäre! Ich glaube, da wurde wieder mal selbstverliebter Unsinn für die wahre Lehre gehalten. Nicht die rein körperlich Stärksten sind die Anführer in Tiergruppen, sondern die Umsichtigsten, Besonnensten, die mit kluger Voraussicht und Erfahrung, deshalb meist Ältere. Schimpansenweibchen wählen die freundlicheren und fürsorglicheren Männchen als Führer, nicht die körperlich stärksten oder die mit der größten Dominanz. Ein gutes Prinzip auch für menschliche Familien.

In unserer Pferdeherde stand die kleinste Ponystute, Larissa, an der Hierarchiespitze. Sie hatte jahrelange Erfahrung im unabhängigen, freien Leben und konnte nur mit einem Ohrenzucken die anderen durstigen Pferde zum Warten an der Wasserstelle befehligen.

Auch bei verwilderten Hunden und Wölfen erlauben die Meutegesetze, dass die Leittiere als erste trinken, vor allem bei Wassermangel, denn sie sichern das Überleben der ganzen Sippe.

Menschen hielten sich schon immer für intelligenter als Hunde, denn sie haben mehr erreicht. Sie haben den Terminkalender erfunden, den Steuerbescheid, die Atombombe und die Algebra, währenddessen Hunde sich bloß im

Körbchen räkelten, fraßen, spielten und den lieben Gott keinen strafenden Mann sein ließen. Deshalb halten sich Hunde für intelligenter.

Der Ethologe Donald Griffin, der sich also mit vergleichender Verhaltensforschung beschäftigt, ist dagegen von bewusster Wahlmöglichkeit auch bei Tieren aus evolutionären Gründen überzeugt. Das Überdenken von Möglichkeiten ist ein Anpassungsvorteil gegenüber Trial and Error, wo der erste Irrtum des Lebens bereits tödlich enden kann.[32] Jede kleine Unachtsamkeit wie „Anschluss-verpasst" oder „Bein-vertreten" kann zum Verlieren im Spiel des Lebens führen. Der Evolutionsdruck besteht zu Gunsten raschen Lernens und bewusster Entscheidungen, überall. Selbst bei Tieren kann man sich ein Leben in ständiger Gedankenlosigkeit nicht vorstellen. Automatisierte Reaktionen auf die vielen Wechselfälle des Lebens wären recht unökonomisch. Denken ist vorweggenommenes Handeln im virtuellen Raum. Es dient zur Problembewältigung be-*denk*-licher Situationen.

Durch flexible Anpassung an veränderte Umstände lernen Tiere in Gefangenschaft neue Verhaltensweisen, die sie in der Natur niemals zeigen würden. Das spricht für Lernen durch Einsicht und konzentrierte Beobachtung, Fantasie und Kreativität. Ein Beispiel: Gezieltes Wasserspucken bei einem Schimpansen, um gaffende Zoobesucher zu ärgern, zum Gaudi der anderen Affen. Affentheater eben![32] Oder ein Zahlenspiel am Computer, welches Menschen nur halb so gut bewältigten wie sie.[71] Hüte- und Drogenhunde lernen sogar 15-mal schneller, wenn sie als Welpe Arbeitshunden zusehen.[123] Beobachtungslernen gibt es schon bei Hühnern. Wenn eines ein Ei aufpickt und frisst und es kurz danach alle im Stall tun. Wer Tieren Entscheidungsfähigkeit abspricht, gehe mit einem anderen Familienmitglied und dem freilaufenden Hund spazieren und dann verschiedene Wege. Unser canides Individuum weiß genau, warum es sich für den einen oder anderen entscheidet, auch wenn wir es nicht wissen oder nicht wissen wollen. Und außerdem: Zu intelligente Tiere sind uns ja auch nicht recht:

Wir hatten ein selbst gezogenes Stutfohlen, das jedes Halfter abzustreifen wusste, jedes Tor entriegelte, Boxentüren nicht als Hindernis ansah, Stromlitzen einfach ignorierte, Wasserhähne selber betätigen und Futterschüsseln mit den Hufen noch mehr Hafer abtrotzen wollte, Gartenmöbel und Blumentröge umwarf, die irgendwie im Wege waren und auf Terrassen und im Wohnzimmer spazieren ging. Glauben Sie mal nicht, dass Sie bei all dem seine Intelligenz bewundern!

Das Schlimmste, was ich in einer Reitzeitschrift einmal gelesen habe, war Folgendes: Ein Pferdehändler wurde gefragt, welcher Typ Pferd denn am besten verkäuflich sei. Man erwartet eine Antwort wie „Springpferde" oder „Quarter Horses". Nein, der Mann erwiderte: „Die quälbereiten Pferde." Sagt das nicht einiges über unsere eigene Spezies, die wir uns für ach so human und vernunftbegabt halten? Pferde als Kuscheltiere für Frauen und Trimm-Dich-Geräte für Männer? Wer Pferde so betrachtet, hat ihr Wesen nicht verstanden. Pferde sind weder reine Schmusetiere noch Spieltiere und viele verwechseln Reiten mit Draufsitzen und Nicht-Runterfallen. Sportgerät oder Freizeitkamerad, das ist hier die Frage. Das Vergnügen liegt nur allzu oft auf Seiten des Menschen.[4] Das Problem sitzt im Sattel. Tragen und Ertragen scheinen für viele Reittiere identisch zu sein. Reitvergnügen? Wer spricht von Pferdevergnügen? Der Turniererfolg wird in zweifachem Sinne auf dem Rücken des Pferdes ausgetragen. Gemäß Pferdetrainer Klaus Ferdinand Hämpfling ist das Pferd das symbolreichste, sagenumwobenste, kulturprägendste und mythologischste Geschöpf überhaupt.[51] Ein heiliges Geschöpf, heillos missbraucht.

Die schwierigsten Pferde sind oft die intelligentesten, denn sie haben noch genug Selbstachtung, sich zu wehren oder zu entziehen. Sie haben sich noch nicht selbst aufgegeben. Und wenn es einer richtig mit ihnen anstellt, werden gerade aus denen oft überragende Leistungsträger. Das wusste der griechische Philosoph Xenophon vor 2.500 Jahren schon: „Pferde, die sich nicht brechen lassen, sind die besten." Oder der Reitlehrer von Ludwig XIII., Antoine de Pluvinel: „Wir sollten das Pferd nicht verdrießen, damit seine natürliche Anmut nicht verloren geht, die gleich einem Blütenduft nie wiederkehrt, wenn er einmal verflogen ist." Aber wir nutzen die Duldsamkeit dieser Wesen gnadenlos aus. Nichts ist dagegen einzuwenden, wenn Pferde arbeiten. Damit haben sie eine Aufgabe für Kopf und Körper, ihr Wert steigt, aber wir sollten es ihnen immer mit guter Versorgung danken. Nutzen ja, Ausnutzen nein. Auch Menschen müssen sich ihren Lebensunterhalt verdienen. Gegen das Fordern von Leistungen, angepasst an Vermögen, Körperbau, Gesundheit und Veranlagung, ist moralisch nichts einzuwenden.

Ist es artgerecht, Hunden das Jagen zu verbieten? Wollen wir das wissen? Ist es artgerecht, wenn man Fleischfresser durch Industrienahrung zu Fast-Vegetariern konvertieren lässt? Wenn man Hunde mit Leckerchen so fettfüttert, dass sie es kaum noch um den Block schaffen? Wenn man ihnen Jäckchen und Kleidchen anzieht, obwohl sie von Geburt an ihren eingebauten Wintermantel haben? Wenn Doggen in Hochhauswohnungen gehalten werden, sodass sich ihre Krallen noch nicht mal mehr ablaufen? Wenn man einen alten Hund nicht von seinen Schmerzen erlöst, nur weil der Mensch nicht loslassen kann? Großstadthunde atmen am Boden mehr Auspuffgase, Abrieb von Reifen und Bremsen ein, mehr als aufrechtgehende Menschen. Deshalb ist Krebs bei ihnen eine der häufigsten Todesursachen.

In meiner Praxis musste ich manchmal Meerschweinchen oder Hamster einschläfern, denen nicht mehr zu helfen war. Regelmäßig waren die Mütter wegen ihrer Kinder in Panik und fragten sofort, wo man denn ein möglichst ähnliches Tier erstehen könnte, um es unbemerkt auszutauschen.

Mütter wollen ihren Kindern gelebten Schmerz ersparen, gleichzeitig haben ihre Anbefohlenen aber schon hunderte menschliche Morde in Computer und Fernsehen konsumiert. Dabei gäbe es keine bessere Gelegenheit als diese, Kindern nahezubringen, dass Leben ohne Tod nicht zu haben ist.

Schmerzmedizin ist leider selbst in der Humanmedizin wenig entwickelt. Lange hat man mit Säuglingen qualvolle Experimente gemacht[152] und sie ohne Narkose operiert. Mediziner behaupteten auch, die Schmerzschwelle läge bei Frauen höher als bei Männern. Das war dann eine gute Ausrede für allerlei Zufügungen. Es gibt keine geeigneten chronischen Schmerzmittel für Pferde, ohne wiederum Schäden zu setzen, eher bei Hunden, die eben doch einen robusteren Magen haben.

Dauerstress ist nie artgerecht. Wir möchten das Beste für unsere Tiere, aber leben wir Menschen denn selbst noch artgerecht? Das kann man eigentlich für Großstadtmenschen verneinen. Sie atmen keine reine Luft mehr, sie sind ständig von Lärm umgeben, sie ernähren sich nur noch von industriegefertigter Nahrung, die bestenfalls satt, meist eher fett macht, aber nicht gesund hält. Sie leben nicht mehr im Rhythmus der Natur und machen die Nacht zum Tage. Sie leiden unter Sonnenmangel durch zu viel Aufenthalt in geschlossenen Räumen. Sie bewegen sich kaum noch durch eigene Körperkraft, sondern nur noch mit Aufzügen und Fahrzeugen. Der Mensch wurde zur Nachteule und zum Faultier, dabei gab es ursprünglich Nahrung nie ohne Bewegung. Unsere Vorfahren liefen mindestens 20 Kilometer am Tag, und das auch noch barfuß. Heute schaffen wir gerade höchstens 800 Meter im Durchschnitt.[60] Im vorletzten Jahrhundert gingen noch 80 Prozent aller Menschen unter freiem Himmel ihrer Arbeit nach. Menschen, die im Freien arbeiten, bekommen im Durchschnitt seltener Hautkrebs als Büroangestellte. Heute arbeiten 90 Prozent in geschlossenen Gebäuden. Sie leiden an Lichtmangel. Die UV-Strahlen der Sonne und das Hormon Melatonin bewirken Abwehrsteigerung, das Hirn produziert dann mehr das Wohlfühlhormon Serotonin.

Das natürliche Magnetfeld der Erde wird durch Stahlbetonkonstruktionen abgeschirmt. Dafür strahlt gepulste Energie aus Funkmasten, Handys, schnurlosen Telefonen und Hauselektronik. Niemand denkt daran, dass auch Haushunde all dem ausgesetzt sind. Viele Gifte sind des Hundes Tod. Der Zenit des gesunden und langlebigen Menschen ist bereits überschritten, unsere Kinder kommen heute schon oft krank auf die Welt: Allergien, Neurodermitis, Zöliakie oder chronische Unruhe sind nur einige Beispiele und es gibt schon Neugeborene und Kleinkinder, ja sogar Ungeborene mit Krebs. Und jetzt soll eine Impfung gegen Krebs entwickelt werden, anstatt vermehrt zu erforschen, welche Umweltgifte Menschen und Haustiere krank machen.

Ein artgerechtes Leben von Menschen wäre der Aufenthalt in südlich-mildem Klima mit circa 17 Einwohnern pro Quadratkilometer, viel Sonne und üppiger Vegetation. Sind also die Schimpansen glücklicher als wir? Die glücklichsten Menschen sind Bauern und Fischer nach dem Happy-Planet-Index der New Economist Foundation 2006.[2] Kein Wunder, das sind uralte Berufe am Puls der Natur. Geld, Konsum, Bildung, Intelligenz, Wohlstand, Aussehen, Macht, hohes Alter oder Reichtum machen allein nicht glücklich, wohl aber gute menschliche Beziehungen mit Körperkontakt, zweitens Sich-nützlich-Fühlen. Dann kommen Gesundheit und Freiheit.[2] Also, unsere höhere Intelligenz ist kein Garant für Glück. Wir haben aus dem Blick verloren, dass es doch einzig und allein darauf ankommt, oder?

Kapitel 3

Wie unterscheiden sich Hunde und Pferde von uns in Psyche, Seele und Bewusstsein?

Wenn wir diese Fragen stellen, müssten wir erst mal die oben genannten Grundbegriffe definieren. Da fangen die Schwierigkeiten schon an, denn es gibt beim Studium psychologischer und philosophischer Schriften keine größere Verwirrung als die Interpretation gleicher Wörter. Da es sich nicht um Konkreta handelt, werden sie zwar logisch eingegrenzt und verbal umrissen, jedoch gleichzeitig von jedem Individuum auch intuitiv erfasst und verschieden empfunden. Die Aufzählung der verschiedenen Definitionen in der klassischen und neueren Literatur würde den Umfang dieses Buches sprengen. Tiere werden sowieso bei der Diskussion um Seele und Bewusstsein fast immer komplett ausgeklammert, von der Kirche allemal, aber auch von spirituellen Gurus und der Philosophie. Es sei denn, man zieht sie als Vergleich zum Menschen heran, um zu beweisen, dass wir die unzweifelhaft Klügeren sind. Bewusstsein ist das Wissen vom Sein, Selbstwahrnehmung in Relation zur Umwelt. Es wird im Allgemeinen als umfassender Begriff für die Gesamtheit des seelischen Lebens und seiner Fähigkeiten angesehen: Gedanken, Vorstellungen, Fantasien, Emotionen, Erinnerung, Beurteilung. Im Umgangssprachlichen steht es eher für momentane Einsicht. Obwohl die Hirnforscher heute tief ins Gehirn blicken, Botenstoffe und elektrische Aktivitäten messen können, vermögen sie jedoch nicht zu erklären, wie Bewusstsein entsteht.

Selbst der bereits zitierte Philosoph B. Kanitscheider äußert sich wie folgt: „Tierisches Verhalten ist freilich nicht bewusst gesteuert, sondern instinkthaft bzw. neurologisch fest verdrahtet."[89] Hier werden mal wieder höhere und niedere Tiere alle einfach in einen Topf geworfen. Glaubt er wirklich, sein Hund, so er denn einen hat, kann nicht denken, hat kein Bewusstsein und reagiert wie ein Roboter mit Drähten? Der Mangel an Beweisen ist schließlich kein Beweis für Mangel. Ich teile seine mechanistische Sicht auf lebende Wesen nicht. Selbst gehirnlose Pflanzen sind zu Wahrnehmungen fähig, Hirn ist kein Muss fürs Überleben: Der Same weiß (nein, ich setze *weiß* nicht in Gänsefüßchen!), wo es in Richtung Sonne und wohin es in Richtung Erde geht. Pflanzen kommunizieren mit Hilfsinsekten gegen Fraßfeinde. Sie warnen sich untereinander durch chemische Signale auch vor Trockenheit oder Krankheiten. Die chemische Kommunikation ist die erste Form der Interaktion in allen lebendigen Systemen. Pflanzen können riechen, schmecken, sehen und hören. Pflanzen zeigen grundsätzlich ähnliche Verhaltensweisen wie Tiere und Menschen: Konkurrenzverhalten, Unterstützung des Nachwuchses (sic!), Abwehr, Zeitgefühl, Fortpflanzungsbestreben, eine gewisse Differenziertheit des Individuums, Suche nach Licht und Nahrung. Nur in den Ausführungsmodi unterscheiden sie sich. Forscher haben sogar Erinnerungsvermögen und nervenähnliche Informationsverarbeitung bei ihnen nachgewiesen. Wobei sich die Frage ergibt, wer eigentlich entschieden hat, ob für Schmerz oder Erinnern ein Gehirn nötig ist. Jede Pflanze hat ihre eigene nutritive, kulturelle, mythologische und heilkundliche Identität. Sie stellt weit mehr dar als eine hübsche Dekoration unseres Umfelds.

Ohne das geringste Gehirn sind auch Einzeller zu intelligentem, zielgerichtetem Verhalten fähig[120] und verfügen über eine sehende Orientierung im Raum und reagieren auf Licht, ganz ohne Augen. António Damásio setzt hier allerdings ein „scheinbar" vor die Intelligenz, was ich nicht tue. Offenbar gibt es ein inneres Sehvermögen, für dessen Wahrnehmung auch bei blindsehenden Menschen und Affen Auge und Licht nicht vonnöten sind.[133] Bei den optischen Eindrücken während Nahtoderfahrungen ist sogar das Gehirn nicht mehr in funktionstüchtigem Status. Sehen ist ohne Sinnesorgane möglich.

Mindestens seit 100 Jahren unterstellte der Theologe, Paläontologe und Naturphilosoph Teilhard de Chardin jeder Zelle eine nachweisbare Autonomie, geistige Eigenschaften mit gewissem Bewusstsein und Potenzialität. Seit den Erkenntnissen der Epigenetik weiß man auch, dass jede Zelle eine differenzierte Identität ihres Genaktivitätsmusters vorweist, Informationen speichert, weitergibt und jeweils unterschiedlich auf Umweltsignale reagiert.[78] Jede Zelle ist zu Kontrolle und Entscheidung fähig, welche Moleküle sie durch ihre Membran durchlässt. Auch Bakterien sind hochgradig lernfähig. Damásio schreibt, dass manche Moleküle, wie zum Beispiel DNS, eine Art natürliches Selbst aufrechterhalten können.[120] Aber es lassen sich ruhig noch viel kleinere Entitäten anführen: Physikalische Elemente lassen sich nicht nur auf ihre Anzahl Protonen, Neutronen und Elektronen reduzieren, sondern sie weisen eine ausgeprägte Individualität und sogar eine gewisse eigene Persönlichkeit auf. Der Physiker Wolfgang Pauli postulierte bereits 1925, dass das viel kleinere Atom wissen und behalten kann, ob es einem anderen Atom einmal begegnet ist oder nicht und in welchem Zustand sich dieses befindet. Es hat die Fähigkeit, Information aufzunehmen, also ein Gedächtnis.[19] Der Physiker Andrew Cochran sagt über die nochmals kleineren Einheiten: „Die Elementarteilchen der Materie besitzen erste Anklänge von Willenskraft, Selbstaktivität oder Geist."[57] Und der Physiker Max Planck meint: „Photonen, welche den Lichtstrahl bilden, verhalten sich wie vernünftige Wesen. Sie wählen unter allen möglichen Wegen stets denjenigen aus, der am schnellsten zum Ziele führt." Er bezog sich auf die Entdeckung des englischen Augenarztes und Physikers Thomas Young, der Interferenzversuche mit Licht durchführte und es so deutete, dass Photonen selbst ein Bewusstsein haben. Diese subatomaren Quanten verhalten sich unterschiedlich und scheinen sich untereinander zu informieren, zu kommunizieren und Entscheidungen zu treffen. Diese scheinen auf andernorts gefällten Entscheidungen zu beruhen.

Wie sollte dann ein so hochentwickeltes und im menschlich-geistigen Einflussbereich lebendes Wesen wie der Hund oder das Pferd das alles nicht haben?

Mit den Philosophen kommen wir also nicht viel weiter. Versuchen wir es mit der Naturwissenschaft, hier mit dem Mathematiker Norbert Wiener, der die Information an sich als Wesenheit begreift, nicht gebunden an Energie, Masse oder Raum/Zeit. Sie wird bei Weitergabe als einzige von denen nicht weniger. Informationsträger sind z. B. Signale, Moleküle, Körperbewegungen, Schriftzeichen. Die Materie in Form von Atomen, Molekülen etc. besitzt die Fähigkeit, Information aufzunehmen und diesen Ideen Gestalt zu geben. Max Planck sagte: „Ich betrachte Materie als Derivat des Bewusstseins." Oder mit anderen Worten: Geist formt Materie, und nicht umgekehrt.

Je mehr Forschung betrieben wird, desto mehr findet diese heraus, dass die Ähnlichkeit mit höher entwickelten Tieren näher ist, als wir in menschlicher Hybris angenommen haben.

Von Seele zu reden, ist sowieso eine heikle Sache. Keiner weiß eigentlich, was genau damit gemeint ist, und viele behaupten, es gäbe sie gar nicht. Dabei hatte der Naturforscher und Philosoph Aristoteles Tiere schon als beseelt angesehen, erhalten durch die englische und spanische Sprachschöpfung „animal", abgeleitet vom Lateinischen „anima" für Seele. Der Homo hingegen ist nur ein aus Humus geformter Erdkloß.[42] Das Christentum billigt Tieren aber keine Seele zu.

Der berühmte Berliner Arzt, Pathologe und Politiker Rudolf Virchow sagte 1848: „Ich habe schon Tausende von Leibern geöffnet ohne eine Seele zu finden." Wobei er unter dem Beifall ähnlich beschränkter Zeitgenossen schloss, dass es dann eine solche nicht geben könne. Nach der gleichen Logik könnte ein Radiotechniker behaupten, Melodien seien nicht existent, weil man sie im zerlegten Radioapparat nicht finden kann. Oder davon überzeugt zu sein, es gäbe etwas nicht, nur weil es nicht direkt beobachtbar sei. Elektrizität kann niemand sehen, die gewaltigen Auswirkungen davon schon. Das gälte dann auch für die Steinzeit, für Atome oder für Liebe und Hass. Viele Dinge konnte der Mensch mit Hilfe neuer, künstlicher Sinnesorgane in Form von Messgeräten nur indirekt wahrnehmen. Hiermit konnte er im Gegensatz zu Tieren die Grenzen seiner Wahrnehmung zigtausendfach erweitern. Trotzdem muss er alle Messdaten wieder auf seine eigenen Sinneswahrnehmungen zurückführen, denn sie bilden nur einen winzigen, auf Zweifüßer eingemauerten Ausschnitt der Realität ab.

Ich erlaube mir hier, auch meine eigenen Interpretationen einzubringen. Der Begriff Seele wird oft mit Psyche gleichgesetzt. Für mich ist Psyche das Verhalten, das aus den Einflüssen des Körpers und der Umwelt hervorgeht. Sie ist weder Energie noch Materie, aber mit dieser im Gehirn verbunden. Seele jedoch stellt für mich die gegenseitige Verknüpfung von Körper und allumfassendem Geist dar, der in Verbindung steht mit der Urmatrix des kollektiven und individuellen Wesens und der schöpferischen Idee. Platon sprach: „Am Anfang war die Idee." In der Bibel steht: „Am Anfang war das Wort." Ob Ideen oder Wörter, es sind Informationseinheiten. *In-Form*-ation ist der Akt, der Form gibt, „geprägt in Form, die lebend sich entwickelt". Das wusste schon Goethe, ohne je etwas von Epigenetik gehört zu haben. Information ist die Gestaltung des Geistigen, der Umwandlungsvorgang vom Abstrakten in Konkretes. Das Geistige ist kein Ding, sondern ein Prozess und eine Beziehung. Keine Schöpfung ohne Idee, kein Wesen und kein Gegenstand ohne nicht-materielle Ur-Quelle. Insofern kommt die Software vor der Hardware, obwohl es Materialisten gibt, die der Meinung sind, die Software gäbe es nicht ohne Hardware. Auch richtig! Aber auch um die Hardware zu entwickeln, braucht es erst mal eine Idee. Dann erst wird der Einfall materialisiert. Ein-fall! Von wo fällt der denn? Welch bedeutungsschwangeres Wort mal wieder! Ja, er fällt uns entgegen aus dem schon immer und ewig vorhandenen Universalbewusstsein oder Allwissen des Geistes. Wahres Denken ist also vorkörperlich, Körper sind nur seine Verdichtung. Und damit sind wir schon bei dem dritten Begriff, dem Bewusstsein, das von Wissen kommt, wenn wir nämlich das Geistige anzapfen und etwas verstehend erkennen.

Ich bin deshalb, wie viele modernere Forscher und Empiriker, davon überzeugt, dass nicht ausschließlich materielle Prozesse für menschliche und tierische Verhaltensweisen verantwortlich sind. Platon verwendete für die

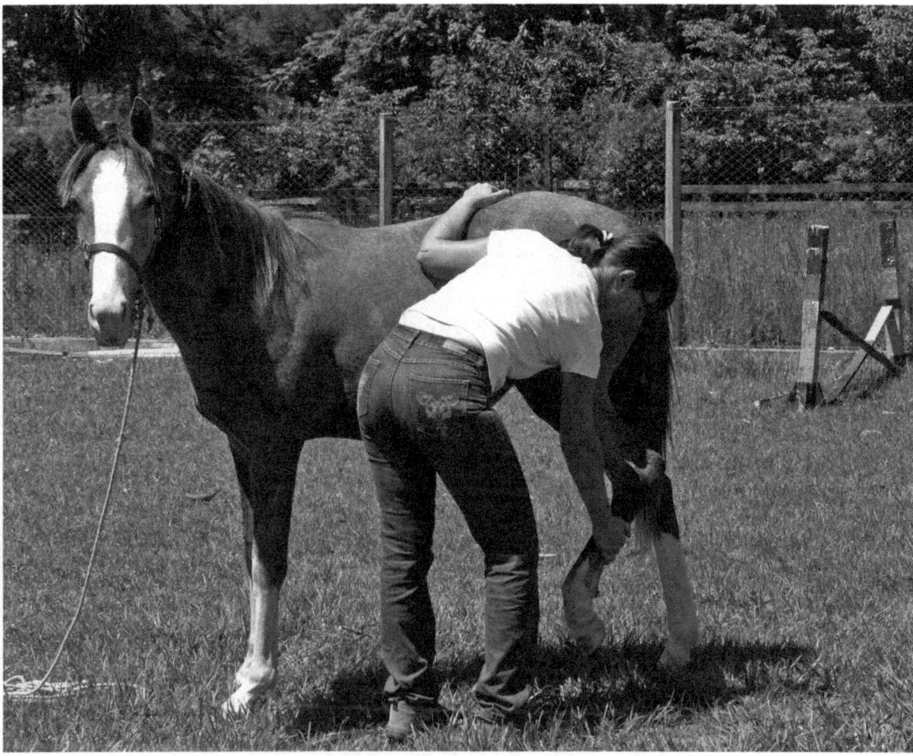

Was Hänschen nicht lernt ...

Quelle unseres Wissens den Begriff Himmel.[98] Descartes sagte: „Ich kann mir klar und deutlich vorstellen, dass Geist ohne Materie existiert." Und auch der Quantenphysiker Werner Heisenberg postulierte in den siebziger Jahren des vorigen Jahrhunderts, dass das Geistige und nicht das Materielle als Grundlage der Welt gesehen werden könne.[160]

Menschen entscheiden rational oder emotional. Das meinen Denker schon seit Platon. Vernunft und Gefühl sind trotzdem kein Gegensatz. Sie ergänzen sich, denn Gefühl ist auch Wissen, nur auf anderer Ebene und in anderer Form. Diese Art Wissen wird aber in unserer Kultur seit Platon bis heute geringer bewertet, im Gegensatz zu intellektuellem, nüchternem Denken, glasklarem Überlegen oder sachlichen Argumenten, die sich auf Kausalität und Logik berufen. Wir zelebrieren das Zerebrale.[152] Wie wir gesehen haben, sind Gefühle eng mit der Verarbeitung von Sinneseindrücken verknüpft, aber auch mit spontanen Ideen oder entspanntem Denken, was sehr schön aus dem Wort Nachsinnen hervorgeht, also durch Sinneseindrücke als geistige Informationsverarbeitung. Platon wusste schon: „Nachsinnen bildet statt der abgegangenen [soll heißen: vergessenen] eine Erinnerung ein und erhält so die Erkenntnis. Denn was man Nachsinnen heißt, geht auf eine ausgegangene Erkenntnis."[18] Vielleicht führt das Nachsinnen dann zu Besonnenheit, ein Wort vom gleichen Wortstamm. Auch Tiere können Besonnenheit lernen.

Das klare Denken als alleinige Grundlage des menschlichen Handelns ist reine Fiktion. Je mehr Hirnforschung betrieben wird, desto näher rücken wir unseren haarigen Verwandten. Durch die moderne Kernspintomografie können Forscher inzwischen die Aktivitäten im Gehirn sichtbar machen und sogar geistigen Prozessen zuordnen. Die neuronalen Muster sind dabei bei Mensch und Tier bei bestimmten Wahrnehmungen und Emotionen sehr ähnlich.[2] Lernen und Erinnern beruhen auf denselben Mechanismen. Die Neurowissenschaft hat längst nachgewiesen, dass Schaltkreise im Gehirn bei Mensch und Tier dafür ziemlich schnell neu angelegt werden können. Auch Tiere lernen aus Erfahrung, können Liebeskummer, Heimweh und Depressionen haben und empfinden Trauer über den Tod ihres tierischen Freundes oder des eigenen Kindes. Der Mensch hat die gleiche Gehirnanatomie wie jedes Tier, nur ein bisschen mehr davon.[2]

Bei allen zoologischen, anthropologischen, psychologischen, soziologischen, physiologischen oder auch parapsychologischen Untersuchungen werden fließende Übergänge zwischen Tieren und Menschen sichtbar. Graduelle Bewusstseinsentfaltung finden wir auch zwischen verschieden entwickelten Menschen.

Eigentlich haben wir drei Gehirne:[2]

1. Der Hirnstamm als Reptiliengehirn direkt über dem Rückenmark ist der Autopilot für das rein physische Überleben, der Instinkte, automatische Bewegung, Schlaf, Herzschlag, Atmung, Stoffwechsel, Reflexe wie zum Beispiel Husten, Ausscheidung und Körpertemperatur steuert. Dieser evolutionär älteste Teil ist Umschaltgebiet für Körperinformationen wie Geräusche, Gerüche, Licht, Schmerz und Stress, Kontrolle für Wachheit, Hirndurchblutung, Schlaf-Wachrhythmus und Kreislauf. Hier entstanden schon die ersten ursprünglichen Gefühle, vor allem über eigene Körperzustände z. B. Hunger oder Durst. Verhaltenssituation und Gewohnheiten wirken sich auf deren Aktivitäten aus.

2. Das frühe Säugergehirn, genannt limbisches System, ist zuständig für Emotionen, Gedächtnis und Instinkte. Es ist etwa 500-mal so alt wie das spätere Säugergehirn. Es entspricht etwa Freuds Es mit seinen primitiven animalischen Trieben und regelt Lust, Antrieb, Intuition, Lernfähigkeit, Gefühlsbindung zum Nachwuchs und produziert gewissermaßen den Gemütszustand. Es reagiert auf Furcht empfindlicher als auf Freude, was Erzieher immer wieder in Vergangenheit und Gegenwart veranlasst, mit Strafe etwas ins Gedächtnis zu prügeln. Angst kann aber Körperreaktionen abblocken: Pferde stemmen halsstarrig die Beine in den Boden und Kinder erstarren im Blackout in der Schule. Die Stressreaktion zeigt sich hier in der Entscheidung zum Freeze, anstatt Fight oder Flight. Die drei A: abhauen, angreifen oder Angststarre, bei der emotionslos jegliche Mitarbeit verweigert wird. Die kann auch anerzogen werden bei Tier und Mensch als erlernte Hilflosigkeit. Freude aber aktiviert durch positive Stimulierung, dann fällt das Lernen leicht.

3. Das entwickelte Säugerhirn, der frontale Cortex hinter der Stirn, ist zuständig für komplexe Sinnesverarbeitung, selektive Reizverarbeitung, Vernunft, Verstand und Logik. Der evolutionär jüngste Teil davon ist der Neocortex, die einzige herausragende Besonderheit des Menschen.[17] Dieser ergänzende Teil der Großhirnrinde als äußerste Schicht unter der Schädeldecke hat bei allen Säugern das gleiche Betriebssystem, ist aber beim Menschen am höchsten entwickelt und zeichnet sich durch ein Mehr an Nervenzellen und Verarbeitungsgeschwindigkeit aus. Es verbraucht bis zu 30 Prozent der gesamten Energie des Körpers. Hier sind alle sogenannten höheren kognitiven Funktionen wie Denkleistung, Entscheidungsfindung, Planung, Überblick Bewahren, Entschluss für Veränderung, kontrollierte Aufmerksamkeit, Affektsteuerung, Sprachverständnis, Begriffsbildung, Abstraktion, Urteilsvermögen, Reflexion, Impulskontrolle, Organisation, Problemlösung, Persönlichkeitsentwicklung und Durchführen komplexer Handlungen angesiedelt, auch die Zügelung von Gefühlsausbrüchen. Erst mit 20 Jahren sind beim Menschen die kognitiven und kommunikativen Fähigkeiten voll ausgeprägt.

Die entscheidende Lebenseinstellung in unserer westlichen Welt zollt diesem letzten kleinen verstandesmäßigen Teil unseres Gehirns am meisten Wertschätzung. Dieser ist aber seinem Wesen nach nicht schöpferisch, kann nur auseinandernehmen, zergliedern, Teilchen zertrümmern, sezieren, einteilen, klassifizieren, beur-*teilen*. Kategorien sind aber immer nur unvollkommene Denkhilfen, denn die Welt ist zu komplex, um nur in Gut und Böse sortiert zu werden. Wenn ich zerteile, zerstöre ich Verbindungen,

Beziehungen, Zusammenhänge. Mit der Inthronisierung der Ratio wurden tragende Ordnungen in Gesellschaft, Staat, Kultur, Wissenschaft und Medizin nicht mehr aus Übernatürlichem, Religion, kontemplativen Erkenntnisquellen, Träumen, Visionen, intuitivem Empfinden und Empirie gespeist, sondern hatten sich dem Tribunal des Verstandes zu verantworten.[14] Dies ist einerseits ein Verlust, andererseits ein Fortschritt, die Wahrheit läge wie so oft in der ausgewogenen Mitte. Angesehene Wissenschaftler haben schon so viel Unsinn von sich gegeben, dass dem alleinigen Kriterium der Vernunft jedenfalls nicht zu trauen ist. Wir sollten beide Königswege beschreiten, den des Intellekts zur angeblichen Objektivität und den der Inspiration. Vernunft allein genügt nicht. Gemäß dem indischen Arzt Depak Chopra entsteht Weisheit erst, wenn das Denken aufhört, aber es geht manchmal voraus. Um Ganzheit zu verstehen, ist es besser, nicht bei Verstand zu sein. Dein Gehirn weiß mehr als Du denkst. Ich komme darauf zurück. Gemäß dem Anthropologen und Philosophen Gregory Bateson beweist unsere auf reine Ratio begründete Wissenschaft niemals etwas, weil sie eben, wie oben schon dargelegt, nie objektive Erfahrung wiedergeben kann und mit Scheinerklärungen sich der Illusion des Wissens hingibt.[39] Zuwachs an Weisheit kann man nämlich leider auch nicht messen.

Der Physiker Wolfgang Pauli, der auch mit seinem überragenden Intellekt im akademischem Gedankenmarathon seine persönlichen Probleme nicht allein zu lösen vermochte, meint, dass nicht das logische Denken, sondern die Intuition der Schlüssel zum Verständnis der Welt sei. Haben uns die Tiere da am Ende etwas voraus?

Wir teilen also den größten Teil des anatomischen und funktionellen Gehirnaufbaus mit unseren Haustieren, vor allem die unbewussten Areale. Wir haben tiefliegende emotional-triebhafte Motivationssysteme nicht nur mit den Primaten gemein, sondern mit allen Säugetieren. Der Psychoanalytiker Sigmund Freud nannte sie Triebe. Bei Letzteren, einschließlich des Menschen, hat man vier Triebsysteme festgestellt:[82]

1. Das Appetenz- oder Belohnungssystem, gesteuert vom Neurotransmitter Dopamin, sucht durch zielgerichtete Interaktionen mit der Umwelt nach emotionalem Wohlbefinden, nach Lust beim Essen, beim Sex oder einer Suchtbefriedigung.

2. Das Zorn-Wut-System beinhaltet Aggression, die aber beim Schlachtvorgang oder Beutefang nicht aktiviert wird.

3. Das Furcht-Angstsystem.

4. Das Paniksystem, das soziales Bindungsverhalten regulieren soll. Nach meinem Verständnis gehört das zum dritten Komplex.

Das Appetenzsystem soll nicht so verstanden werden, als sei es lediglich von Hormonen gesteuert. Sex ist ein psycho-physisches Zusammenspiel und nicht mal beim Tier vollständig unkontrollierbaren Trieben unterworfen. Auch bei denen spielen Vorlieben und Sympathie, um nicht von Liebe zu sprechen, eine Rolle. Von manchen Hengsten ist zum Beispiel bekannt, dass sie für Stuten bestimmter Farbe kein Interesse zeigen. Zoos haben Probleme mit Primaten, die für den Genaustausch keineswegs immer in einer neuen Gruppe Lust haben, Nachwuchs zu zeugen.

Ich habe es selbst erlebt bei meiner Hündin Chefin, die ich zum Decken brachte. Sie wollte sich aber von dem herbeigeführten Rüden einfach nicht decken lassen. Es wurde der Vorschlag gemacht, die Hündin anzubinden und künstlich zu inseminieren. Das habe ich selbstverständlich abgelehnt. Ich musste den Wurf wohl betrübt abschreiben. Dann wurde mir vorgeschlagen, einen anderen Rüden zu holen. Er kam, sah und siegte sofort.

Aus obigem Schema scheint es, als seien Gefühl und Verstand anatomisch getrennte Teile. Aber all diese hypothetischen Einteilungen sind nicht absolut, alles hängt auch hier mit allem zusammen. Manche Hirnareale für bestimmte Fähigkeiten wie Sinneseindrücke, Sprechen oder Denken sind variabel und es gibt keine anatomische Arbeitsteilung zwischen bewussten und unbewussten Regionen. Selbst bei Tieren, denen Wissenschaftler eine Triebsteuerung wie auf Knopfdruck nachsagen und ein Ausgeliefertsein an ihre Begierden, muss die Selbstkontrolle, also die Blockierung von spontan egoistischen Impulsen, in allen sozialen Gruppen erst gelernt werden, um beispielsweise Verletzungen durch Aggressionen zu vermeiden oder um Nahrung zu bekommen. Wir sehen das an jungen Hunden, die noch Vögel jagen. Ein erwachsener tut das nicht mehr, nicht nur aus Erfahrung, sondern auch aus erlangter ökonomischer Intelligenz. Ein Beutegreifer darf nicht mehr Energie verbrauchen als die Jagd ihm einbringt. Ein junger Wolf, der dem ersten Impuls des Beutetierjagens spontan nachgibt und nicht lernt, auf einen strategisch passenderen Moment zu warten, wird verhungern. Er muss also Selbstbeherrschung lernen und Verhalten bewusst steuern. Und dafür gibt es viele Beispiele. Wenn ein männlicher Youngster eine rossige Stute in der Herde gerne decken möchte, so wird er sich wohl im Zaum halten müssen, will er sich nicht dem Zorn und Verletzungen durch den Leithengst aussetzen. Selbstbeherrschung wird bei Mensch und Tier mit Bereichen der

Kanadische Wölfin mit Welpe

Frontal- und Temporallappen des Großhirns in Verbindung gebracht, wo auch die Gefühle sitzen.[145]

Der Neurologe António Damásio behauptet: Bewusste Vernunftstrategien bilden sich in den Entwicklungsjahren aus und hängen von der Fähigkeit ab, Gefühle zu empfinden. Empfindungen sind also Voraussetzung für rationales Verhalten.[37] Sie sind aber ebenso die Ursache für spontanes, irrationales Verhalten. Wir glauben, wir seien denkende Wesen, die fühlen, dabei sind wir fühlende, die denken. Ist die Emotionsverarbeitung gestört, ist auch die Denkfähigkeit und die Impulskontrolle eingeschränkt. Das heißt nicht, dass Menschen sich stets ihrer Gefühle bewusst sein müssen. Wenn ich jedes Mal bedenken sollte, wie und was ich fühle, so morde ich mein Gefühl. Wenn ich mich immer fragen sollte, warum und wie ich liebe, dann könnte ich nicht mehr lieben. Die meisten Menschen, vor allem Männer, können ja nur sehr unzureichend über ihre Gefühle sprechen. Könnte das heißen, dass Frauen doch die vernünftigeren wären? Immerhin ist bekannt, dass Testosteron sich hemmend auf das kortikale Hirnwachstum auswirkt[113], die verbale Ausdrucksfähigkeit herabsetzt und das soziale Interesse verringert.[119]

Vernunftdenken, Aufmerksamkeit, Zielgerichtetheit, Entscheidungsfindung, Planung der günstigsten Handlungsabläufe, innere Bilder, Beachten sozialer Regeln und Lernen aus Fehlern können jedenfalls hier wie da nur normal vonstattengehen, wenn der Stirnlappen des Gehirns, der präfrontale Cortex, in Anatomie, Durchblutung, Hormon-, Sauerstoff- und Zuckerstoffwechsel normal funktioniert.[37] Bei gestörtem Dopaminhaushalt der Spiegelneuronen werden Gefühle des Gegenübers nicht erkannt, Mimik und Körpersignale nicht wahrgenommen. Schmerzen anderer lassen diese Menschen völlig unbeteiligt. Normalerweise werden diese Neuronen aktiv, wenn jemand eine Handlung bei einem anderen sieht. Sie reagieren gleich bei eigenem Handeln wie beim passiven Nachvollziehen durch Beobachtung. Je besser die Spiegelneuronen funktionieren, desto mehr will man auch andere vor Schaden bewahren, weil das Mitleiden eine Art Selbstbestrafung verursacht. Bei am Stirnhirn Kopfverletzten, ADHS-Menschen, Autisten und krankhaft hyperaktiven Tieren finden wir entsprechende Ausfälle im Sozialverhalten. Psychologen bestätigen bei zehn Prozent und immer mehr Schulkindern schwere Beeinträchtigungen der Empathie für andere. Aber es fängt schon damit an, dass sie ihren eigenen Körper nicht richtig wahrnehmen. Sie äußern sich durch Beziehungs- und Kommunikationsstörungen verbaler und emotionaler Art, mangelnde Rücksicht auf Jüngere, Mangel an Mitleid, Einprügeln auf Wehrlose, seelische Kälte, Demütigungen verbaler und filmischer Art, Unfähigkeit, etwas oder jemanden zu lieben, mutwillige Zerstörungen bis hin zu Kriminalität.[105] Die gebetsmühlenartigen Beschuldigungen der Psychologen an die Adresse der Mütter sollten endlich ausgedient haben. Keiner fragte nach den Vorbildern der Väter. Nach amerikanischen Studien spricht ein Vater der Mittelschicht mit seinem einjährigen Kind 37,7 Sekunden täglich. Eine ähnliche Studie aus Norwegen zeigt auf: Durchschnittsväter sehen ihre Kinder maximal eine Stunde pro Tag und reden nur wenige Minuten mit ihnen.[163]

Jedenfalls spielt eine gestörte Vater-Sohn-Beziehung in mindestens einem Viertel der Fälle dissozialer Kinder eine Rolle. Vielleicht sind deshalb Jungen vier- bis zehnmal mehr betroffen als Mädchen. Gehirne dieser männlichen 14-Jährigen zeigen denn auch um bis zu 14 Prozent verringertes Volumen im Bereich des Frontal- und Temporallappens. Ihre graue Gehirnsubstanz, aus Nervenzellkörpern bestehende Hirnsubstanz der Neuronen, ist kleiner. Bei mitleiderregenden Bildern aktivierte sich die Region für Belohnung und Freude anstatt für Empathie[105] über ihr Dopamin-Ausschüttungs-Belohnungssystem. Die soziale Reaktionsfähigkeit hängt von den eigenen Gefühlen ab.[120] Diese Kinder und auch solche Hunde erkennen die Grenzen bei Aggression nicht. Sie setzen sie auch dann fort, wenn die Situation bereits klar entschieden ist.[105] Wen wundert's, wenn Videos, Gewaltfilme, Porno, Frauenfolter, Echtmorde, Sex mit Babys und Tieren sowie Killerspiele sich schon bei Grundschülern in Hirne einpflanzen. Unsere Gesellschaft kann so erlernte Soziopathen in Form von geheimdienstlichen Profikillern, skrupellosen Bankern, Finanzberatern und Geschäftsleuten, eiskalten Führungskräften, Mafiosi, verantwortungsblinden Soldaten und Söldnern, empathieunfähigen Medizinern, machtbesessenen IT-lern, Terroristen und Diktatoren hervorbringen. Der Neurowissenschaftler James Fallon fand heraus, dass psychopathische Züge bei Vorstandsmitgliedern überrepräsentiert sind.[145] Eigentlich wundert das einen nicht, wenn nur der geldwerte Vorteil noch eine Rolle spielt und auf Umwelt und Soziales keine Rücksicht genommen wird.

Empfindsamkeit nutzt sich ab, so sie denn überhaupt entwickelt wurde, und führt zu Desensibilisierung und Abstumpfungseffekt, vor allem eben, weil bei Computerspielen Gewalthandlungen auch noch durch Belohnungen trainiert werden. Und immer noch sprechen Psychologen vom Abreagieren bei Shooter-Spielen, dabei lernen Menschen wie Tiere erwiesenermaßen durch Abschauen und Vorbilder. Empfindungsfähigkeit und Einfühlungsvermögen werden dabei systematisch abtrainiert. Das multidimensionale Leben verflacht vor zweidimensionalen Bildschirmen. Wenn Kinder Ballerfilme sehen, spielen sie nachher vermehrt mit Waffen.[137] Inzwischen gibt es Hallen, wo Kinder spaßeshalber mit Laser trainieren und auf ihre Kameraden schießen. Das ist Lernen durch Abgucken, wie es schon bei Eidechsen oder Vögeln vorkommt. Töten darf kein Spaßfaktor sein. Spiegelneuronen sind eben auch Lernzellen, das Bindeglied zwischen Beobachtung und eigener Ausführung, dem Imitieren.[105] Schon Platon wusste, dass der Anblick des Hässlichen etwas Hässliches in die Seele hineinbildet und dass der Anblick des Bösen Böses in der Seele anzündet.[24] Wenn wir nicht begreifen, dass das sozial-emotionale Lernen mindestens so wichtig ist wie das kognitive Lernen, wird unsere Gesellschaft mit noch mehr Amokläufen, Folterungen und Tierquälereien zu rechnen haben. Wir haben es mit einer neuen Kategorie von immer jüngeren Straftätern zu tun, die kein fassbares Motiv mehr aufweisen, die ungeplant, unmotiviert, weitgehend affektlos und gedankenlos handeln. Durch aggressionsrelevante Gene[145], negative Umwelteinflüsse psychischer und molekularer Art wachsen immer mehr gesellschaftsunfähige Bürger heran und der Staat tut nichts als immer mehr vom Gleichen.

Das Gedächtnis von Säugetieren arbeitet in Form von Kurzzeit- und Langzeitgedächtnis wie dem unseren. Speichern und Erinnern sind Voraussetzungen für Lernen. Sie laufen über Gefühle, die im evolutionär älteren Teil liegen, wo sie schwer mit dem Verstand zu kontrollieren sind. In erster Linie ist es also das Unbewusste, das das Bewusste kontrolliert, und zwar auch beim Menschen. Mindestens 90 Prozent dessen, was in unserem Gehirn geschieht, spielt sich im Unterbewusstsein ab, nicht in den angeblich höheren Sphären. Es bewältigt bis zu fünf Billionen Bits pro Sekunde, das rationale Bewusstsein lediglich ca. 50 bis 10.000 Bits pro Sekunde. Weniger als 0,1 Prozent dessen, was das Gehirn tut, ist uns also aktuell bewusst. Der enorme Rest dient unbewusst zur inneren Informationsverarbeitung und Organisation.

Das Bewusste muss erst gelernt werden. Unbewusste Denkvorgänge machen aber 98 Prozent aller menschlichen Nervenleistungen aus.[33] Diese inneren Prozesse des Geistigen kommen sogar ohne Worte aus. Wer hätte das gedacht? Ach so, Sie dachten mal wieder, der Mensch sei ein lediglich bewusst gesteuertes Lebewesen, gar das einzige und der Mittelpunkt des Kosmos, alles rational beurteilend, bevor es handelt. Es tut mir wirklich leid, dass ich Ihnen diese Illusion rauben muss. Gefühle gehen bei Tier und Mensch dem Denken voraus und nicht umgekehrt. Ohne Emotionen sind keine Entscheidungen möglich, weil 90 Prozent von subjektiver Wahrnehmung beeinflusst sind und nur zehn Prozent von Logik. Die neuesten Hirnforschungen könnten sich als die fünfte geschichtliche Demütigung des Menschen erweisen: Kopernikus (+ Ticho Brahe) verbannte(n) den Menschen aus dem kosmischen Zentrum. Darwin beleidigte uns mit der Abstammung vom Affen. Freud wies uns die Steuerung unseres tierischen Geistesanteils nach. Die Genetiker entdeckten, dass wir nicht mehr Gene vorweisen als ein Wurm. Und jetzt kommen die Hirnforscher mit dem Angriff auf unser kognitives Selbstverständnis, welches uns nirgends eine moralisch-ethische Überlegenheit bescheinigt.

Gefühle dominieren den Verstand. Handlung kommt oft vor dem Nachdenken, auch bei uns. Nur im nachträglichen Erklären sind wir besser als die Tiere. Wir fällen Alltagsentscheidungen aus dem Bauch heraus. Dies heißt, wir benutzen nicht unsere entwicklungsgeschichtliche Neuerwerbung, die Großhirnrinde, sondern das evolutionär ältere System. Es reagiert auf einfache Reize mit einfachem Verhalten. Also nicht Ratio, nicht denkerische Überlegenheit geben die Richtung für unsere Handlungen an, sondern unsere mehr animalischen Instinkte. Wir haben noch nicht mal genug Verstand, einzusehen, dass wir nur viele kleine Parasiten auf diesem riesigen Gaia-Organismus Erde sind und unsere ausbeuterische Lebensweise möglichst bald einstellen sollten. Wir zerstören unsere eigenen Lebensgrundlagen aus Ratio und Gier sogar mit den besten bewussten Absichten und handeln oft genug aus Verstand oder Bequemlichkeit unserer Genetik, unseren Instinkten und eigenen Ressourcen zuwider. Wir reden viel von Klimawandel und Naturkatastrophen, dabei sind wir selbst diese Naturkatastrophe. Die Letzten beißen die Hunde!

Der Psychoanalytiker C. G. Jung bezeichnete unser menschliches Bewusstsein gar als Danaer-Geschenk der Kultur, mit deutlichen Nachteilen also im Gegensatz zum Instinkt. Kultur ist im Gegensatz zur Natur ein künstlicher, wenn auch zuweilen sehr angenehmer Lebensrahmen, und Natur mehr als ein kostenloser Dienstleister. Immer kam Natur vor Kultur. Nur wer sein Feld nicht selber pflügen muss, hat genug Zeit für Kunst und Wissenschaft, denn mit leerem Magen sind auch die schönen Künste recht uninteressant. Oder: Ein leerer Bauch studiert nicht gern. Menschlichen Fortschritt definieren wir heute einseitig technologisch. Verständnis und Respekt für die Natur sind der Ehrfurcht vor unseren eigenen Errungenschaften der Technik gewichen. Und wir vergessen, dass der Weg unserer westlichen Kultur von Blut getränkt war und noch ist. Der Sieg der künstlichen Intelligenz und der Maschine über Mensch und Natur scheint den Inbegriff des Fortschritts auszumachen.

Eine Auka-Frau aus dem ecuadorianischen Regenwald, erstmalig in Quito, stand nicht etwa überwältigt und ehrfürchtig vor den Errungenschaften unserer Zivilisation, sondern bemängelte: „Man kann nicht frei gehen wegen der vielen Menschen, die unterwegs sind. Die Wege sind hart und heiß [Asphaltstraßen] und es gibt ja viel zu wenig Schatten." In vielen indigenen Sprachen sind Natur und Umwelt ein und derselbe, identische Begriff.

In Wahrheit sind wir bis heute über Stammesfehden nicht hinausgekommen. Wo bleibt da der kontinuierliche geistige Aufstieg? Der Physiker und als Philosoph angesehene Albert Einstein meinte sogar, wir hätten unser großes Gehirn nur aus Irrtum bekommen, da wir nicht in der Lage seien, mit seiner Hilfe den Krieg als größten Schandfleck der Zivilisation und schlimmste Ausgeburt des Herdenwesens abzuschaffen.[107] Je „höherstehend" die Zivilisation, desto mehr Kriege zettelt sie an und desto mehr Menschen werden getötet, ohne sich die Finger schmutzig zu machen. Das höhere Streben hat nur mehr Gier und Destruktion hervorgebracht.[149] Auch der Astrophysiker Stephen Hawking ist der Meinung, dass Intelligenz keinen großen Vorteil im Überlebenskampf bietet, nicht mal dem Überleben der Spezies dienen würde, da ja Bakterien ohne sie auskommen. Als evolutionärer Fortschritt werden Technologien angesehen, die Himmel und Meere vermüllen, und Waffen, die uns selbst auszulöschen imstande sind. Wir vergiften Böden, Nahrung, Tiere und uns selbst. Unsere ethische und emotionale Entwicklung ist weit hinter unserer technischen zurückgeblieben. Menschliche Kultur hat wunderbare Dinge hervorgebracht, ja, Denker und Dichter, aber auch Henker und Richter. Selbst die kleinsten Elementarteilchen werden noch auf Zerstörungskurs gebracht. Nein, die Krone der Schöpfung verdient sie nicht, die Krone!

Wir haben soeben festgestellt, dass Gruppentiere durchaus Selbstkontrolle üben können und sogar müssen. Also ist Tieren sowohl bewusstes wie unbewusstes Denken eigen, genauso wie uns auch. Das widerlegen die Philosophen Immanuel Kant, Gottfried Wilhelm Leibnitz und René Descartes, die allesamt Tieren prinzipiell Vernunft absprachen, Bewusstsein und Seele sowieso. Trotzdem, man glaubt es kaum: Descartes hatte einen Hund! Er nahm seinen kleinen „Monsieur Grat" (man beachte die Vermenschlichung im Namen) auf seinen Spaziergängen mit.[144]

Wenn unser Spitz einen von unserem Dackel begehrenswerten Knochen hatte, so lief die frustrierte Dackelin zum Tor und bellte, obwohl da gar nichts war. Der Spitz ließ dann seine Errungenschaft fahren und lief laut bellend zum Tor hinter ihr her. Die machte aber ganz schnell kehrt und schnappte sich den liegengebliebenen Knochen.

Und da gibt es Wissenschaftler, die behaupten, Tieren fehle das Verständnis des Kausalbegriffs. Ist das keine Wenn-dann-Kombination? Ist das keine Strategie, keine Zielgerichtetheit? Kein gedankliches, vorausschauendes Verhalten? Die Vorwegnahme einer Situation? Kein überlegtes Handeln? Planung spricht für Intelligenz. Antizipationsfähigkeit ist Intelligenz. Ja, es beinhaltet auch die Projektion in die Zukunft durch Vorausschau des Denkens und Verhaltens anderer, durch Fehlalarm, Täuschen und Verhüllung der eigentlichen Absichten.

Meine Rottweiler-Hündin Uschi durfte nicht ins Schlafzimmer, sie blieb stets brav an der Tür stehen. Wenn ich aber im Bett lag, legte sie sich zuerst in die offene Tür, um dann auf dem Bauch Zentimeter um Zentimeter vorzurutschen, bis sie dann doch irgendwann neben meinem Bett lag. Und da soll Mensch ob so viel Pfiffigkeit nicht einfach so tun, als ob er es lesend übersehen hätte?

Auch Wölfe handeln nach ausgeklügelten Strategien. Sie nehmen Abkürzungen und schneiden Beutetieren vorausschauend den Weg ab oder treiben sie gezielt auf dünnes Eis.[30]

Hirnforscher behaupten, Tiere könnten zwar wahrnehmen und empfinden, na immerhin, aber ihr Verhalten nicht reflektieren und nicht vorausplanen.[112] Ich glaube, wie oben dargelegt, durch meine eigenen vielfachen Erfahrungen mit Tieren nicht an eine derart stumpfsinnige Eingegrenztheit und pauschal limitierte Bewusstseinslage bei unseren Vierbeinern. Absichten und Zielsetzungen sind nichts speziell Menschliches. Tiere haben Gewohnheiten, Verhaltensmöglichkeiten, Wahlfreiheit und festgelegte Aktionsmuster wie wir auch.

Hirnforscher haben zuweilen auch keine Hunde.

Innere Vorstellung hat mit Lüge zu tun, was man übrigens auch einzig dem Menschen nachgesagt hat. Aber man kennt es auch von Primaten. Auch Schimpansen tricksen, lügen und betrügen.

Meine Hündin Zambra versucht, ihre Absicht zu verbergen, irgendwelches stinkige Gammelzeug vom Spaziergang mit nach Hause auf unsere Terrasse zu schleppen, weil sie weiß, dass ich es ihr noch vor dem Gartentor abnehme. Sie versucht dabei, das Maul so gut wie möglich zu schließen, ganz tralala zu erscheinen und die Unschuldige zu mimen. Aber am Gesichtsausdruck durchschaue ich sie meist. Wenn sie das bemerkt, dann schluckt sie schnell in vorausschauendem Ungehorsam.

Es gibt ein Buch mit dem Titel: „Hunde lügen nicht". Oh, doch! Der Titel lügt! Tiere sind nicht die ehrlicheren Menschen. Aber mit den mit Abstand infamsten Tricks und Lügen wartet der Mensch auf, technisch und militärisch perfektioniert. Der Mensch ist dem Menschen ein Wolf.

Notorische menschliche Lügner besitzen 22 Prozent mehr weiße Hirnsubstanz als normale Menschen. Das sind die Leitungsbahnen der Nervenfasern, die für Vernetzung und höhere kognitive Funktionen genutzt werden. Die verbindenden Nervenzellen dazwischen bilden die graue Hirnsubstanz. Davon haben Lügner 41 Prozent weniger. Lügen erfordert größere intellektuelle Anstrengung als einfach die Wahrheit zu rezitieren, weil die Denkweise des Gegenübers auch in Betracht gezogen werden muss. Autisten haben dagegen weniger weiße Substanz und können deshalb nicht lügen.[3]

Die Evolution begünstigt nicht nur Anpassung, sondern in großem Maße auch Tarnung, Täuschung und Lüge schon bei niederen Arten,[3] ja sogar bei Pflanzen. In diesem Punkt sind uns weder Tiere noch Naturvölker moralisch überlegen, obwohl wir so gerne glauben möchten, dass Tiere sich nie verstellen.

„Was du nicht willst, das man dir tu, das füg' auch keinem andern zu", das haben Menschen sich auferlegt, es scheint nicht für Tiere zu gelten. Und doch sollte es der größte moralische Imperativ für das Wesen auf diesem Planeten bedeuten, das sich anmaßt, das weiseste von allen zu sein.

Denkfähigkeit und Gefühle haben auch die, die nicht wortreich darüber schwafeln. Es gibt Sprachforscher und Philosophen, die behaupten, dass Denken nur mit Begriffen möglich ist und Erleben nur, wenn ich die Vokabel für das Gefühl kenne. Das ist nach meiner persönlichen Erfahrung und Überlegung falsch.

Beim Schreiben fällt mir manchmal ein Begriff, der in einem bestimmten Textzusammenhang besser passen würde, im Moment nicht ein, aber ich weiß, dass er existent ist und fühle ihn, ohne ihn schon benennen zu können.

Die Reaktion auf Erzähltes ist ein sofortiges Bild des Gegenstandes im Kopf, nicht eine Ansammlung von Buchstaben. Denken ist ohne Sprache möglich. Bewusstsein ist ohne Sprache möglich.[120] Bewusstsein ist universell und unendlich, es wird durch Sprache eingegrenzt. Andere behaupten, Sprache hätte Bewusstsein erst geschaffen.[148] Ja, aber nur einen Teil davon. Im Traum denken wir in Bildern. Auch symbolisches Denken ist bildhaft. Ich kann denken, ohne zu sprechen, aber nicht sprechen, ohne zu denken. Jedenfalls sollte man das Denken vor dem Sprechen voraussetzen, ehe die Pferde emotional mit einem durchgehen.

Es würde außerdem bedeuten, dass ein Tier nur Schmerz empfinden könnte, wenn es den Begriff Schmerz zur Verfügung hätte. Das kann sicher so nicht richtig sein. Das Wort wird der Empfindung übergestülpt, nicht umgekehrt.[152] Es ist wieder ein Beispiel, dass Wissenschaftler bei ihren Überlegungen Tiere gänzlich ausklammern und dass der Mensch Tiere gar nicht oder nur durch die Lupe seiner verallgemeinernden, theoretischen Erkenntnis betrachtet. Dabei beträfe die Aussage ja auch Babys oder geistig Behinderte, die ja wohl auch Gefühle mit einem Innenleben haben, ohne sie benennen zu können. Früher hat man Babys ohne Narkose operiert, weil man voraussetzte, dass sie bis zu einem Jahr keinen Schmerz empfinden.

Fühlen kommt vor dem Denken. Leben ist mit Erleben verbunden. Deutungen und Bedeutungen können ganz klar auch ohne gemeinsame verbale Sprache übermittelt werden und zwar über Speziesgrenzen hinweg. Menschen und Tiere reagieren sprachenunabhängig im Gehirn in gleicher Weise auf Gefühle. Affen und Hunde zeigen durch ihr verändertes Verhalten sogar Anteilnahme an Filmsequenzen.

Kommunikation ist auf eine Buchstabenfolge nicht angewiesen. Auch die chemische Geheimsprache bedient sich ja der Düfte und Pheromone, geheim, weil sie intuitiv abläuft, ganz ohne Laute oder Worte. Daneben bedienen sich Tiere immer auch einer Gebärdensprache. Sprache ist ein in einer Gemeinschaft selbsterschaffenes Gespinst von Symbolen, egal welcher Art. Für Gruppeninteraktion gibt es viele verschiedene Arten und Lösungen. Ein neuer Forschungszweig ist die Biosemiotik, die alle Lebensprozesse als Systeme von Zeichen ansieht. Diese Zeichen, seien sie physikalischer, chemischer, mimischer oder sprachlicher Natur, sind Veränderungen, die in Bedeutungen und Informationen vom Empfänger übersetzt werden müssen.

Damásio schreibt sogar: „Ich sehe keinen Grund, warum nicht auch Tiere zu Erzählungen ohne Sprache in der Lage sein sollten!" Naturnahe Indigene verstehen oft die Sprache der Tiere noch viel viel differenzierter als die Besten von uns: Der kanadische Eskimo Ootek konnte dem Biologen Farley Mowat, der die Wölfe nicht mal wahrgenommen hatte, tatsächlich wortwörtlich ihr Wolfsgeheul übersetzen. Nämlich, dass eine riesige Herde Karibus im Anmarsch nach Süden zum See Kooniak sei und sich zurzeit an einer genau angegebenen, dreitägig entfernten Stelle aufhalte, was auch tatsächlich zutraf. Noch erstaunlicher war, dass diese Information von verschiedenen Rudeln über 60 Kilometer hinweg jeweils in präzisem, äußerst komplexem Geheul an das nächste weitergegeben worden war. Für die Eskimos war es oder ist es noch selbstverständlich, dass Wölfe nicht nur die Fähigkeit besitzen, sich über große Entfernungen zu verständigen, sondern dass sie sich fast ebenso geläufig untereinander unterhalten können wie wir. Es gibt Eingeborene, die mit Wölfen förmlich Gespräche führen können.[75] Und dann lese ich wieder, dass es bei Tieren in ihrer Verständigung keine zeitliche Dimension gäbe. Auch von Delfinen nimmt man aber an, dass sie sich über nicht präsente Dinge unterhalten können[42], ja sich sogar mit ihren jeweiligen Namen rufen, was auch von Raben und Schweinen bekannt ist. Und weiter lese ich: „Wir sprechen bewusst anders als unkontrolliert schreiende und brüllende Wildtiere."[56] Das hat für mich weder Hand noch Huf. Und Psychologen glauben immer noch nicht, dass Tiere mit ihren Rufen Botschaften austauschen.[56] Unser Nichtwissen ist schließlich kein Beweis für ihr angebliches Unvermögen. Tiere reden keinen Stuss und können sich trotzdem sehr gut ausdrücken. Psychologen haben auch keine Hunde!

Jeder Philosoph versteht selbst in eigener Muttersprache unter bestimmten verbalen Begriffsbildungen gänzlich verschiedene Begrenzungen. Philosophie und Neurowissenschaft kommen auch deshalb schwer zueinander, weil beide verschiedene Wörter für die gleichen Sachverhalte benutzen.[53] Auch die Philosophen Martin Heidegger und Daniel Dennett scheinen Tieren kein Bewusstsein zuzusprechen, da sie ja keine Sprache haben.[32] Herr Dennett hat sicher keinen Hund.

Hirnforscher sind der Meinung, dass die Basis für das Bewusstsein in den subjektiven Gefühlen liegt. Der Sprachphilosoph Ludwig Wittgenstein spricht Hunden aber sogar Empfindungen ab, da sie keine Sprache haben. Dabei hat er ihre Sprache nur nicht verstanden. Er war überzeugt, dass die Welt nur über sprachliche Kategorien erfassbar sei. Meine Hunde reden jedenfalls den ganzen Tag mit mir: Bitte mach mir die Tür auf! Wann gibt es Futter? Wollen wir spielen? Wann gehen wir spazieren? Sie verstehen 50 bis 1.000 Vokabeln, wenn wir antworten.

Es ist nicht entscheidend, ob Tiere vernünftig denken, ob sie mit Worten sprechen, sondern ob sie kommunizieren können und leidensfähig sind. Ausgerechnet der Physiker Niemz glaubt, dass Tiere Geborgenheit und Zuneigung bewusst fühlen können. Das heißt für ihn, sie haben eine Seele. Alles, was fühlen und lernen kann, ist für ihn beseelt. Es wäre nicht nachvollziehbar, wenn die Lebewesen erst ab 1.000 Zellen eine Seele besäßen.[171]

Wenn die Gefühle aber mehrheitlich in den unbewussten Gehirnregionen aktiv sind, wirft das die Frage auf, wie wir dann den IQ von unseren Tieren beurteilen können. Aber die Beantwortung hat einen Pferdefuß: Welche Intelligenz meinen wir denn? Als typisch arroganter Mensch verstehen wir meist unter Intelligenz das, was wir selbst am besten zu können meinen: die kognitiv-analytische Intelligenz (Logik, Mathematik, Wort- und Zahlen-Fertigkeiten). So vergleichen wir uns ungerechtfertigterweise mit anderen Wesen. Dabei haben wir noch nicht einmal eine allseits verbindliche Definition von dem, was hier zu messen wäre. Der Mensch überbewertet seine rein akademischen Errungenschaften, die nur der kleinkarierten Selbstveredelung seiner eigenen Betrachtung dienen. Wir lassen die kreative Intelligenz, die manuell-handwerkliche bzw. praktische oder instrumentelle (Umgang mit Objekten), die ökologisch-adaptive (besondere, der Umwelt angepasste Lernfähigkeiten), die emotionale und soziale Intelligenz (wie klug man mit anderen umgeht, Emotionen anderer zu erkennen), die kollektive (gemeinsam Handeln) oder interpersonale (Stimmungen zu erkennen und darauf angemessen zu reagieren) unberücksichtigt, sowie die ökonomische (zum Beispiel mit Muskelkraft, Energie, Gedächtnis, Geld, Raum, Naturressourcen hauszuhalten). Und ich

fand noch mehr Formen der Intelligenz: zum Beispiel somatische Intelligenz (zu wissen, was für einen gut ist, wovon auch hier die Tiere sicher mehr haben als der moderne Zivilisationsmensch). Es ist ein Irrtum anzunehmen, Intelligenz hänge zwangsläufig nur mit Nachdenken zusammen. Im Gehirn findet sich kein einziger Bereich, der als Zentrum der Intelligenz zu bezeichnen wäre. Kognitive Prozesse stehen unter dem Einfluss unserer kulturellen Denktraditionen, die Tieren fremd sind. Intelligenz wird als grundlegende Lern- und Denkfähigkeit unabhängig von Wissen und Kultur definiert. Sie prägt sich aber in Abhängigkeit von Erbanlagen und äußeren Anforderungen.

Wegen seines atemberaubenden Riech-Wahrnehmungsspektrums spricht man beim Hund auch von olfaktorischer Intelligenz, die er vielfältig einzusetzen weiß.[106] Seine „interpersonale Intelligenz" ist besonders ausgeprägt, wenn er Wünsche oder Motivationen anderer Tiere sowie beim Menschen erkennt, versteht und sich entsprechend im Verhalten davon leiten lässt. Aber der Psychologe Gardner dachte bei dieser seiner Wortschöpfung sicher nicht an unsere bellenden Hausgenossen, sondern nur an menschliche Personen.[74] Kinder, die soziale Regeln nicht beachten, somit interpersonale Schwächen zeigen, werden als ‚seltsam' ausgegrenzt.[74] Das passiert auch bei Tieren.

Der Hütehund läuft energieökonomisch vorausschauend, wohin das Schaf ausbrechen will. Der Jagdhund schneidet dem Hasen den Weg ab. Der apportierfreudige Hund schwimmt auf kürzester Strecke zu einem Stock im Wasser, wohin dieser abgetrieben werden wird. Der Hund fängt den Frisbee im vollen Flug, ohne die Kurve vorher berechnen zu müssen. Das Cowboypferd schneidet dem Stier den Weg ab, um seine Kräfte so energiesparend und zielfördernd wie möglich einzusetzen. Das Springpferd hat die ökonomische Intelligenz, nicht höher als das Hindernis zu springen, aber der Mensch will es durch Barren und Blistern zur Energieverschwendung zwingen. Diese Quäler werden ja als Olympiasieger noch als Helden gefeiert. Für die Pferde macht das aber keinerlei Sinn. Menschen, die sich durch einen Marathon quälen, haben ihre ökonomische Intelligenz verloren. In der Natur herrscht überall das Prinzip der geringsten Anstrengung und des sorgsamen Umgangs mit Energien. Übrigens ein fatales Erbe, das in der Überflussgesellschaft allenthalben Fettsucht hervorruft.

Selbst Schleimpilze bewegen sich ohne Steuerungsorgan gezielt in ihrer Umgebung und sind in der Lage, den kürzesten Weg zum nächstliegenden Leckerbissen einzuschlagen.[29] Sie lösen Probleme, sind zu komplexem Handeln und zu Selbstorganisation fähig, geben Erlerntes weiter. Sie vernetzen sich so ökonomisch, dass Biotechnologen von ihnen abschauen, Verkehrsverbünde perfekt zu planen. Bakterien lernen, sich gegen Antibiotika, die ihnen schaden, zur Wehr zu setzen. Insofern ist Intelligenz erst einmal eine Frage der Definition. Die Intelligenz wurde nicht entdeckt, sondern als hypothetisches Konstrukt erfunden.[59] Es geht um Problemlösungen und sinnvolle Reaktionen, egal wie und mit welchem Körperteil. Es ist ein Unding, zu glauben, dass sie sich allein mit ein paar kognitiven Neuronen bewerkstelligen ließe.[19] Eine herausragende, speziesübergreifende soziale Intelligenz beweisen Hunde, die Menschen vor dem Ertrinken retten oder vor Feuer warnen. Oder die Gorillafrau Binti im Chicagoer Zoo (USA), die 1996 einen in ihr Affengehege gestürzten bewusstlosen Dreijährigen behutsam vor der Wärtertür ablegte.[47] Oder der Bonobo im Zoo von Chester, der einen verwundeten Vogel tröstend zu betrachten schien, dann seine Flügel entfaltete und wieder fliegen ließ.[67] Auch Pferde, die sich außergewöhnlich fürsorglich benehmen, wenn Behinderte oder Kinder auf ihrem Rücken sitzen und ihre Tollpatschigkeiten und versehentlichen Ungeschicklichkeiten gelassen hinnehmen. Der zeitgenössische Philosoph Mark Rowlands berichtet von besonderer Rücksichtnahme und Freundlichkeit seines zahmen Wolfes gegenüber Kindern, auch dem Baby des Autors gegenüber.[65] Und da lese ich wieder: „Nur Menschen richten ihre Fürsorge auch auf andere Spezies." Schon wieder falsch: Schon Ameisen kümmern sich um Läuse wie um ihre Haustiere, und Tierammen nehmen auch Fremde in ihre Pflege mit auf.

Physisch gesunde Hunde haben ganz eindeutig innere Bilder:

Meine Hündin liegt auf der Terrasse, hört ihren Futternapf, worin sich noch ein Rest befindet, nicht einsehbar scheppern. Sollte sich wohl der andere Hund an ihrem Napf vergreifen? Sie springt auf, schaut um die Ecke, bleibt aber vorher stehen und geht ruhigen Schrittes zu ihrem Liegeplatz zurück. Nein, es waren nur die Spatzen, die sich der letzten Reiskörner bedient hatten. Das ist für mich ein eindeutiger Beweis innerer Bilder bei Tieren. Sie visualisieren also.

Umso mehr hat es mich erstaunt, dass mein ADHS-Sohn, der mir im zweiten Schuljahr eine kleine Geschichte vorlas, offenbar diese inneren Bilder nicht hatte. Als ich ihn aufforderte, mir mit eigenen Worten danach die Handlung zu schildern, meinte er: „Ich hab' nicht zugehört."

Fünf Prozent der Menschen können keine imaginären Vorstellungen vor ihr geistiges Auge rufen.[59] Das ist ein ganz wesentlicher Mangel für Lernen, Planung, Fantasie, Kreativität und Zielgerichtetheit. Imagination ist das wichtigste Mittel geistiger Aktivität, der Anfang von Erkenntnis.[120] Schimpansen haben sehr wohl die Fähigkeit, sich gerade nicht vorhandene Dinge vorzustellen. Bei Hunden hat man durch Versuche festgestellt, dass sie, wenn sie eine Spur verfolgen, bereits eine mentale Repräsentation des Gesuchten in ihrer Vorstellung haben.[142] Sie können sich also zukünftige Ereignisse innerlich vorwegnehmen. Deshalb lassen sie auch Futter liegen, wenn sie noch besseres erwarten.

Das Messen des IQ scheitert schon bei naturnahen Volksstämmen, obwohl es welche gibt, die Jahrtausende bis heute überlebt haben und somit nicht dumm sein können. Zum Beispiel die brasilianischen Awá- und Pirahã-Indianer als zwei der letzten Sammler-Jäger-Völker,[98] auch die Hadzda in Tansania. Mit dem Funktionieren oder Nicht-Funktionieren von Kommunikation steht oder fällt jedes lebensfähige System[19], ob es nun mit einfachen Lauten, ganzen Worten, Gesängen, Trommeln oder Körpersignalen vonstattengeht. Der Beweis ausreichender Intelligenz zur Überlebensfähigkeit steht für unsere moderne Gesellschaft nämlich noch aus. Wir graben uns selbst das Wasser ab und sägen die Äste auf denen wir sitzen. „Wenn von der Vernunft bestimmtes Verhalten zum Menschen gehört, ist die gegebene gesellschaftliche Praxis (...) unmenschlich." Stammt von dem Philosophen Max Horkheimer.

Ich persönlich glaube nicht daran, dass der Mensch das einzige Lebewesen ist, das über Selbstgewahrsein verfügt. In ihm sind Kreativität, Fantasie und Bewusstheit nur höher entwickelt.[2] Es sind dann nur quantitative, kein qualitativen Unterschiede zum Tier. Das Bedürfnis, etwas Besonderes zu sein, ist nur allzu menschlich. Tiere sind mehr als Wesen mit Pelz, die dummerweise über keinen Handyanschluss mit Übersetzungscomputer verfügen. Sie haben Absichten, Vorausschau und Selbst-Bewusstsein. Ihr und unser Wirklichkeitsmodell ist nur eine einseitige niedrigdimensionale Projektion einer unvorstellbar reicheren und gehaltvolleren umgebenden Wirklichkeit, abhängig davon, was uns oder ihnen die funktionelle Körper- und Sinnesarchitektur zu begreifen erlaubt als Ergebnis von Informationsverarbeitungsvorgängen.

Werkzeuggebrauch wurde als rein menschlich betrachtet, bis Jane Goodall vor 50 Jahren Schimpansen sah, die Steine als Nussknacker verwendeten, Stöcke bearbeiteten, um Termiten zu angeln, die Wassertiefe zu messen oder ein Nest oder Dach zu flechten.[29] Sie formen Blätter als Schallverstärker für ihre Stimme, als Waschlappen, als Trinkgefäß oder als Wundauflage. Sie lutschen selbst gemachte Pinsel für Honig aus. Sie buddeln, stochern oder hauen mit Zweigen. Sie spucken Wasser in ein Rohr, um an eine Nuss zu kommen, worauf sogar ein Mensch nicht unbedingt gleich kommen würde.[83] Sie setzen

35 verschiedene Werkzeuge für Jagd, Nahrungsaufnahme oder Körperpflege ein. Danach sagte man: „Ja, aber ... nur Menschen fertigen für zukünftigen Gebrauch."[83] Nein, auch das stellte sich als überholt heraus: Menschenaffen legen Munitionslager an Wurfgeschossen von Ästen oder Steinen an, die sie ganz gezielt werfen, erst wenn sie sie brauchen.[83] Sie messen genau die Länge eines Holzspeeres, um ein Buschbaby in seiner Höhle zum Verzehr zu töten.[123] Es steht inzwischen außer Zweifel, dass sie zielgerichtet Gemeinschaftspläne schmieden, wobei der genaue Kommunikationsmodus noch unerforscht ist. Warum muss der Mensch nur alles kleinreden? Zur eigenen Selbsterhöhung schaut der Weiße ja auch gern auf die farbigen Exemplare seiner eigenen Spezies herab, er wird schon etwas finden. Dabei haben auch sogenannte menschliche Primitivkulturen jede Menge Fähigkeiten, die uns abgehen, vor allem was Sinnesfähigkeiten und Naturkenntnisse angeht. Wir sollten die Überzeugung ablegen, dass naturbezogene Lebensweisen, ob bei Mensch oder Tier, zwangsläufig auch mit einer minderbemittelten Geistesverfassung einhergehen. Durch einfache theoretische Degradierung erheben sich Menschen automatisch selbst und stufen damit nicht nur Tiere, sondern auch andere Menschenethnien (Negersklaven, Juden, Tutsi etc.) so weit herab, dass sie ohne Gewissensbisse wie Tiere behandelt werden können. Es wird bei uns auf Kleinbauern und Indigene, die naturnah wirtschaften, als primitiv und rückständig herabgesehen. Gleichzeitig wird Biopiraterie ihres jahrhundertealten Wissens betrieben. Sie verfügen über lebensnotwendige Methoden des Bewahrens und Erneuerns. Unser gedeckter Tisch würde ohne Kartoffeln, Kaffee, Erdnüsse, Zitrusfrüchte, Zucker, Mais, Bohnen und Kürbis, allesamt von den Indios kultiviert, um einiges ärmlicher ausfallen. Die Llaneros in Kolumbien und Venezuela beherrschen das Schlachten von Tieren, sie weben, gerben, fertigen Seifen, Kerzen, Sättel, Lassos, sind Künstler und Handwerker, leben nachhaltig. Wir brauchen dafür Outdoorseminare.

Beherrschen kommt von Herr, dem männlichen Teil der Gesellschaft als Prinzip von Macht und Kontrolle über Familie, Gesellschaft, Politik, Religion, Wirtschaft, Konzerne, Wissenschaft und Technik. Der Wirtschaftswissenschaftler Alberto Acosta schreibt, dass der Schritt vom anthropozentrischen Denken zum biozentrischen Denken, welches die gesamte Natur mitsamt ihren verschiedenen Menschen und Tieren darin wiedervereinend in ihren Rechten umfasst, eine der größten Herausforderungen für die Menschheit darstellten wird.[134] Wieso soll unsere auf ausbeuterische Produktion ausgerichtete Industriegesellschaft allen anderen überlegen sein? Nicht-westliche, agrarbetonte Nationen, angeblich „ohne Geschichte", erfahren durch uns eine permanente hierarchische Abwertung, weil nicht mehr Boden und Fruchtbarkeit als Quelle allen Lebens angesehen werden, sondern Technik und zivilisatorische Artefakte das Denken beherrschen. Wir haben uns zum Sklaven der Dinge gemacht, die wir selbst geschaffen haben.[149] Man/n meint, die Materie zu be-*herr*-schen, dabei ist sie die geschaffene Idee der *Mater*, der Urmutter oder Pachamama.

Wir finden eine hohe nicht-sprachliche Kommunikationsfähigkeit bei Tieren, die noch lange nicht vollständig erforscht ist. Es ist falsch, Sprache immer nur allein verbal zu definieren, denn sie ist selbst beim Menschen mit einer Menge unbewusster Körpersignale verbunden. Diese Sprache ohne Worte ist sogar viel ehrlicher. 50 bis 80 Prozent unserer Kommunikation kann bei uns über visuelle und nonverbale Kanäle laufen. 43 Muskeln bewegen allein unser Gesicht. Körpersprache ist bei Equus ferus und Canis lupus besonders subtil entwickelt, da sie als wilde Beute- bzw. Raubtiere so wenig wie möglich durch Lautäußerungen auffallen möchten und sich trotzdem untereinander, das heißt zu fast 90 Prozent über Körpersprache, perfekt verständigen. Durch bewegliche Ohren, Schwänze und Nackenfell, haben sie ein großes Signalspektrum, wo wir keines haben. Zusätzlich haben Haltung von Kopf und Körper, sowie Bewegungen der Augen ihre speziellen Aussagen. Bei Wölfen hat man mindestens 13 Rutenhaltungen unterschieden, sowie 60 Gesichtsausdrücke.[124] Sie senden damit mehr mimische Signale aus als Hunde, was ja auch kein Wunder ist, wenn nur noch Reste von Fell, Ruten oder Ohren vorhanden sind. Hunde kennen dafür die menschliche Mimik besser. Die Lautgebung soll bei unseren gezähmten Wedlern durch das Zusammenleben mit dem Menschen nuancierter sein. Ich glaube nach dem eben Gesagten über die kanadischen Wölfe daran jedoch nicht. Wir kennen einfach Hunde besser als Wölfe, auch die Wissenschaftler.

Die Körpersignale sind aber untereinander immer noch so eindeutig, dass ganz kleine Hunde auch mit Riesenhunden spielen können, ihre unterschiedlichen Größen außer Acht lassend. Ihre Identität beruht nicht auf Körpermaß, sondern auf Körpersprache und -geruch. Auch bei Pferden reichen kleinste Bewegungen als Mitteilungsform ohne Worte aus. Ist das nicht erhabener als das viele inhaltsleere Gequatsche von Menschen? Der Kommunikationsmodus ist doch völlig unerheblich, solange er funktioniert. Die Grundlage aller Sprachen ist die Körpersprache. Beim Menschen sollen nur sieben Prozent des Gesprochenen von Bedeutung sein, der Rest soll über intuitive Erfassung der Körpersprache vermittelt werden. Alle Technik ist von Körpern abgeschaut. Sie waren zuerst da. Lautäußerungen waren sekundär. Verstehen wir denn nicht auch unsere vierbeinigen Kumpels, ohne dass sie sprechen wie ein Mensch? Die meisten Menschen ja, aber ich traf erstaunlicherweise auch solche, die nicht mal wussten, dass ihr Hund sich freut, wenn er Schwanz wedelnd seinen Herrn begrüßt. Unsere Reithilfen sind auch nichts anderes als nonverbale Kommunikation. Viele Ausdrucksbewegungen sind zumindest teilweise für fremde Kulturen und sogar die meisten Säugetiere universal verständlich. Sie sind als Bildsprache direkter, schneller, emotionaler, eindeutiger, mehrdimensionaler und umfassender. Verbale Sprachen hingegen nicht, sie müssen immer wieder neu gelernt werden. Der Mensch hat aber angefangen, die Interpretation der Körpersprache schon bei seiner eigenen Spezies zu verlernen. Dafür gibt es jetzt Kurse in NLP.

Neuerdings müssen immer mehr Menschen, nämlich Autisten, deren Zahl sich in den letzten zwölf Jahren verdreifacht hat, die Interpretation von Gesichtsausdrücken wie eine Fremdsprache lernen.[28] Sie können deshalb nur schwer soziale Bindungen eingehen. Die Kommunikation von Mensch zu Mensch als Grundlage der Empathie funktioniert nicht mehr richtig. Da Hunde ausgezeichnete Beobachter sind, setzt man sie als Helfer für Autisten zur Interpretation menschlicher Körpersprache ein. Sie können Mimik besser lesen als mancher Ehemann. Wer lernt hier wieder von wem?

Schon Kanzler Otto von Bismarck wusste: „Ich habe große Achtung vor der Menschenkenntnis meines Hundes. Er ist schneller und gründlicher als ich." Auch Pferde können die menschlichen Gefühle und Absichten schneller und besser lesen als die meisten Menschen. Hunde und Pferde sind Psychologen von Natur aus, und nicht nur das: Sie sind Diagnostiker, Arbeitskumpel, Therapeuten, Freunde, Sozialhelfer und Familienmitglieder.

Hunde verstehen sogar Zurufe, die sie nie zuvor geübt oder gehört haben:

Ich komme mit meiner Rotti-Hündin Zambra von einem Spaziergang nach Hause zurück. Sie ist durstig, geht zum gefüllten Wassernapf und steckt ihre Nase hinein. Ich sage: „Warte, ich gebe dir frisches Wasser!" Sie trinkt nicht, nimmt die Schnauze wieder heraus und wartet auf kühleres Nass.

Der Primatologe Volker Sommer berichtet von Zwergschimpansen, die selbst nie gehörte absurde Befehle verstehen.[47] Im Zoo lese ich über die intelligenten Robben, die ebenfalls komplizierte Satzkombinationen ausführen: „Finde den größeren der beiden schwarzen Bälle und bringe ihn zum kleineren!" Das ist eine vorsprachliche Leistung, bei der selbst ein erwachsener Mensch einen Augenblick überlegen muss. Es beweist das Deuten von standardisierten Bedeutungen. Und da lese ich wieder: „Schon kleine Kinder sind in der Lage, unbewusst sprachliche Muster und Regeln wie Wortzusammenhänge (...) zu erkennen."[155] Wieso „schon" kleine Kinder? Sprachforscher haben auch keine Hunde.

Eine gute Übung für Zweifüßer ist es, in ein anderes Land zu reisen, dessen Sprache man nicht kennt und wo man gezwungen ist, seine Sinne wieder mehr auf Mimik, Gestik und Tonlage des Gegenübers zu konzentrieren. Aber das Unsagbare verstehen wir dort auch: In der darstellenden Kunst oder in der Musik.

So pauschal lese ich dann allerdings wieder in Literatur 3, Lustlaute seien Tieren fremd. Die haben noch nie meinen Schildkrötenmann gehört, der kopulierend laut schreiend Töne wie ein Kalb von sich gibt! Und auch Primaten mit und ohne Fell geben Paarungslaute von sich.

Es heißt nicht umsonst: Ein Bild sagt mehr als tausend Worte. Wie wahr! Nordamerikanische Indianer verständigten sich mit Zeichensprache, mit der sie sich perfekt unterhalten konnten. Etwa 400 Finger-, Hand- und Armstellungen drücken aus, wozu man bis zu 1.200 Worte gebraucht hätte.[135] Denken wir auch daran, wie schwer es fällt, Innenereignisse, Traumsequenzen oder Nahtoderfahrungen zu beschreiben. Sie sind nämlich multidimensional, multisensorisch mit Gefühlen verbunden und kommen aus einer nicht-kognitiven, anderen Bewusstseinsebene. Sie sind daher im wahrsten Sinne unbeschreiblich, weil Sprache nur zeitlich eindimensional vermitteln kann. Jede Verbalisierung ist eine Banalisierung. Was die Augen mit einem Blick erfassen, braucht eine halbe Stunde der sprachlichen Beschreibung und hat immer noch nicht alles gesagt. Kein Wunder, denn Bildverarbeitung im Gehirn ist 5.000-mal älter als Sprachverarbeitung. Musikeindrücke und die damit verbundenen Gefühle sind ebenfalls ein schwer zu beschreibendes Informationskonglomerat, das nur als Ganzes, verbunden mit den entsprechenden auditiven Sinneseindrücken, im Gedächtnis haften bleibt. Beethovens Musik ist nicht allein mit Physik zu erfassen und einfach unbeschreiblich. Gehirne speichern Informationen als persönliche Bedeutung, nicht als Wissensarchiv.[2] Deshalb fällt es uns so schwer, etwas zu lernen, was uns nicht interessiert. Auch Tiere wollen wissen, warum sie etwas tun sollen, und wenn es nur für einen Leckerbissen ist. Denn wir sollten uns darüber im Klaren sein, dass wir ihnen den Zugang zu fast allen Ressourcen nach unserem Ermessen verbieten bzw. sie ihnen zuteilen. Das macht für sie keinerlei Sinn. Der Mülleimer riecht nämlich so lecker und das saftigste Gras wächst außerhalb des Zauns. Und warum soll ein Pferd im Kreis laufen, wenn es dabei nie von A nach B kommt? Auch Kinder befolgen Verbote erst mal nicht auf Grund von Einsicht. Aber Tiere mit sozialer Intelligenz, also auch unsere Schweif und Ruten wedelnden Haustiere, arbeiten auch ganz klar nur für Lob, also soziale positive Zuwendung. Es reicht, sie zu überzeugen, dass es einen Gewinn einbringt, unseren Wünschen nachzukommen. Aber allein für Lob hält sich selbst der Einsatz von Menschen in Grenzen. Ich selber erziehe meine Pferde und Hunde niemals mit Leckerlies. Ich belohne mit Streicheln, Kraulen, Trainingspause, positiver Zuwendung, freundlich verstärkendem Stimmlob, Nachlassen der Forderung, Nachgeben an Zügel oder Leine, Freilauf oder Spiel, gemeinsamem Ruhen. Leckerchen können den Charakter gierig, unaufmerksam oder fordernd negativ verändern und die Ausgewogenheit jedes Grundfutters zu Nichte machen. Ich räume allerdings ein, dass bei schwierigen Übungen, zum Beispiel bei Blinden- oder Assistenzhunden, die Ausbildung dadurch erleichtert werden kann. Über 30 Prozent der Kalorien werden durch Snacks, Kaustreifen, Hundekuchen etc. nebenbei zugeführt. Dasselbe gilt für Kinder, die ständig nach dem nächsten Lolli gieren. Dicke Menschen, die dauernd naschen, haben meist auch vollschlanke Vierbeiner, auf alle felle fühlen sich beide hundum glücklich. Hund soll ja nicht leben wie ein Hund! Haben Sie schon mal einen echten Vaquero gesehen mit Zuckerstückchen oder Pferdecrackern mit Mint- oder Lakritzgeschmack in der Tasche? Oder einen Schäfer mit einem Clicker? So werden Vierbeiner auf Gegenstände fixiert anstatt auf den Menschen.

Wie definiert sich Sprache? Viele verstehen darunter nur verschiedene Lautäußerungen, aber da haben wir beim Hund auch schon eine ganze Menge, nämlich Dutzende verschiedener Stimmlaute: Bellen, Knurren, Jaulen, Japsen, Seufzen, Fiepen, Winseln, Wuffen, Baffen, Kläffen, Verbellen, Anschlagen, Heulen, Quieken, Grunzen, Stöhnen, Knöttern, Quietschen, Spurlaut geben, Hetzlaut geben, und alle unterteilen sich für den verständigen Sozialpartner wiederum in zig Untertöne. Nach Réné Spitz sind aber auch Handlungen eine Art Worte.[15] Jedes Tun beinhaltet mehr als nur eine Botschaft.

Meine 3-monatige Ridgeback-Hündin hat sich einen Ast geholt und kaut darauf herum. Mit erhobener Rute und dem Zweig im Maul schaut sie herüber zu der anderen Hündin. Was hat sie damit gesagt? Ist doch klar: „Spielst du mit mir? Willst Du ihn mir abjagen?“

Ich schaue im Wörterbuch. Dort definiert sich Sprache als „systematisches Mittel zur Mitteilung von Gedanken und Gefühlen durch konventionalisierte Zeichen, Laute oder Gesten, die eine einvernehmliche Bedeutung haben“.[98]

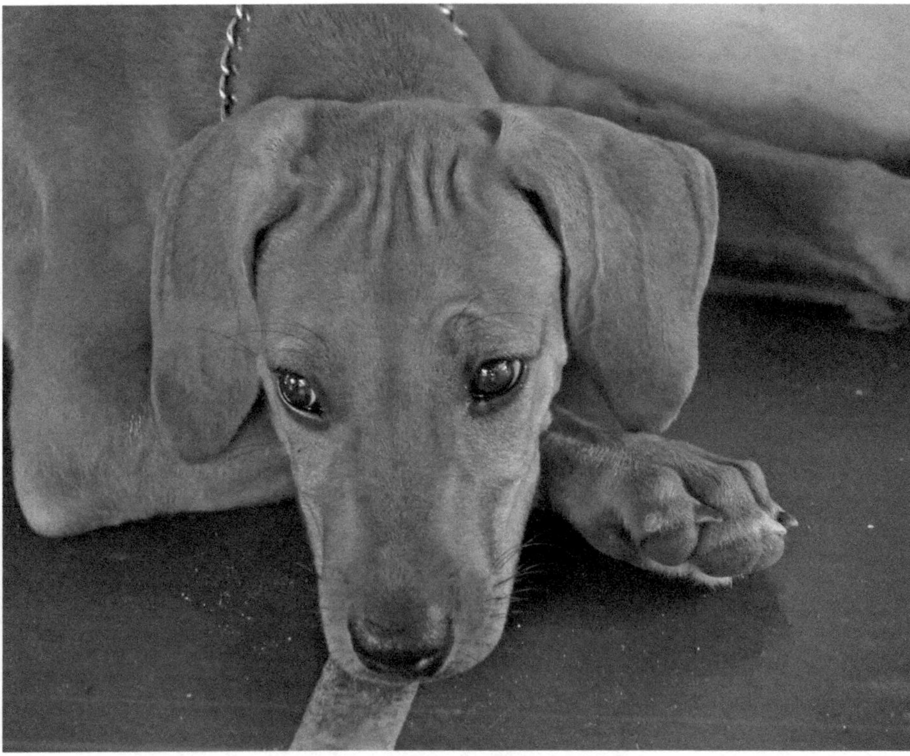

Drei Monate alte Ridgeback-Hündin

Das ist es, was ich sagen möchte: In diese Definition sind Tiere eindeutig eingeschlossen. Es kommt nicht auf die Form der Übermittlung an, sondern nur, ob der Sender vom Empfänger dechiffriert wird, um zu Kommunikation und im besten Fall zu Verständigung zu kommen.

Jede Körperregung ist ein Signal, jedes Signal eine Informationsübermittlung. Warum fixiert sich der Mensch so auf verbale Sprache? Sprache ist nur ein *Ersatz* für Bilder. Auch der dickste Memoirenwälzer kann unsere innere Bilderwelt und unsere biografischen Erinnerungen nur äußerst grob und niemals in allen Details vermitteln. Sie ist im wahrsten Sinne unbeschreiblich. Soll heißen, die Schrift gibt sie am wenigsten wieder, viel eindrucksvoller aber der gestikulierende, erzählende, im Tonfall modulierende Mensch.

Informationsübermittler gibt es noch jede Menge andere: Hormone zum Beispiel, also Moleküle, Körpergerüche, Biophotonen als Abstrahlung von lebendigen Zellen auf subatomarer Ebene als Zeichen von Lebendigkeit. Wir haben also immer eine Viel-Wege-Kommunikation. Signale müssen auf den Empfänger abgestimmt sein, sonst werden sie nicht wahrgenommen oder fehlinterpretiert. Fehlinformationen gibt es beispielsweise durch chemische Verbindungen in Fertignahrung, die es in der Natur nirgends gibt. Sie bewirken entsprechende Fehlfunktionen, die sich im Stoffwechsel und Verhalten niederschlagen können.

Auch Musik ist eine Sprache, eine weltweit verstandene, länderübergreifende zudem, die auch Tiere miteinbezieht. Der Gesang der Vögel ist viel älter als die menschliche Sprache. Mongolen wissen, dass man mit Klängen Pferde, Hunde und Kamele besänftigen kann. Man sehe sich den Film „Das weinende Kamel" an. Pferde bewegen sich automatisch synchron zur Musik und miteinander. Probieren Sie es aus, reiten Sie mit Musik! Sie werden feststellen, dass es Ihnen und Ihrem Pferd eine ganz neue Dynamik verleiht.

Don Campbell, ein Musiktherapeut, schreibt: „Offensichtlich gab es Tanz und Gesang schon vor der Sprache, so dass die Musik als Ursprache des Menschen angesehen werden kann. Menschen verständigten sich ursprünglich über Lautäußerungen oder Gesänge." Nach seiner Meinung verbindet Musik normales mit höherem Bewusstsein.[20] Yehudi Menuhin versteht den Gesang als die eigentliche, artgerechte Muttersprache des Menschen.[60] Vögel tanzten, balzten und trällerten, schon lange bevor der Mensch es glaubte erfunden zu haben. Wer hätte hier dann definitionsgemäß das höhere Bewusstsein? Wer lernte von wem? Vögel musizieren, trillern und tirilieren ja bereits seit Jahrmillionen. Beide, Vogel und Mensch, singen ihre Balz- und Schlagerlieder von Fortpflanzung. Es gibt Vögel, die haben 200 verschiedene Strophen, die sie beliebig kombinieren und sogar an Kontrahenten anpassen können. Mit dieser Eigenschaft ähneln sie uns Menschen, die wir ja auch spontan auf Gespräche reagieren.[169] David Rothenberg, amerikanischer Musiker und Philosoph, schreibt: „Es ist eine engstirnige Auffassung von Musik, nur den Menschen einzubeziehen."[90] Die Entwicklung ging von Gesten und Gebärden[108] zu Lauten, dann zu Sprechgesängen und Musik. Der Musikpsychologe Stefan Kölsch behauptet, dass der Mensch es ohne Musik nicht durch die Evolution geschafft hätte.[158] Dann erst ergab sich die Sprache, die sich beim Menschen durch Worte nur besonders differenziert hat, womit unsere Vor-Vorfahren vor etwa 1,8 Millionen bis 500.000 Jahren begannen.[40] Sprach- und Musikverarbeitung sind im Gehirn eng miteinander verwoben. Sprache ist eine Art Musik und Musik eine melodiöse Sprache.[158]

Was Pferde übriglassen

Die Körpersprache teilt durch aktiven Ausdruck Gefühle mit. Sie ist sozusagen die Sprache erster Ordnung als Ursprung der Kommunikation. Die Bewusstwerdung durch Sprechen wäre dann die Sprache zweiter Ordnung mit den Anfängen der Lautäußerungen auch bei Tieren. Besonders gut gefällt mir die Definition von Sprechen von dem anthropologischen Feldforscher Daniel Everett, der in Sprache einen Ordnung stiftenden Faktor der Gedanken sieht, ein mentales Sortieren, das sich in der Schriftsprache zu einer noch höheren Ordnung aufschwingt, wodurch der Mensch evolutionäre Vervollkommnung seines Sprechens durch die Überwindung von Zeit und Raum erlangt hat.[98] Schreiben wäre dann die Sprache dritter Ordnung. Die Entwicklung ging vom lautmalenden Vokal zur Silbe, von der Silbe zum Wort, vom Wort zum Satz, vom Satz zur Kurzgeschichte und jetzt schreiben wir ganze Wälzer von Romanen, wobei die keineswegs mehr Informationsgehalt haben müssen. Das

Beschreiben ersetzt nicht das eigene Erleben. Sprache ist immer reduktionistisch. Wir reden seit Hunderttausenden, schreiben aber erst seit etwa 5.000 Jahren.[120] Das heißt aber nicht, dass ein Hund, obwohl er beides nicht tut, nicht auch sehr wohl ordnen kann, ha, ha, Gemüse vom Fleisch sortieren zum Beispiel. Der Mensch hat mit seinem komplexen, besonderen Sprechen also nur einen quantitativen Vorsprung höherer Ordnung gegenüber den Tieren, keinen grundsätzlich qualitativen. Es ist egal, ob ein Warnruf oder ein Warnschild uns vor Schaden schützt. Die Rolle des Trägers der Bedeutung ist hierbei nebensächlich.[160]

Die linguistische Forschung entdeckt immer mehr, dass das Lautrepertoire von Tieren weit unterschätzt worden ist. Tiere brauchen eine schnelle und leicht verständliche Kommunikation. Just bei den schrecklichsten Anblicken verschlägt es uns selber nämlich die Sprache. Unser angeblich höheres Kommunikationslevel ist keine Gewähr für Wahrhaftigkeit. Sprache wird nämlich auch für Klatsch, Lügen, Manipulationen, Gehirnwäsche, professionelle, unlautere Werbung, diplomatische Verschleierungen, sterilen Fachjargon, nichtssagende Laberei, Täuschungen, Gerüchte, Heuchelei, falsche Propaganda, eitles Gerede, üble Nachrede, Unverständliches und Verwirrtes, Aberglauben und Verbreitung hirnrissiger Ideologien verwendet. Herr Everett hat einen Hund.

Schimpansen verwenden wie Menschen nur drei Dutzend Lautäußerungen.[2] Der Unterschied ist, dass wir Bandwurmsätze formen und Romane lesen können und eine Unzahl, nämlich 6.800 nicht untereinander verständliche Sprachen entwickelt haben.[56, 98] Nicht mal alle Völker beziehen sprachlich Vergangenheit und Zukunft oder Zahlen mit ein, und Tausende davon sind schriftlos geblieben.

Aber es gibt computertrainierte Schimpansen, die mit Sprachcodes Handlungen ankündigen, über Vergangenes berichten,[106] einfache Unterhaltung führen, sinnvolle neue Begriffe prägen und über etwas kommunizieren können. Sie erzählen über ihren Schlafplatz, Wasserstellen, Raubtiere oder Nahrungsquellen.[108] Der Innbegriff von Verständigung ist, wenn man sich sprachlos versteht. Das nennt man dann Liebe.

Mein Lebenspartner spricht seit fast 30 Jahren mit unseren Hunden und Pferden in einer anderen Sprache als ich. Trotzdem funktionierte es von Anfang an. Wer passt sich hier wem an, und zwar ganz ohne Vokabelpauken?

Können Tiere Laute zu bedeutungsvollen Aussagen verbinden? Oh ja! Wölfe benutzen Dialekte, um sich beim Heulen von anderen Populationen regional abzugrenzen. Pferde verschiedener Rassen können Verständigungsschwierigkeiten untereinander haben durch verschiedene Nuancen ihrer Körpersprache, wie regionale Sprachen.

Wir hatten eine englische Vollblutstute, Pandrea. Damit sie sich als Herdentier nicht so allein fühlen sollte, kauften wir noch einen Haflinger dazu, den wir für unsere Kinder passend fanden. Beide Pferde fanden keinerlei Gefallen aneinander. Trotz Ermangelung eines anderen Artgenossen ignorierten sie sich vollständig, folgten sich nicht auf der Weide oder im Gelände, „sprachen" auch nicht miteinander.

Bei Affen und anderen Tieren findet man Vorstufen von Satzbildung und Grammatik, indem sie durch neue Lautfolgen modulieren und so zu neuen Wortschöpfungen fähig sind, die sich sogar in regionalen Dialekten verfestigen. Im Labor arbeitet man mit Bildsymbolen mit ihnen. Primaten haben auch die Gebärdensprache gelernt, der sich taubstumme Menschen bedienen. Aber ein komplizierter Satzbau ist schließlich völlig unwichtig für die Verständigung, nur die Zentralaussage ist entscheidend. Jane Godall berichtet: „Ich habe viel über nonverbale Kommunikation gelernt. Ohne Worte ist fast alles gleich: Küssen, Umarmen, Lachen, Prahlen, beim Ertappen Zusammenzucken, Spielen, Kitzeln."[130]

Haben wir denn durch unser differenziertes Sprachvermögen mehr Erkenntnisgewinn, nur weil wir unser Gefühl mit einer kulturell und muttersprachlich festgelegten Abfolge von Konsonanten und Vokalen belegen können? Sichert uns das einen privilegierten Zugang zur Wirklichkeit?[2] Der Sachbuchautor Chip Walter[56] bemängelt, dass Tiere keine Märchen und Mythen kennen, was selbst „primitivste" Völker hätten. Märchen und Mythen bieten allerdings, so wie höhere Mathematik und entbehrliche Gelehrsamkeit, keinerlei evolutionären Überlebensvorteil. Es gibt kein Volk ohne Religion, Tiere haben keine Religion. Aber wissen wir das? Gut, dass sie es sein gelassen haben, denn Religionen sind für viel Blutvergießen in der menschlichen Geschichte verantwortlich. Hätte sich dafür unsere Menschheitsentwicklung überhaupt gelohnt? Aber die eigentliche Frage müsste doch heißen, ob unsere verfeinerte Kommunikationsweise mehr Verständnisirrtümer aus der Welt schafft, ob sie zu einer allzeit einsatzbereiten Konfliktlösungsfähigkeit führt. Diesen Anspruch erfüllt sie leider nicht. Wie oft reden Paare oder Politiker „aneinander vorbei". Die Sprache taugt einfach nicht immer als Verständigungsmittel, auch weil sie mehrdeutig sein kann und reines Wortverständnis ohne den dazugehörigen kulturellen Hintergrund nicht ausreicht. Macht uns unsere ausgeklügelte, wortreiche Sprache glücklicher oder wenigstens zufriedener als Tiere? Was nützt uns unser hypertrophierter Denkapparat, wenn wir ihn nicht für Frieden und wahre Verständigung nutzen? Die kommt nämlich von Verstand. Wir bilden uns etwas ein auf die menschlichen Errungenschaften von Kultur und Zivilisation, aber haben diese in Jahrtausenden Kriege, Hass, Folter und Blutvergießen verhindert? Nein! Sind wir wenigstens ein bisschen moralischer auf Grund von begrifflichen Erkenntnissen? Nein, wir sind Meister von Verdrängung, gedanklicher Ausblendung, Denkfallen und Selbsttäuschung. Aldous Huxley meint, dass Kommunikation und Verhalten von Tieren eine Naivität und Einfachheit haben, die dem Menschen verloren gegangen sind. Der Mensch hat trotz (oder wegen?) seines Bewusstseins mehr Probleme als das Tier. Ein einseitiger mathematisch-logischer Problembewältigungsmodus stellt da eher eine Gefahr für moralische Grundwerte dar. Und der tibetische Dalai Lama glaubt sogar, dass viele moderne Probleme, wie Einsamkeit, Gier, geistige Unrast und sogenannter materieller Fortschritt, direkte Folge der menschlichen Intelligenz sind. Wir haben Ruhe, Zeit, Natur und Gesundheit dem Konsum und der Technik geopfert. Schon der Philosoph Paracelsus wusste Anfang des 16. Jahrhunderts: „Ohne Tugend sind alle noch so fleißig zusammengetragenen Erkenntnisse und Anhäufungen von Wissen auf Sand gebaut." Sind wir nur auf dieser Welt, um moralfreie Wirtschaft zu treiben, wo nur die Macht des Stärkeren gilt? Die eigentliche Frage müsste doch heißen: Ist diese unsere Erde ein freundlicher Ort? (Frei nach Albert Einstein.) Und nicht: Spieglein, Spieglein an der Wand, wer ist der Klügste im ganzen Land?

Haben wir durch unsere Sprache denn nicht zu mehr Gerechtigkeit innerhalb unserer eigenen Spezies gefunden? Nein, moralisches Verhalten und das Gefühl der Gerechtigkeit sind völlig unabhängig von Schulbildung und Intelligenz. Ein Grundwissen gibt es wohl schon ohne Kultur. Denn bei Pferden, Schimpansen, Wölfen und Kleinkindern hat man ganz eindeutig einen Sinn für Gerechtigkeit nachgewiesen. Und auch Hunde haben ein Gefühl für Fair Play: Wenn der eine Hund fürs Pfotegeben belohnt wird, ein anderer aber nicht, dann wird sich Zweiterer nach einigen Durchgängen verweigern.[27] Beleidigt? Ja, Sinn für Fairness. Schlittenhunde beißen die Drückeberger, wenn sie nicht anständig mitziehen, die trächtige oder blinde Hündin aber wird davon ausgenommen.

Gerechtigkeitsempfinden bildet die Grundlage für alle ethischen Systeme der Welt. Der Mensch hat die Moral nicht erfunden. Auch Eifersucht hatte man bisher nur Menschen und unseren behaarten Urwald-Vettern unterstellt. Doch auch bei unseren felligen Mitbewohnern wurde in Versuchen durch Zurücksetzung Eifersuchtsverhalten ausgelöst.[29] Halter mehrerer Hunde brauchen für diese Erkenntnis allerdings keine Versuche. Von wegen doofer Hund!

Unseren verbraucherfreundlich gezüchteten Wildtierderivaten wurden inzwischen wissenschaftlich, sozusagen von höherer Stelle, Gefühle an Wut, Angst, Überraschung, Stolz und Scham zugestanden. An Scham glaube ich allerdings nicht, siehe Kapitel 4.

Kommen wir all diesen Fragen näher, wenn wir in wissenschaftlicher Manier mal wieder messbare Vergleiche anstellen? Ein Wolf, vergleichbar der Größe eines Schäferhundes, hat ein Hirngewicht von circa 120 Gramm. Das Hirngewicht eines durchschnittlichen Pferdes beträgt circa 700 Gramm. Ist also ein Pferd knapp sechsmal so schlau wie ein Hund? Ich glaube, das können wir verneinen. Ich persönlich halte beide abhängig von ihren anatomischen Möglichkeiten für gleich intelligent. Sie sind auf ihre eigene Art einfach wunderbar und bereichern unser Leben gerade durch ihre Verschiedenheit und Andersartigkeit.

Als Beispiel: Beide Arten haben ein dem Menschen überlegenes Heimfindungsvermögen und Ortsgedächtnis. Sie können ein außergewöhnliches Talent entwickeln, Futter oder Freiheit zu erlangen bzw. individuelle und situationsgegebene Problemlösungen zu finden. Beide nutzen die ausgefallensten Wege, um Fressbares zu erreichen, können die mangelnde Aufmerksamkeit des Menschen per Heimlichkeit gezielt für eigene Zwecke nutzen. Sie haben ein sehr genaues Gespür, in welchem Augenblick sie sich dem menschlichen Einfluss entziehen können, wenn gerade ihre eigenen Interessen im Vordergrund stehen. Und da lese ich: „Ein Hund ist nicht imstande, gezielt Prioritäten zu setzen."[56] Wissenschaftsautoren haben zuweilen auch keine Hunde.

Vierbeiner wissen nämlich sehr genau, wann wir nicht sehen können, was sie tun. Deshalb sind auch Befehle aus Lautsprechern wirkungslos. Das ist nicht so weit vom Menschen entfernt. Kinder und Schimpansen, sowie Wölfe, Hunde und Pferde haben ein außerordentliches Vermögen, die momentane Aufmerksamkeit ihres Übergeordneten einzuschätzen und bei Mangel sofort für ihre eigenen Zwecke zu nutzen. Aber sie geben sich keine Mühe, uns zu beweisen, dass sie uns durchschauen.

Unsere Katze Pulle stahl nur Fleisch aus der Küche, wenn ich telefonierte. Wann buddelt mein Hund im Garten? Nur wenn die Alte im Haus ist, natürlich. Wann sammelt mein Hund Abfälle? Wenn sie gerade im Gespräch mit Ihresgleichen verwickelt ist.

Bei Pferden herrscht mehr der Stil vor: Man kann den Reiter ja mal veräppeln und schon mal klammheimlich und so ganz nebenbei den kürzesten Weg Richtung Heim einschlagen. Sie kapieren mehr, als sie sich anmerken lassen. Glauben wir ja nicht, unsere Tiere könnten uns nicht in ihrem Sinne manipulieren!

Das menschliche Denkorgan wiegt mit 1.400 Gramm doppelt so viel wie das des Pferdes. Aber sind wir deshalb doppelt so schlau wie ein Pferd? Da dürfte bei dem einen oder anderen Zweibeiner ja noch ein bisschen mehr drinstecken. Es wird gerne verschwiegen, dass der ausgestorbene Neandertaler ein um 400 Gramm größeres Gehirn hatte als Homo sapiens. Auch die vorgeschichtlichen Cromagnon-Menschen hatten ein größeres Schädelvolumen als wir heute. Einige Wissenschaftler unterstellen ihnen eine mindestens gleich hohe Intelligenz wie uns.[97] Waren die also intelligenter als wir? Könnten wir das zulassen? Kratzt das auch schon wieder an unserem hypertrophierten Selbstbild? Vielleicht waren die ja so schlau und haben sich nur den ganzen heutigen Stressballast nicht angehängt, waren einfach glücklich und zufrieden. Aber es wird ihnen unterstellt, sie hätten nicht viel dazu getan, ihr Leben zu verbessern, es hätte ihnen an Wissensdurst gefehlt. Sie hätten sich höchstens mit Grunzen verständigt.[148] Das kann nicht sein, da schon Affen mit präzisen, verschiedenen Signalrufen kommunizieren. Ja, es wird eingeräumt, sie seien lernfähig gewesen.[148] Aber was soll das denn heißen? Schon Tiere sind neugierig und lernfähig.

Noch im 19. Jahrhundert wurde von Wissenschaftlern behauptet, dass geistige Fähigkeiten unter anderem am Gehirn und Schädelumfang zu bemessen seien und somit eine inferiore biologische Ausstattung der Frau als bewiesen gelten konnte. Physiker behaupteten, dass die Energie der Frau nicht ausreiche, um reproduktive und geistige Arbeit zu leisten. Würde die Frau ihr Hirn zu sehr anstrengen, würde der Nachwuchs darunter leiden. So ergab sich die „wissenschaftliche Grundlage“ für eine deshalb abzulehnende Gleichberechtigung. Deshalb war dem Mann auch von Gesetzes wegen ihre Züchtigung wie bei Kindern und Tieren erlaubt. Generationen von Pädagogen, Philosophen, Physiologen, Psychologen und Medizinern stießen ins gleiche Horn, alles Männer. Auch der berühmte Psychotherapeut Carl Gustav Jung sprach von einer instinktmäßigen Weiblichkeit.[24] Schwer zu glauben, aber wahr. Die Wahl der Worte macht's. Er wurde anscheinend selbst von seinem instinktiven Macho-Autopiloten (der Begriff stammt von einem Mann, nicht von mir) gesteuert, spricht aber von der „blinden Naturdynamik“ der Frau!

Wie ist dann zu interpretieren, dass Frauen sich verschleiern sollen, weil es heißt, Männer seien von Natur aus darauf programmiert, ihrem Sexualtrieb nachzugehen. Reizauslöse führe zu Kontrollverlust und dann seien sie nicht mehr Herr der Lage, sich im Zaume zu halten. Man vergleiche!

Man kann sich denken, dass Jung erst recht Tieren kein Bewusstsein zugestand. Aber das fing schon mit Aristoteles an, der die Frau nur als missglückten Mann ansah. Zum Glück gelang August Bebel - ja genau dem - aber damals schon der makabre posthume Beweis, dass das Hirn einer dieser Mediziner, die dies behaupteten, nämlich das von Franz Joseph Gall, weniger wog als das durchschnittliche einer Frau[97] und sich eher in der durchschnittlichen Größenordnung eines Frühmenschen befand.[162] Das Gehirn von Einstein entsprach ebenfalls eher einem Frauen- als durchschnittlichem Männergehirn.[160] Dabei haben einige Paläoanthropologen längst bewiesen, dass auch noch kleinere Hirne ausreichen, um menschliche Verhaltensweisen zu steuern.

Die indische Philosophin und Physikerin Vandana Shiva kritisiert die einseitig westlichen patriarchalen Denkmuster, die in der Wissenschaft bestanden haben und immer noch bestehen.[100] Insofern gilt ihr universalistischer Geltungsanspruch nicht. Männer gelten immer als der Mensch per se. Wissenschaftliche Leistungen werden nachgewiesenermaßen nach dem Geschlecht beurteilt. Männer bestimmten und bestimmen die Spielregeln des akademischen Aufstiegs. Sie bestimmen Zielsetzungen, Inhalte, Nutzen und Kosten, Verfahrensweisen, teilnehmende Institutionen, Methoden wie den Blick in die Kamera. Das fing schon damit an, dass Latein mehr als tausend Jahre in Europa nur von gelehrten Männern geschrieben, gesprochen, gelehrt und gelernt werden konnte. Männerdominanz in Systemen von Männern für Männer. Die Frau darin gilt als Abweichung und Sonderfall, sogar in Talkrunden im Fernsehen. Befriedigung geistiger Bedürfnisse ist aber kein Männerrecht, sondern ein Menschenrecht.[163]

Bei von westlichen Männern stammenden Monografien wird stillschweigend vorausgesetzt, dass ihre Informationen Allgemeingültigkeit besitzen.[136] Die Welt wird vom weißen Mann beherrscht. Die materialistische Deutung alles Lebendigen kommt dem weltweiten *Herr*schaftsstreben aber hervorragend entgegen, die sich einseitig auf lineare, kausale und analytische Beschreibungen reduziert.[157] Als wäre „wissenschaftlich bewiesen“ das Gleiche wie „über jeden Zweifel erhaben“! Es lässt sich eben alles wissenschaftlich gerade so zurechtbiegen, wie es ins Bild des kulturellen und geschlechtlichen Eigenverständnisses oder des persönlichen, meist monetären Vorteils passen soll. Der Wissenschaftshistoriker Mario Biagioli sagt: „Betrug in der Forschung ist gang und gäbe und selten aufgedeckt. Hypothesen werden meist nicht überprüft, Versuche nicht wiederholt, da teuer und ruhmlos. Es wird gefälscht, abgeschrieben, Fotos und Grafiken werden aufgehübscht oder Ideen geklaut. Nirgendwo gibt es soviel Wissenschaftsskandale wie in der Medizin und der Biotechnologie."

Wissenschaftler sind keine sich aufopfernden Wahrheitssucher. Übrigens, der Pottwal hat mit 8 Kilogramm das schwerste aller Gehirne.

Also, die absolute Hirngröße führt uns auch nicht zu einer befriedigenden Antwort. Ziehen wir also die relative heran, also das Verhältnis zwischen Hirngewicht und Körpergewicht. Ein Chihuahua kann nun mal nicht das Gehirn eines Bernhardiners beherbergen, aber trotzdem alle Eigenschaften eines normalen Hundes vorweisen. Sein Gehirngewicht beträgt etwa 0,3 bis maximal ein Prozent seines Körpergewichtes. Beim Pferd beträgt das Gehirn 0,15 Prozent des Gesamtgewichtes. Beim Menschen wiegt sein Denkorgan etwa 2 bis 2,3 Prozent im Verhältnis zum Körper. Ist also der Mensch doppelt so klug wie der Hund? Oh, manchmal scheint es mir, als seien unsere Hunde allemal klüger als wir, wenn sie uns mal wieder genial ausgetrickst haben!

Übrigens übertrifft das Gehirn des Delfins an relativer Größe das menschliche, und Kolibris haben das größte relative Hirngewicht zu ihrem winzigen Körper. Auch hier erreichen wir nicht die höchste Punktzahl.[42] Der Mensch besitzt also weder das größte Gehirn überhaupt noch das größte in Relation zur Körpermasse. Also, auch die Heranziehung der relativen Gehirngröße zum Körpergewicht führt uns eigentlich nicht zu einem durchschlagenden Erkenntnisgewinn.[1]

Allerdings kommt es nicht nur auf Volumen und Gewicht an, auch nicht auf das relative. Würde das Gehirn mit steigender Kapazität ständig an Masse zunehmen, dann würden unsere Professoren alle mit riesigen Wasserköpfen herumlaufen. Der Körper sollte ja nicht nur dafür da sein, den Kopf herumzutragen und der Schädel sollte mehr sein als eine Hohlraumversiegelung. Geht also nicht, denn Riesenhäuptern wäre schon durch anatomische Barrieren der Austritt in die Welt verwehrt.

So hat sich die Ausdehnung mit zunehmender Intelligenz nach innen verlagert mit einer größeren Oberfläche durch Auffaltung. Nur durch Einfaltung konnte sich das menschliche Gehirn entfalten. Soll heißen: Mehr Hirnfalten bedeuten mehr Intelligenz und umfassendere Neuronenvernetzung. Diese ist umso verzweigter, desto vielfältiger Sinnesinput und Übungsreize sind. Das gilt für Mensch und Tier. Delfine weisen übrigens mehr dieser Furchungen auf als Primaten.[42] Wenn ich also viel Klavier übe oder meinen Hund sein Futter erarbeiten lasse, dann entwickeln beide mehr und schnellere Nachrichtenübertragung im Gehirn, also mehr Intelligenz. Nervenzellen reagieren dann auf die Umgebung durch magnetische, elektrische und chemische Aktivitäten und tasten mit ihren Ausläufern, um Kontakt zu anderen Neuronen herzustellen. Verschiedene Moleküle, meist Peptide, werden als Neurotransmitter zur Kommunikation untereinander verwendet. Das menschliche Gehirn hat Milliarden Nervenzellen, die für unterschiedliche Funktionen differenziert sind. Es ist das komplexeste System auf diesem Planeten und außerordentlich empfindlich auf geringste Einflüsse. Wir sollten es gut behandeln!

Täglicher gleicher Trott bewirkt in meinem Oberstübchen nicht viel, im Gegenteil sorgen Gewohnheiten und Routinehandlungen für einen Energiesparmodus, in dem sich das Gehirn weniger anstrengen muss. Unbedeutendes führt auch bei Häufigkeit nicht zu kortikalen Reorganisationsvorgängen in Form von modifizierten Verbindungen zwischen Neuronen, wie sie bei bedeutenden Ereignissen gefunden werden.

Spiegelneuronen haben in letzter Zeit besonders viel von sich Reden gemacht. Durch sie begreifen wir direkt und fühlen uns in die geistige Verfassung anderer ein. Sie sollen so die neurobiologische Grundlage von Empathie sein, weil sie befähigen, sich in die Gefühle und das Verhalten anderer hineinzuversetzen. Gesunde Kinder können sich etwa mit vier Jahren in andere hineindenken. Das funktioniert bei Tieren genauso untereinander und zum Teil auch zwischen verschiedenen Spezies. Angeblich feuern sie auch beim Menschen gegenüber ihren tierischen Hausgenossen. Das Gehirn scheint also keinen großen Unterschied zwischen selbst Erlebtem und Beobachtetem zu machen. Wir spiegeln aber nichts, was in unserem eigenen Repertoire nicht vorhanden ist wie z. B. Schwanzwedeln oder Wiehern. Ich frage mich allerdings, wenn das so wäre mit den Spiegelneuronen, warum gibt es dann Kinderschänder und Tierquäler? Funktionieren deren Spiegelneuronen nicht? In der Tat hat man bei Autisten festgestellt, dass ihre Spiegelneuronen nur schwach oder gar nicht aktiviert werden. Auch Schizophrene können oft Mimik nicht interpretieren, sich also nicht in andere hineinversetzen und müssen das Erkennen von Emotionen wie eine Fremdsprache lernen. Auch bei hyperaktiven Kindern könnte dies eine Erklärung sein, warum sie zu Tierquälereien neigen.

Bei Computerspielen haben wir ja kein fühlendes Wesen mehr als Gegenüber, der Spieler wird fürs Umbringen auch noch belohnt. Gewalt auf 80 Prozent der Kanäle als Vorbild für Konfliktlösungen.

Ich sehe einen Film über einen Biohof, wo ein Rindchen mit Weideschuss stresslos beim Fressen umfällt. In diesem entscheidenden Moment wendet sich die Kamera ab oder es wurde nachträglich aus der Dokumentation herausgeschnitten. Es handelt sich aber nicht um Quälerei, sondern um Schlachtung mit Achtung. Es gibt inzwischen mobil ausgerüstete LKWs, die das Schlachten komplett in heimischer Umgebung ermöglichen. Dem Zuschauer wird unterstellt, dass sein zartes Gemüt mehr mit Tieren als mit Menschen leidet. Nach zwölf Schuljahren haben Kinder in den USA 32.000 Morde gesehen und 40.000 versuchte. Da wir verstanden haben, dass durch Beobachten und Nachahmen gelernt wird, fördert dies Gewaltneigung besonders bei Kindern, da die Neuroplastizität ihres Gehirns noch viel größer als beim Erwachsenen ist. Umwelt prägt das Gehirn als dynamisch reagierendes Organ. Es kommt zu Gewöhnung und Desensibilisierung, die in unserer Gesellschaft zunehmend normal zu sein scheinen. Besonders festigen sich Eindrücke vor dem Zu-Bett-Gehen im anschließenden Schlaf. Wie soll sich auf diese Weise menschliches Mitgefühl ausbilden?

Spiegelneuronen machen es möglich, durch Beobachtung zu lernen, ob im Schlechten oder Guten. Auch Tiere lernen durch Beobachtung, obwohl auch das schon wieder von einigen Autoren abgestritten wird. Dabei weiß jeder Pferdehalter, dass Pferde sich Unarten wie Koppen und Weben abschauen können. Für mich gibt es da aber keinerlei Zweifel:

Mühsam mussten wir einer neugekauften Stute das Trinken aus der Selbsttränke beibringen. Ihr Fohlen lernte es problemlos durch Abschauen bei der Mutter.

Auch Fressbares auszusuchen wird von Generation zu Generation weitergegeben. Die Mutter hat bei allen Spezies dabei den größten Einfluss. Kinder essen später oft nicht, was der Mutter nicht schmeckte. Selbst bei Wölfen hat man Familientraditionen bei Jagdstrategien und Fressgewohnheiten nachgewiesen. Es menschelt im wölfischen Familienverband.

Jeder Schäfer, der einen jungen Hütehund ausbilden möchte, nimmt diesen erst mal wochenlang an die Leine und lässt ihn nur zuschauen, wie der alte erfahrene arbeitet. Junge Meutehunde lässt man erst mal mit den alten, eingejagten zusammen laufen. Ein junges Pferd wird zuerst mit einem geschulten Pferd als Lehrmeister im Gespann gefahren. Dass Tiere voneinander lernen, ist inzwischen wissenschaftlich bewiesen. Aber wir wussten ja längst, dass sie Gutes wie Schlechtes voneinander abschauen, wir brauchen ja nur die alten Schäfer und Kutscher zu fragen. Wölfe und Schimpansen geben ihre

Pferde als Zugtiere

Fähigkeiten auch an die nächste Generation weiter. Wenn das dann die ganze Gruppe nachahmt, ist von Gewohnheit der erste Schritt zu Tradition und Kultur getan. Das ist Lernen durch Nachäffen. Abschauen und Lernen über Generationen sind im Tierreich weitverbreitet. Gemeinsames Lernen, Wissen, Können und Wollen schaffen bei Tieren und Menschen kulturelle Einheiten.

Zurück zur Sprache, die der Inbegriff menschlichen Bewusstseins sein soll. Schimpansen, deren DNS ja zu 98,4 Prozent, nach anderen Quellen zu 98,8 oder 99,96 oder 96 Prozent mit unserer übereinstimmt, besitzen ebenfalls das Wernicke-Areal für Wortverständnis im linken Schläfenlappen und das

Broca-Areal für Wortartikulation im linken Stirnhirn, genauso wie Hunde.[98] Bei allen Wirbeltieren hat man ein Sprachgen nachweisen können. Aber die Anatomie ihres Stimmapparates ist nicht zu denselben Lauten fähig, wie wir sie von uns geben können. Stimmsteuerung, so wird behauptet, sei nur durch Luftanhalten möglich, was Tiere nicht können.[108] Anthropologen haben aber anscheinend auch keine Pferde, denn die können sich sehr wohl, wie jeder Reiter weiß, vor dem Anziehen des Sattelgurtes gezielt aufblasen.

Schimpansen lernten per Tastatur einige hundert Wörter der menschlichen Sprache und beherrschten 256 Wortsymbole, auch Verben. Sie bitten, bestätigen, ahmen nach, wählen aus, ja können sogar ihre Gefühle benennen und neue Wortkombinationen bilden. Da haben wir's, sie sind also zu Abstraktion und Bewusstsein fähig. Ihr Spracherwerb kann ungefähr dem eines zwei- bis fünfjährigen Menschen entsprechen. Und dann ärgern mich wieder solche Allgemeinplätze: „Tiere empfinden Gefühle, aber sie reflektieren nicht darüber."[56] Wie bitte? Sowohl bei Schimpansen wie auch bei Pferden sind verspätete Racheaktionen bekannt. Das Warten auf eine zukünftige Gelegenheit geht ja wohl nicht ganz ohne jeglichen Denkprozess und zeugt zudem noch von einem langen Gedächtnis.

Es ist gelegentlich bei einem unserer neuen jungen Hunde vorgekommen, dass er kläffend um eines unserer Pferde herumsprang und es auch schon mal in die Fesseln zwickte. Solange das Pferd angebunden war oder einen Reiter trug, war ihm nichts anzumerken. Es bewahrte gut erzogen absolute Ruhe. Ich bemerkte nur Unmut durch angelegte Ohren. Aber wehe die Pferde waren frei auf der Koppel! Dann griffen sie zuweilen den Hund an, obwohl dieser in dem Moment ganz arglos dastand. Ich konnte das nicht anders als verspätete Rache interpretieren.

Eine Schimpansin wurde gefragt, was in ihrem Bauch sei, und sie wusste ganz klar: „Baby drin".[2, 106] Menschen brauchen dafür einen Labortest. Was für ein Affentheater!

Gorillafrau Koko kannte mehr als tausend Begriffe der Gebärdensprache plus Hunderte Wörter Englisch. Sie machte Sätze mit bis zu sechs Wörtern, ja sie machte sogar Witze, sie konnte reimen, erfand neue Wörter, wie zum Beispiel Pferd-Tiger für Zebra. Man sprach ihr einen IQ von 95 Punkten zu. 100 ist eine normale menschliche Intelligenz. Sie hatte auch Fantasie und Humor.[2] Immerhin ist so ein Intelligenztest ja für Menschen konzipiert und nicht für Gorillas. Zitat einer Sprachforscherin: „Menschen sind die einzigen Lebewesen, die Sprachelemente, einzelne Phrasen logisch kombinieren können. Das kann kein Tier, auch Hunde können nicht klug kombinieren."[155] Falsch: Auch Schimpansen schaffen einfache Sätze und Rechenaufgaben wie ein dreijähriges Kind, können einfache Grammatik befolgen, verallgemeinern, abstrahieren, Zusammenhänge erkennen und Zahlen bis zehn in Affengeschwindigkeit, nämlich schneller als die meisten Menschen, in die richtige Reihenfolge bringen. Dieses ist besonders bemerkenswert, da man Tieren im Allgemeinen ja wohl keine Dyskalkulie unterstellen kann. Everett schreibt von den Amazonasindianern der Pirahã, die keine Wörter für Zahlen oder Farben haben, keine Nebensätze kennen und nur im Präsens und in einer tonalen Sprache reden.[98] Das heißt, der Unterschied der Begriffe liegt in Akzent, Betonung und Länge, sodass sie ihre Sätze auch pfeifen, singen oder summen können.[98] So ergab sich ein Streit mit dem Linguistikprofessor Noam Chomsky, der sagt, es gäbe eine einheitliche angeborene Grundsprache der Menschheit und dass komplizierte Satzbildung den Menschen erst zum Menschen mache. Er nutzte für seine Untersuchungen allerdings nur die amerikanische Sprache. Zählen ist für Everett eine kulturelle Erfindung, für Chomsky ein Ausdruck des Sprachvermögens, das den Menschen über das Tier erhebt, weil er unbegrenzt Wörter zur Verfügung hat. Hunde können ebenfalls wahre Meister am Touchscreen werden. Ob Hunde auch Humor haben, weiß ich nicht, aber jedenfalls können sie manchmal ganz schön albern sein.

Wie würden wir wohl abschneiden, sollten wir eine Prüfung im Dschungel ablegen, essbare von ungenießbaren Pflanzen, feindliche von indifferenten Tieren unterscheiden[32], in Trockenzeiten Trinkbares finden, uns Schlafstätten bauen, den Weg finden und mit Millionen von Stechinsekten fertigwerden, abgesehen von körperlichen Höchstleistungen. Wir wären in kürzester Zeit trotz unseres Hyperverstands verloren. Man denke auch an den oben beschriebenen Nussversuch. Der Ethnologe Hans Fischer schreibt von der physischen Unzulänglichkeit des mitteleuropäischen Stadtmenschen, verbunden mit seiner Unkenntnis von den simpelsten Dingen des sogenannten einfachen Lebens. Er ist weder schwere körperliche Arbeit noch Hitze noch Barfußlaufen gewöhnt, und die meisten würden sehr bald elend zugrunde gehen. Er kritisiert seine eigene Zunft bei den Feldforschungen: Wer eine Nutzpflanze nicht von Unkraut unterscheiden kann, wer nicht in der Lage ist, auf eine Kokospalme zu klettern, wer nicht erkennt, wann die Bananen reif sind, der ist nicht nur keine Hilfe, er stört oder schadet gar.[136] Ethnologische Forschungen beruhen zum großen Teil auf Interviews über Dolmetscher mit Einheimischen. Dabei wird nicht bedacht, dass diesen Menschen eine systematische, intellektuelle

Herangehensweise an die Fragestellungen gar nicht zugänglich ist und auch ihre sprachliche Ausdrucksmodalitäten nicht den unseren entsprechen. Sie denken mehr in Bildern, was sich nicht mit wissenschaftlicher Prägung deckt. Wissenschaftlich formulierte Fragenkataloge mit Überbetonung der verbalen Ebene waren als Gesprächsgrundlage überhaupt nicht geeignet. Abstrakte Fragen wurden als fremdartig nicht verstanden. Abstraktion ist Komprimierung, Minimierung. Diese Menschen leben aber in sehr konkreten, weit umfassenden Naturgebieten und man kann sie nur verstehen, wenn man auch ihr Begriffssystem erfasst hat, welches ihrer Kultur und Lebenssituation zugrunde liegt. Das setzt voraus, dass der Forscher seine eigenen Betrachtungsweisen relativiert.

Und da lese ich wieder in einem schlauen Buch: Humor bedarf einer hochentwickelten Sprache? Ach wirklich? Lachen wir denn nicht manchmal gerade über die allersimpelsten und dümmsten Witze, und zwar gerade deshalb? Schon Darwin beschrieb lachende Affen.[32] Trotzdem liest man immer noch, Lachen käme nur beim Menschen vor. Dabei definiert der Mensch hier wieder Lachen nur als Bewegung der Lippen. Aber ich sehe meine Hunde, wenn sie mich anschauen und mopsfidel um mich herumtoben, und ich versichere Ihnen: Ihre Augen lachen! Tiere reden mit den Augen unverfälschter als Menschen mit dem Mund.

Man vergleiche: Laut Sprachforschern benutzen wir im Alltag zwischen 400 und 800 Wörter. Die deutsche Gegenwartssprache hat aber einen Umfang von 300.000 bis 500.000 Wörtern, die aus Denk- und Maulfaulheit oder mangelnder Bildung nicht genutzt werden.[80] Körpersprache ist zum großen Teil angeboren, Wortsprache muss erlernt werden.

Auch Fantasie wird Tieren immer abgesprochen. C. G. Jung[24] behauptet, Fantasie sei etwas rein Menschliches. Aber ich versichere Ihnen, mein Pferd sieht manchmal Gespenster. Man hat tatsächlich halluzinatorische Verhaltensweisen bei Tieren nachgewiesen.[133]

Gorillafrau Koko wurde gefragt: „Was ist der Tod?“ Sie verharrte beim Tätigsein, so wie auch wir überlegen!!! Dann bedeutete sie drei Zeichen in der Gebärdensprache: gemütlich, Höhle, auf Wiedersehen.[2] Welch bewundernswerte Einstellung! Und da lese ich: „Wahrscheinlich sind wir die einzigen Lebewesen auf der Erde, die sich der Sterblichkeit bewusst sind.“[81] Dieser auch noch in anspruchsvollen Zeitschriften verbreitete Unsinn gibt den Menschen den Vorwand zu glauben, dass Tiere keine Todesangst zum Beispiel in Schlachthäusern empfänden. Der Vorwand mangelnden Empfindens führte immer schon nicht nur zu mangelndem Respekt, sondern sogar zu diversen Quälereien. Aber der Mensch entgeht nicht der Pflicht, diesen Vorgang für die Tiere so stress- und schmerzfrei wie nur irgend möglich zu gestalten. Der australische Philosoph Peter Singer glaubt jedoch, Tiere hätten weder einen Bezug zu sich selbst, noch zur Zukunft und also auch nicht zum Tod.[116] Philosophen haben keine Hunde.

Ich hoffe, ich habe bis hierher schon ausreichend bewiesen, dass sie sowohl Selbstbewusstsein haben, Trauer empfinden sowie zum Teil sogar präkognitives Zukunftsahnen. Hunde, die den nahenden Tod ihres Herrn sowie nahestehender Artgenossen ahnen, zeigen das durch Veränderung ihres Verhaltens.

Also, wenn Sie wirklich Ihr Pferd erlösen wollen, dann gönnen Sie ihm einen angstfreien Tod in gewohnter Umgebung.

Und da gibt es immer noch Wissenschaftler, die behaupten, Tiere könnten weder abstrakt noch begrifflich denken. Wissenschaftler haben eben keine Hunde. Und sie scheinen nicht zu begreifen, dass viele der kreativsten Prozesse, auf denen der Fortschritt der Menschheit beruht, bei Tieren abgeschaut wurden und viele Erkenntnisse der Wissenschaft sich mit Hilfe des Unterbewussten, also gewissermaßen mit dem animalischen Teil vollzogen haben.[37] Die Erkenntnis des Benzolringaufbaus von August Kekulé im Halbschlaf, die intuitive Beachtung eigentlich misslungener Versuche bei Penicillin und Röntgenstrahlen sind nur drei Beispiele.

Und was heißt denn hier überhaupt be-greifen? Ein tolles Wort des äußerlich körperlich Sichtbaren für das geistige Umschließen eines Zusammenhanges.

Blindenhunde können für ihr Leben völlig irrelevante Dinge in ihr Aufmerksamkeitsspektrum integrieren, zum Beispiel Bordsteine oder Zebrastreifen. Sie sind zu ganz außergewöhnlichen Abstraktionsleistungen und Verständnis von Kategorien fähig: Sie finden unter 50 verschiedenen Befehlen Aufzüge, Telefone, Treppen, Bankschalter oder Eingänge, obwohl diese an Ort, Gestalt, Größe, Lage, Material, Farbe, Geruchsspektrum und Aspekt völlig verschieden sein können. Verallgemeinerung ist der erste Schritt zur Abstraktion. Dann könnten wir also die Frage, ob unsere Tiere abstrakt denken können, ganz klar mit Ja beantworten. Komplexe Abstraktionen, die man pauschal dem Menschen unterstellt, sind nämlich auch nicht gerade eine Jedermannsfähigkeit. Die Unterschiede sind manchmal innerhalb einer Art größer als zwischen verschiedenen Arten. In jeder Spezies gibt es Einsteine und Einfältige.

Blindenhunde wissen jedes Objekt zu umgehen

Jetzt können Sie einwerfen, dass Ihr Hund aber nun mal nicht so schlau ist. Haben Sie das wirklich ausprobiert? Für intensives Lernpensum braucht es nämlich auch intensive Zuwendung und Übermittlung. Oft sind Hunde kognitiv einfach unterfordert, schließlich müssen sie ihr Essen nicht mehr strategisch erjagen, andererseits brauchen sie aber auch keinen täglichen Bespaßer und würden ihr Leben auch ohne Flyball, Dogdancing, Frühförderkurs und Unterordnungstraining zu gestalten wissen, Tätigkeiten, die sie jahrtausendelang keineswegs vermisst haben. Wie oft schon entwickelten sich angeblich verhaltensgestörte Hunde aus dem Tierheim zu versierten Such- oder Assistenzhunden, wenn sie anspruchsvolle Aufgaben bekamen.

Auch beim Menschen gibt es ja ein weites Intelligenzspektrum, ebenfalls abhängig von Genen, Bildungschancen, Umwelt, Ernährung und Alter. In der menschlichen Existenz sind es immer einzelne, extrem individualistische Persönlichkeiten gewesen, die Veränderungen bewirkten und den Fortschritt beschleunigten. Einzelne Menschen haben die Grundlage für die Entwicklung aller anderen geschaffen durch musikalische oder literarische Werke, naturwissenschaftliche Erkenntnisse, neue technische Erfindungen oder politische Veränderungen. Und diese Herausragenden werden immer pauschal mit dem Tier verglichen. Ich fahre zwar Auto, aber ich weiß so gut wie nichts über die Funktion seines Motors. Ich sitze hier am Computer, aber ich könnte gewiss keinen zusammenbauen.

Bordercollie Rico konnte immerhin 260 verschiedene Gegenstände zuordnen. Er holte sie sogar aus dem Nebenraum, was Hilfe durch unbewusste Körpersignale des Hundeführers ausschließt und eine bildhafte Vorstellung und Identifikation von einem Objekt voraussetzt, somit einen abstrakten visuellen Erkenntnisprozess und begriffliches Denken darstellt. Er holte auch einen neuen Gegenstand, weil der der einzige war, den er noch nicht kannte. Das lässt auf ein hohes Abstraktionsvermögen schließen und eine Wortlernmethode durch Ausschluss, wie sie auch Menschen haben. Selbst Kinder lernen erst spät, abwesende Dinge zu benennen. Begriffliches Denken wird aber pauschal nur dem Menschen unterstellt. Inzwischen soll es eine in den USA lebende Borderhündin namens Chaser geben, die sogar 1.022 verschiedene Gegenstände auseinanderhalten kann, die sie oft nur ein einziges Mal gehört und gesehen hatte.[47, 154] Sie konnte sogar verschiedene Kategorien an Gegenständen, wie Bälle oder Stöcke, zusammenfassen und von anderen Ordnungsprinzipien unterscheiden.[122] Man konnte ihr noch zusätzlich sagen, was sie damit tun sollte. Das entspricht dem Gedächtnis eines dreijährigen Kindes. Aber diese Superhunde haben damit ja nicht nur einen Wortschatz dieser Größe bewiesen, sondern verfügen ja außerdem noch über weitere visuelle, olfaktorische und akustische Kommunikationsmöglichkeiten sowie offensichtlich ein begriffliches Verallgemeinerungsvermögen, sind also außerdem noch nonverbale, sozialverträgliche Genies. Im Durchschnitt kennen Hunde bis zu 50 Wörter.

Meine Rottweilerhündin Zambra versteht so viele Ausdrücke, dass ich immer wieder erstaunt bin und es mir vorkommt, als könnte ich fast mit ihr reden wie mit einem Menschen: Geh da jetzt nicht rein! Nein, du kommst nicht mit. (Aber der andere Hund. Sie bleibt zurück.) Nicht wieder in den Schlamm da! Sie weiß auch genau, welches Pferd uns gehört, und verjagt fremde Pferde genau bis zur äußeren Grundstücksgrenze auf dem Weg.

Demnach besitzen Hunde wie Primaten eine potenzielle Intelligenz, die erst durch neue Lebensherausforderungen aktiviert wird. Großstadthunde lernen Straßenüberquerungen und U-Bahn-Fahren mit selbstbestimmten Routen. Schimpansen, die unter klimatischem Hitzestress leiden, verändern ihre Gewohnheiten: Sie schützen sich gegen Überhitzung durch Aufenthalt in Wasser und in Höhlen und sind mehr nachts aktiv.[143] Versuche mit Mäusen zeigten sogar, dass auch diese zu Sortierregeln befähigt waren.[166]

Bestimmte Autisten, Savants genannt, können übermenschliche Fähigkeiten auf den ausgefallensten Gebieten entwickeln, die jede normale Gehirnfähigkeit zigfach übersteigt, gleichzeitig ist ihnen aber jeder Schimpanse im Sozialverhalten überlegen.[97]

Haben Sie schon mal einen Hütehund ganz allein ohne Schäfer arbeiten sehen? Der geht nämlich ganz in Ruhe für sein Mittagessen nach Hause, während sein selbstständig mitdenkender felliger Helfer auch nicht ein Schaf die vorgegebene Wiese verlassen lässt. Aber nicht nur das. Er kennt die Uhr auch ohne Ziffernblatt und treibt zur bekannten Zeit die Schafe allein zum Stall. Alles wieder nur Instinkt? Zeugt das nicht von Arbeitseifer und Eigenverantwortlichkeit? Und das sogar ohne menschliche Hilfsmittel?

Aber auch bei Pferden ist ein Einstein bekannt, der vor 100 Jahren lebende Hans, der addieren, subtrahieren und dividieren konnte. Das heißt, er konnte es eigentlich nicht, aber die Behavioristen-Psychologen anerkannten seine Fähigkeit nicht, weil sie ganz auf menschliche Kognition geprägt waren. Sie übersahen seine exzellente Sinneswahrnehmung und soziale Intelligenz, die feinste unwissentliche Körpersignale seines Herrn und der Zuschauer richtig zu interpretieren wusste. Der Mensch und nicht das Tier hatte sich als Schwachpunkt des Experimentes durch die Mängel seines Erkenntnisapparates erwiesen.

Behavioristen behaupten, dass Tiere auf Reize ohne dazugehörige Gefühle reagieren. Dabei haben Hunde und Pferde nicht nur eigene, nein, sie können auch noch die Absichten, Erwartungen und Bewusstseinsvorgänge ihres Gegenübers entsprechend interpretieren. Pferde nehmen Muskelbewegungen von einem Fünftel Millimeter wahr.

Von Wissenschaftlern kommen natürlich Einwände, dass die oben beschriebenen kommunizierenden Menschenaffen ja nicht unter standardisierten Bedingungen gehalten und geprüft wurden. Ihre Leistung wird also wieder kleingeredet. Affen könnten eben nur Bezeichnungen für Dinge erlernen, die in der Affenwelt vorkommen. Das stimmt auch wieder so nicht, denn sie lernen schnell, begehrte Gegenstände aus menschlicher Umgebung zu benennen. Ihre neuen Fähigkeiten sind der lebendigen Kommunikation mit dem Menschen zu verdanken und aus ihren Nöten des Sozialverhaltens geboren. Das ist auch bei unseren Haustieren so. Ein Welpe allein lässt sich leichter erziehen als mehrere zusammen, die dann einfach in ihrer sozialen Aufmerksamkeit mehr auf ihre Artgenossen als auf den Menschen gerichtet sind. Und Boxenpferde leichter als Herdenpferde.

Die sogenannten wissenschaftlichen Versuche der Verhaltensforschung mit Menschenaffen werden mit Kreaturen hinter Gittern gemacht, weitgehend isoliert von Artgenossen und Naturgeschehen. Das wäre, als wenn ich die Standards für Normalverhalten für Kinder an Versuchen mit Heimzöglingen festlegen würde. Ähnliches passiert, wenn für psychologische Tests, wie so oft, amerikanische Psychologiestudenten herangezogen werden und das Ergebnis auf die ganze Menschheit extrapoliert wird. Oder entwicklungspsychologische Studien werden fast ausschließlich an europäischen Babys und Kleinkindern durchgeführt. Allgemeingültige Aussagen über Wahrnehmung und Denken des Menschen lassen sich auf dieser Ebene jedenfalls nicht treffen.[167] Inwiefern kann das, was herausgefunden wird, auch auf einen alten Indianer in einem südamerikanischen Reservat oder Rentierzüchter in der Tundra übertragen werden? Euroamerikaner dienen als Standard für wissenschaftliche, genetische und physiologische Parameter. Weiße, junge, gesunde Männer gelten als Standardexemplare der Medizin.[148] Medizinische Normwerte für Hunde werden von Forschungstieren aus Tierversuchslaboren übernommen, die mit Standard-Tütenfutter ernährt werden, und diese werden auf alle Norm-Messdaten zur Krankheitserkennung übertragen.

In der Zeitschrift Geo lese ich folgenden Versuchsaufbau: In einem IQ-Test sollen von Hyänen Türriegel zum Futter geöffnet werden. Von 58 schaffen es neun. Sie lernten anscheinend nicht durch Beobachten. Das Experiment wird entsprechend als ihre inferiore Intelligenz interpretiert. Die ganze Art hat so den Ruf des Versagens. So verlaufen viele Tierversuche. Aber kann es nicht einfach sein, dass die Hyänen keinen Hunger verspürten, dass ihnen vielleicht die Industriecracker hinter den Riegeln nicht der Mühe wert waren, weil es ihnen gerade nicht um die Wurst ging oder sie einfach keine Lust oder Interesse hatten? Schließlich leben sie mit anderen Statussymbolen als schulmäßigem Ehrgeiz. Oder dass sie sich in ihrem Biorhythmus gestört fühlten, weil Forschungen ja hauptsächlich in menschlich vorgegebenen Arbeitszeiten stattfinden? Die Hyäne kann das vom Forscher als richtig definierte Verhalten wählen oder auch nicht, auch wenn sie schon weiß, welches belohnt wird, wobei der Forscher wiederum den Erfolg und die Belohnung definiert. Vielleicht war die Fragestellung schon allzu menschlich gedacht und eher dem modischen Zeitgeist unterworfen. Es geht eigentlich auch nicht darum, gezielte Fragen zu stellen, sondern aufmerksam zuzuhören und zu beobachten, was andere Wesen uns zu sagen haben. Allein die Bewertung bei Versuchen in gut und schlecht ist schon anthropozentrisch, denn den Tieren ist völlig egal, was wir als klug oder dumm zuordnen. Wir selbst sind in unserem Werteverständnis gefangen. Es fängt schon damit an, welche Techniken wir anwenden, welche Probanden wir auswählen und welches statistische Verfahren wir zur Auswertung einsetzen. Es können auch bisher unberücksichtigte Faktoren gewirkt haben. Aus gleichen Ergebnissen können verschiedene Schlussfolgerungen gezogen werden. Vielleicht war der Versuchsaufbau nicht sinnvoll, die Tiere waren abgelenkt, physisch kaum in der Lage, die Bedingungen zu erfüllen oder hatten gerade innerartlichen Stress. Diese Hundeartigen haben nämlich vielleicht längst etwas über das Verhaltensmuster des Experimentators gelernt. Schließlich beobachten die Forscher nicht nur, sondern sie werden auch beobachtet. Für die Tiere sind wir ebenfalls interessante Studienobjekte. Im Moment der Beobachtung verändere ich bereits das Beobachtete. Den Wissenschaftlern ist immer nur die Außenschau gegeben, wir werden nie wissen, wie es sich anfühlt, eine Hyäne zu sein. Ein Von-sich-auf-andere-Schließen hilft da nicht weiter. Ihr Innenleben wird nie angemessen zu beschreiben sein, weil es nicht vermessbar ist. Versuchsleiter verhalten sich genau wie Schullehrer mit unbewussten Voreingenommenheiten, je nachdem, ob sie meinen, mit intelligenten oder dummen Exemplaren zu tun zu haben, und bestätigen so unbeabsichtigt ihre Erwartung.[59] Nur, beobachten bedeutet schon Wechselwirkung. Forscher übertragen wie in menschlichen Beziehungen unbewusste Erwartungen. Alle Studien werden von den tendenziellen gesellschaftlichen Sichtweisen und Mentalitäten, ja sogar vom Geschlecht der Forscher beeinflusst. Versuchstiere reagieren verschieden auf Schmerz, je nachdem, ob ein Mann oder eine Frau die Untersuchung durchführt. Der Philosoph Bertrand Russel wies nach, dass Deutsche und Amerikaner bei den gleichen Untersuchungen nationale Eigenheiten hineininterpretierten.[140] Ärzte verschreiben andere Dosierungen wie Ärztinnen. Eine Trennung zwischen Beobachter und Beobachtetem existiert also nicht, nicht mal bei Elementarteilchen. Die Wahrnehmung bestimmt eben immer mindestens einen Teil der subjektiven Wirklichkeit. Und außerdem, wo bitte gibt es Riegel im natürlichen Umfeld einer Hyäne? Auch Drücken von Automaten hat in ihrem Interessensspektrum nicht gerade die erste Wahl. Dieses Verständnis brauchen sie einfach in ihrem normalen Leben nicht. Es bedeutet für sie keinen Überlebensvorteil.

Hyänen sind nämlich mit einem gut ausgebildeten frontalen Cortex ausgestattet und leben in Großclans von maximal 50 Tieren in komplexer Gesellschaft wie Menschenaffen. Sie brauchen also ein fähiges Hirn für Entscheidungen, da sie in hochentwickelten sozialen Strukturen leben. Wie würden die Hyänen wohl lachen, machten sie einen Versuch mit Menschen, in der Steppe Essbares zu finden! Oder ohne Werkzeug eine Höhle zustande zu bringen und dann auch noch zu wissen, wo und wie sie am besten für Hyänenzwecke gelegen sein sollte? Da würde sich der Mensch ganz schön zum Affen machen! In der Verhaltensforschung werden menschliche Fähigkeiten im Labor geprüft, dabei sind Tiere in ihrem eigenen natürlichen Umfeld in Bezug auf Beobachtungsgabe, Aufmerksamkeit, Geschicklichkeit, Bedachtsamkeit und anderen lebenswichtigen Fähigkeiten weitaus überlegen. Jede Feldbeobachtung ist über jede theoretische Interpretation erhaben. Man hat Versuche mit Schülern gemacht, die, wie es die Schimpansen tun, mit Holzstücken Paranüsse auf weichem Urwaldboden öffnen sollten. Von 17 schafften es nur Fünf.[86] Beobachtbares und beobachtetes Verhalten ist also kein wissenschaftlich zuverlässiger Parameter.

Es gibt Bücher, mit denen man den IQ seines Hundes testen kann: Wenn der Hund sich im eigenen Spiegelbild über einen neuen Gefährten freut, kriegt er Prämienpunkte. Beachtet er den Spiegel nicht, gibt's nur einen Punkt. Ehrlich gesagt, weder das eine Verhalten hat mit Super-, noch das andere mit Minderintelligenz zu tun, auch nicht mit Ich-Erkenntnis. Manche Kinder erkennen sich erst mit zwei Jahren. Es gibt Naturvölker, die noch nicht einmal ein Wort für „ich" haben. Deterministisch eingestellte Hirnforscher sind sowieso der Meinung, es gäbe überhaupt kein Ich. Ein Spiegelglas ist für unser Nasentier so oder so von null Interesse. Es riecht eben einfach nach nix. Intelligenz sollte sich an natürlichem Problemlösungsverhalten messen. Das setzt allerdings voraus, dass der Getestete die Aufgabenstellung überhaupt als Problem ansieht. Es gibt Listen für die klügsten Rassen bei Hunden. An erster Stelle steht unangefochten der Border Collie, an neunter meine geliebten Rottweiler, die mich schon seit 40 Jahren begleiten, Dackel erscheinen bis zur 23. angegebenen Rasse immer noch nicht. Da ich auch Dackelfan bin und viele besessen habe: Jedenfalls stecken sie leicht jeden Rotti in die Tasche, zuweilen tricksen sie auch noch ganz galant sogar ihren menschlichen Gebieter aus. Border Collie, Jack Russel und Golden Retriever sind jedenfalls die Rassen, die am meisten für Filmtraining eingesetzt werden, wo es um viele neue Lerneinheiten geht. Nur die Schlauesten begreifen eine neue bereits nach vier Wiederholungen.

Hunde sind zu außergewöhnlichen Leistungen fähig

Begriffsfähigkeiten haben mit Lebensformen zu tun, nicht nur bei Tieren, sondern auch beim Menschen. Jedes Wesen handelt nach seinen eigenen Existenzerfordernissen und Erfahrungen mit den ihm gegebenen Voraussetzungen. Bei allen Tierversuchen ist die Artenschranke vorgegeben, weshalb viele dieser Versuche aus Gründen fehlschlagen, die nichts mit der Fragestellung zu tun haben, weil allein diese nicht nur auf Menschen bezogen ist, sondern auch noch auf das eigene Geschlecht, die eigene Kultur und sogar die Gesellschaftsschicht. Ich wundere mich auch immer wieder über Versuche mit Hunden, die Futter unter Döschen oder Eimern finden sollen, weil der Mensch darauf gezeigt hat oder weil sie auf ein bestimmtes Zeichen trainiert werden. Dabei wissen die Hunde doch vorher schon auf Grund ihres ausgezeichneten Geruchsinns, wo die Bröckchen liegen. Auch der auf dem Übungsplatz revierende Gebrauchshund hat doch längst gecheckt, wo der Figurant steht. Aber der doofe Hundeführer bringt ihm bei, noch ein paar unsinnige Kurven vor dem Verbellen zu laufen.

Der Anthropologe Gregory Bateson sagt, es sei nicht mal möglich, eine wissenschaftliche Beschreibung einer Eingeborenenkultur in der Sprache des Forschers zu geben.[39] Da braucht man aber gar keine ferne Eingeborenensprache zu bemühen. Im Sanskrit gibt es einzelne Wörter, die brauchen eine halbe Seite Erklärung für unser westlich-materialistisches, unspirituelles Sprachverständnis. Der Philosoph Wittgenstein meinte: „Wenn ein Löwe sprechen könnte, wir könnten ihn nicht verstehen."[25] Wie Recht er hat, unterstreichen Forschungen an Delfinen, die statt in Worten in dreidimensionalen Volumenbildern durch hologrammartige Schallmuster in Sonartonfrequenzen kommunizieren können, und die Fähigkeit besitzen, mit Hilfe von Echoortung durch Feststoffe hindurchzusehen.[47] Diese Art der Übermittlungsform, die Seh- und Hörsinne dreidimensional verbindet, beinhaltet weit mehr Information als ein zweidimensionaler Bildschirm. Nur in den seltensten Fällen können sich beim Menschen verschiedene Sinne verbinden, zum Beispiel können Sterbende zuweilen Melodien aus Licht wahrnehmen oder Töne in Farben sehen.

Trotz gleicher Muttersprache können wir selbst ja noch nicht mal eine Abhandlung aus einem uns nicht geläufigen Fachbereich begreifen, weil selbst dieser schon mit einem anderen, uns unbekannten Begriffssystem arbeitet, viel weniger dann ein Tier mit einem völlig anderen Sinnesinput und Signaloutput.

Der Philosoph Bergson sagte Anfang des 20. Jahrhunderts, dass unsere Umwelt alles andere als eine scharfe Fotografie ist, sondern hochgradig selektiv, immer pragmatisch. Unsere Aufmerksamkeit gilt nur dem, was für uns wichtig ist. Die Vorstellung von der Umwelt ist durch unsere ureigenen Sinneserfahrungen und subjektivsten Interessen beeinflusst.[25] Ich-Bewusstsein beginnt damit, dass wir wissen, dass wir einen Körper haben und wie seine Maße sind. Wäre das nicht so, könnten sich Menschen und Vierbeiner nicht bewegen, ohne dauernd irgendwo anzustoßen. Neurologen haben herausgefunden, dass der Mensch sein Körperbild durch Übung ausdehnen kann. Er kann die Maße seines Autos oder Werkzeugs geschickt in seine Fertigkeiten integrieren, ohne anzuecken. Das gälte dann auch für den Blindenhund, der beim Führen seinen Herrn in seine körperliche Selbstwahrnehmung miteinschließt. Er umgeht Hindernisse, wo sich der Blinde stoßen könnte.

Pferde haben ein zentimetergenaues Wissen ihrer eigenen Körpermaße, das leider weder den Sattel noch mein Knie miteinbezieht, die dann am Türpfosten hängen bleiben. Tiere haben also ein komplettes Wissen über ihr

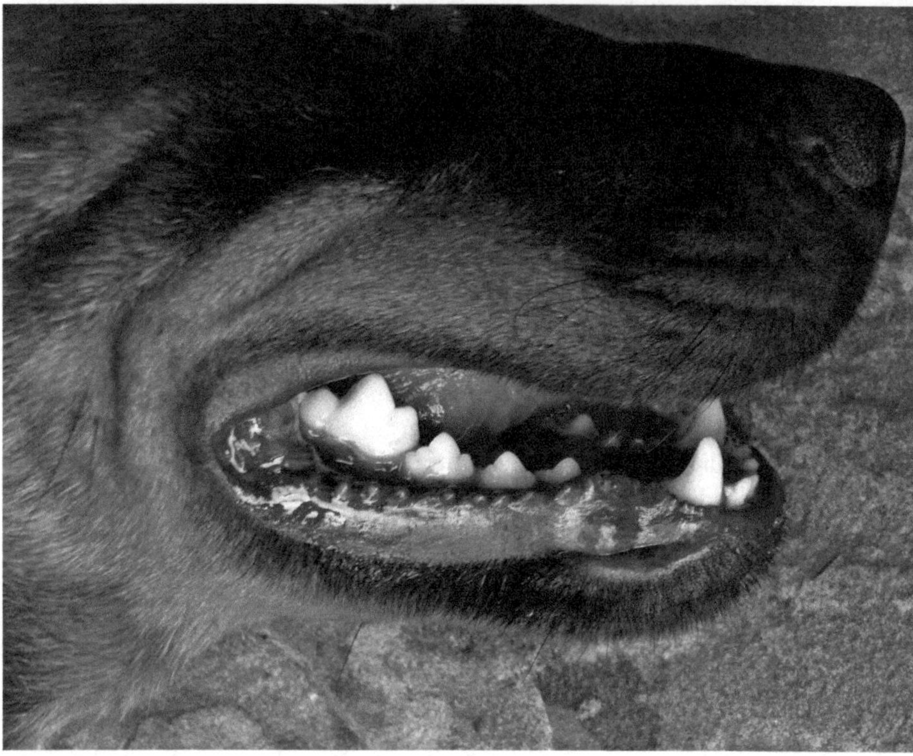

Riech- und Geschmackssinn

körperliches Selbst, genaueste Selbstwahrnehmung, die ihnen immer wieder abgesprochen wird. Selbstbewusstsein setzt Körperbewusstsein voraus. Und da wundere ich mich über seltsame Trainingsmethoden wie das Einwickeln von Pferden mit Bändern, „damit das Pferd ein besseres Körpergefühl bekommt" und um „ganz bei sich zu sein"![62] Oder das Anlegen von Körperbandagen, „um dem Hund seinen Körper bewusster zu machen und ihm eine bessere Erdung zu ermöglichen".[68] Da sollte der Mensch lieber erst mal bei sich selber anfangen! Tiere sind per se viel mehr „bei sich selbst", geistig und körperlich, mit 2 x 2 Beinen doppelt so viel geerdet wie gemeinhin die fremd- und kopfbestimmten Zweifüßer. Jeder höhere Organismus hat von Natur aus das Bewusstsein seiner Ganzheit. Weil von Anfang an eine unversehrte Karte im Gehirn angelegt ist, gibt es ja sogar das Gefühl des Phantomschmerzes. Ob den auch beinamputierte Hunde haben?

Neuerdings ist auch das Rumgefummel in den Mäulern von Hunden und Pferden modern geworden, nicht etwa, um die Zähne zu kontrollieren, sondern um „mehr Bewusstsein für den Gebrauch der Zähne zu vermitteln."[68] Ich bitte Sie, Tausende von Jahren kamen diese Tiere ohne T-Touches aus und wussten sehr wohl, wie sie ihre Kauwerkzeuge zu gebrauchen hatten, sonst wären sie nämlich ausgestorben, und jetzt meint man auch noch, sowas sei eine fortschrittliche Errungenschaft.

Neurowissenschaftler forschen an im Gehirn verdrahteten Affen, um so den Ort des Bewusstseins aufzuspüren. Man sucht immer noch nach besonderen geistigen Substanzen. Das ist die falsche Suche am falschen Ort, immer noch, geistlos eben. Schließlich hat auch noch keiner lieblos versucht, im Herzen mit Hilfe eines Skalpells die Liebe zu finden.

Reichen denn wissenschaftliche Erklärungen aus, um das Wesen psychischer Erlebnisse wie Freude, Schmerz, Ich-Bewusstsein zu erfassen? Nein, die chemische Struktur eines Apfelaromas erklärt niemandem das eigene Geschmackserlebnis, mag es süß und angenehm oder eklig sein. Auch der Geruch einer Rose ist kaum beschreiblich und definiert sich für uns nicht durch die Namen der Duftmoleküle. Die Wissenschaft weiß noch nicht im Mindesten, wie die Impulse der Nerven in bewusste Erfahrung umgesetzt werden.[97] Individuelles Bewusstsein ist die differenzierte Ausprägung von Subjektivität. Subjektivität, die eigene Wahrheit, ist ein entscheidendes Merkmal von Bewusstsein und Persönlichkeit, deshalb immer relativ. Jedenfalls haben meine Hunde ganz klar ein auf sich selbst zugeordnetes Ich-Bewusstsein ihres eigenen Namens und wissen genau, welcher gemeint ist, auch ohne Spiegeltest.

Ich schimpfe mit Hündin Berta, die lieber etwas entfernter meinen Unmut zur Kenntnis nimmt, während die andere gelassen direkt neben mir steht. Sie weiß, dass sie nicht gemeint ist. Auch wenn ich eine rufe, mich zu begleiten, bleibt die nicht genannte sogleich schon weit vor dem Hoftor enttäuscht zurück.

Ist alles Wissenswerte über die Welt ausschließlich über experimentelle und numerische Wissenschaft zugänglich? Nein. Aber dieser Zugang gilt als die primäre Realität, sie vermittelt uns eine berechnende Zukunft. Zahlen geben uns das Gefühl, wir hätten die Welt im Griff. Dabei grenzt Mathematik, wie die Sprache, nur ein und ist oft nur Näherung. Geschichte, Psychologie, Religion oder Philosophie entziehen sich der Mathematisierbarkeit, auch die Natur spricht nicht immer ihre Sprache.

Ist Glück nur eine zufällige Ansammlung von Neurotransmittern und bestimmten Molekülen im Gehirn? Sind Schmerzen nur Begleiterscheinungen physiologischer Prozesse von Neuronen? Nein, den Herzschmerz gibt es wahrlich auch. Das Gehirn kann nicht ohne Herz, aber das Herz ohne Hirn.

Bewusstsein ist definiert als das Zusammenspiel aller Neuronen eines Individuums für einen Erkenntnisprozess. Gewissheit über Gefühle, Gedanken, Wahrnehmung und die eigene Existenz laufen über das Bewusstsein. Aber Bewusstsein bedeutet mehr als die Anzahl aktiver Nervenzellen. So wie Temperatur nicht die Eigenschaft eines Moleküls ist, sondern immer nur von einem Kollektiv von Molekülen, so ist ein Atom nicht hart oder weich, sondern nur die Eigenschaft einer Vielzahl davon. Natrium und Chlor sind zwei verschiedene Elemente mit unterschiedlichen Eigenschaften. Wenn sie sich verbinden, entsteht das dritte: Kochsalz mit neu auftauchenden Eigenschaften.[160] Die kollektiven Zustände wachsen durch Selbstorganisation über die Summe ihrer Teile hinaus[21], in Eiweißmolekülen, Zellen, Pflanzen, Embryos, Tierschwärmen oder Menschengesellschaften. Es entstehen neue Seinsschichten, die in keiner Weise aus den Eigenschaften einer darunterliegenden Ebene ableitbar, erklärbar oder voraussagbar sind.[157] Der Sinn von Wörtern liegt nicht in ihren Buchstaben, sondern in der abstrakten Beziehung ihrer Buchstaben untereinander. Die Verknüpfungen und Wechselwirkungen untereinander sind das Entscheidende. Sie sind wie Beziehungen oder die Liebe immateriell. Oder anders ausgedrückt, mit Aristoteles: Das Ganze ist mehr als die Summe seiner Teile. Wir sind nicht nur unser Gehirn. Dieses Zusätzliche bildet sozusagen eine außerkörperliche, immaterielle Festplatte mit neuen Eigenschaften. Bewusstsein ist inhaltliche Qualität, hat keine Form, kann aber zu einer Struktur, einem materiellen Datenträger, in diesem Fall einem Gehirn, dazugehören. Ich kann also nur eventuell diesen Informationsträger messen, nicht aber das Bewusstsein und die Gesamtinformation selbst, da sie numerisch nicht zugänglich sind. Wir stecken immer noch in unserem Zwang zur Quantifizierung fest, der in höheren Sphären vermessenden Mathematikern verloren geht oder verloren gehen sollte. Messen macht immer nur eine Dimension der Wirklichkeit sichtbar.

Bewusstsein ist, soweit Physiker das heute betrachten, nicht an Gehirn und organische Moleküle gebunden. Bis heute ist die Komplexität von Informationsverarbeitung in ihrer Gesamtheit nicht wissenschaftlich zugänglich. Der deutsche Philosoph Thomas Metzinger schreibt dazu: „Diese Informationswolke ist etwas Funktionales, aber nichts Physikalisches. Sie ist mit dem Hirn kohärent, aber sie sitzt nicht dort.“ Kohärenz ist ein unbestimmtes Wechsel-Wirkungs-Verhältnis, aber keine Ursache-Wirkungs-Abhängigkeit.[53]

Information kann, muss aber nicht an Substanz gebunden sein. Speichermedien können Photonen, Gehirne, Bücher, Notizzettel, DNS oder Festplatten sein. Gregory Bateson definiert Geist als die Eigenschaft eines Systems, das Informationen transportiert, die nur dem System als Ganzem immanent sind.[39] Auch der Biochemiker Rupert Sheldrake spricht von einer immateriellen Informationswelt, die alle höheren Ordnungen und Organismen in Form eines Speicherwerkes erzeugen[63], und kritisiert die einseitig materialistische Philosophie und Wissenschaft.[79]

Man kann das in etwa grob vergleichen mit spurenbildendem Licht, das auf Silbermoleküle einer fotografischen Platte trifft und ein Bild erzeugt. Dieses Foto hat eine einzigartige Aussage für uns, verbunden mit Erinnerung und Gefühlen als Informations-Denkfeld. Die Menge der belichteten Moleküle hingegen und die chemischen Reaktionen haben für uns keinerlei Bedeutung und sind für unsere äußere und innere Reaktion vollkommen irrelevant. Auch ein Hilfsmittel wie ein Mikroskop würde unsere emotionale Resonanz hier nicht beeinflussen. Für jedes Ding gibt es immer viele Erklärungsebenen: Funktionale, materielle, chemische, symbolische, gefühlsmäßige, teleologische, kausale etc. Jede individuelle Mutterzelle hat bereits das Bewusstsein für ihre komplette imaginäre Soll-Struktur als potenzielle Realität und eine ungeheure Informationsdichte für jeden einzelnen Abschnitt ihres Formbildungsprozesses. Dieser bewusstseinsmäßige Zusammenhalt ist auch dem fertigen Gesamtorganismus höherer Ordnung gegeben. Der Aufbewahrungsort der Erinnerungen ist nicht auf das Gehirn beschränkt, sondern in jeder einzelnen Zelle abgelegt. Warum sprechen wir dann lebendigen Tieren Bewusstsein ab, wenn der Mensch in seiner Fortschrittseuphorie sich bereits fragt, ob Roboter mit künstlichem Bewusstsein denken, fühlen oder erleben können, jetzt oder demnächst. Thomas Metzinger, Professor für theoretische (sic!) Philosophie, spricht von ihnen sogar schon als postbiotischen Philosophen.[53] Menschen werden zu Robotern aufgewertet, Tiere abgewertet. Steckt in der Anbetung der Maschine nicht auch wieder männlicher Schöpferwahn?

Ich lese: „Materie schafft mit Neuronennetzen etwas Gegenstandsloses: den Geist, das Empfinden, Gefühle, den ersten Gedanken“,[83] oder: „Klar, dass die Seele ihren Sitz im Gehirn hat“, ja aber bestenfalls ein Teil von ihr. Beide Aussagen sind voll der materialistischen Denkart unserer Zeit verhaftet. Die heutige Denkrichtung des Materialismus versucht zu erklären, dass Bewusstsein Materie ist oder aus ihr entspringt, Bewusstsein sozusagen als Nebenprodukt des Nervensystems. Es gibt indes keinerlei stichhaltige Beweise, dass unser Gehirn tatsächlich unser Bewusstsein erzeugt.[55] Die Behauptung, dass eine Nervenzelle Gedanken erzeugt, mag wahr sein, doch es ist genauso wahr, dass das Denken Nervenzellen erzeugt.[131] Ich bin der Meinung, dass Geist die Entstehung von Neuronennetzen und den Ausdruck von Gefühlen erst möglich macht. Das Gehirn ist mehr als ein Automat, der mit einigen elektrochemischen Prozessen oder glückseligmachenden Bindungshormonen ein paar Gefühle produziert. Der Geist, wie eben dargelegt, sitzt auch nicht im Gehirn. Das Gehirn ist in den Kopf eingesperrt, das Bewusstsein nicht. Wenn das Bewusstsein überhaupt irgendwo sitzt, dann überall.[67] Oder gemäß Philosoph Ken Wilber: „Es hat keinen einfachen Ort."[126] Hier stoßen wir wieder auf die Schwierigkeit der Terminologie. Sowohl Geist wie Bewusstsein lassen sich nicht in den Plural setzen oder in eine Schublade packen. Jeder von uns ist nur eine winzigste Teilmenge des Universalbewusstseins. Selbstverständlich sind auch tierische Individuen hierin eingeschlossen. So wie ein Computer nicht das Internet produziert, so wenig produziert das Gehirn das Bewusstsein. Ähnlich wie der Computer funktioniert das Gehirn als Sender und Empfänger.[66] Leben bringt den Geist nicht hervor, sondern Geist brachte Leben hervor.

Wie entstehen denn aus dem Feuern eines Neuronenknäuels Erfahrungen und Gefühle? Darüber weiß man wenig. Ergibt sich Bewusstsein zwangsläufig aus bestimmten physiologischen Prozessen? In fast nichts sind sich die Denker in der Beantwortung dieser Fragen einig. Bewusstsein, Seele und Geist sind wissenschaftlich nicht sauber definierbar.

Wollen wir es doch noch einmal mit wissenschaftlich messbaren Daten versuchen, um dem Geheimnis des Bewusstseins auf die Spur zu kommen? Die Aktivität der Gehirnneuronen sendet messbare Wellen aus, die im EEG aufgezeichnet werden können:

A) Bei erhöhter geistiger Aktivität und intellektueller Höchstleistung im Wachmodus, bei Aufmerksamkeit, Lernprozessen und optimaler Verarbeitung und Verknüpfung von Informationen, bei Verarbeitung einzelner Wahrnehmungen komplexer Szenen, bei konzentrierter Arbeit, beim Bewusstwerden von Gedächtnisinhalten und Abrufen von Erinnerungen, während Meditation buddhistischer Mönche, REM-Schlaf und hellsichtigen Träumen dominieren *Gamma*wellen zwischen 25 bis 100 Hertz, das sind die Schwingungen pro Sekunde.

B) Bei normaler körperlicher oder geistiger Aktivität im Wachbewusstsein, bei Routinearbeiten, logischen Denkprozessen, Probleme-Lösen, aktivem

Im Alphamodus

Austausch mit der Umwelt, bei Handlungsfokussierung, beim Denken und bei negativen Gefühlen überwiegen die sogenannten *Beta*wellen, das sind Schwingungen zwischen 13 und 30 Hertz.

C) Bei wacher Entspannung mit geschlossenen Augen, bei passiver, gegenstandsloser, entspannter Meditation mit höherem Bewusstsein, Tagträumen, Empfangen von Bildern ohne Sinnesreize, bei gesteigerter Aufmerksamkeit bei Wohlbefinden, im handlungsbereiten Zustand, bei entspannter Konzentration, bei Tagträumen, bei Lernprozessen, beim Singen, im Ruhezustand und Dösen und bei Müdigkeit sind es *Alpha*wellen von 8 bis 13 Hertz, eine Art offener Leerlauf des Gehirns.

D) Bei höchster Kreativität, bei tiefem Nachdenken und Meditation, bei veränderten dimensionären halbwachen Bewusstseinszuständen, beim Erleben von Erinnerungen, im Einschlafstadium und leichten träumenden REM- und Nicht-REM-Phasen zwischen Wachen und Schlafen werden *Theta*wellen von 4 bis 7 Hertz ausgesandt. Dieser Traumschlaf analysiert und schaltet das beurteilende Denken aus.

E) Traumloser Tiefschlaf, Koma, höhere Bewusstseinszustände, tiefe Versenkung, Heilaufgaben mit Übertragung nonverbaler Information und intensivem Kontakt erzeugen *Delta*wellen von 0,5 bis 5 Hertz. Sie haben die niedrigste Frequenz, aber die höchste Amplitude. Sie überspielen Tagesinfos ins Langzeitgedächtnis, speichern sie ab und sind für das dauerhafte Merken von Gelerntem zuständig. Lernen im Schlaf, da ist also was dran.

Je langsamer also die Gehirnwellen, desto mehr Entspanntheit und Zufriedenheit. Wenn sie ganz aufhören, können gar ganz besondere, erhöhte Bewusstseinszustände erlebt werden, wie uns die Nahtodforschungen gezeigt haben.[66]

Alle Wellen kommen auch gemischt vor. Das Gehirnwellenmuster kann mit Musik beeinflusst werden und ist somit bei Mensch und Tier therapeutisch nutzbar. Lange Noten reduzieren den Pulsschlag und entspannen, schneller Rhythmus erhöht den Adrenalinspiegel und spornt an.[29] Leichte Klassik kann Hunde beruhigen.[122]

Interessanterweise finden wir im Schlaf sowie bei Meditation ein ähnliches Gehirnwellenmuster. Können wir daraus schließen, dass Tiere eben auch meditieren? Da ihr Gedankenturbo nicht so auf Hochtouren läuft wie der unsrige, müsste es ihnen doch viel leichter fallen als uns, ihr Hirn gedankenleer zu machen und sich der ziellosen Vergegenwärtigung hinzugeben. Wir müssen das nämlich verdammt lange üben. Meditieren Hunde nicht dauernd, so mühelos wie sie mit dem Hier und Jetzt verbunden sind? Hunde entspannen sich auch ohne Yogaverrenkungen. Tiere gehen viel direkter in ihrer Existenz auf als wir.[33] Sie projizieren keine Schuldgefühle in die Vergangenheit und keine Angstgefühle in die Zukunft. Sie befinden sich mehr im Einklang mit dem Biorhythmus ihres Körpers, weil sie nicht durch gesellschaftliche Konventionen verbogen sind, sofern wir sie ihnen nicht aufgezwungen haben. Sie sind im wahrsten Sinne doppelt geerdet, mit mehr Bein und intuitivem Hirn. Auch Kinder haben noch die Fähigkeit, völlig im Augenblick zu leben. Wie oft müssen wir uns als verkopfte Erwachsene bewusst machen, nicht an der Vergangenheit zu kleben, womöglich noch an der vorgeburtlichen, und uns nicht um die Zukunft zu sorgen, sondern bewusst mit allen Sinnen in der Gegenwart zu leben? Zusätzlich haben wir auch noch Angst vor Dingen, die nur in unserer Vorstellung existieren, vor Monstern, Geistern und Fantasiewesen.

Es ist schon seltsam: Einerseits sagt man dem Menschen nach, in seinem Gehirnskästchen sei am meisten drin, andererseits soll die Leere da oben den höchsten Erkenntnisgewinn bringen. Platon soll gesagt haben: „Hunde sind

Das Glück der Pferde?

die besseren Philosophen.“ Für sie ist nicht das Haben und das Tun, sondern das Sein von Wichtigkeit. Deepak Chopra schreibt: „Meine Hunde haben mich gelehrt, was Einfachheit, Unschuld, Hingabe und echte geistige Freiheit bedeuten.“[73]

Wenigstens steht fest, dass Hunde träumen und schnarchen können, wissenschaftlich nachgewiesen. Ob Pferde träumen, konnte ich selbst noch nicht feststellen, aber ich bin sicher, sie träumen bestimmt nicht vom Gerittenwerden.

Vor dem Mähen dürfen unsere Pferde das Gras um das Haus herum im Garten abweiden. Ich habe tatsächlich meine Stute Patrona schon schnarchen gehört. Am tiefsten schläft sie immer in meiner Nähe vor meinem Schlafzimmerfenster.

Träume geschehen bei Mensch und Tier in der sogenannten REM-Phase, die überlebenswichtig für ein gesund funktionierendes Gedächtnis ist. Junge Wesen weisen mehr dieser Phasen auf, da sie mehr verarbeiten müssen. Das erklärt vielleicht auch, warum ADHS- Menschen Probleme mit ihrem Erinnerungsvermögen haben, da sie meist nicht träumen. Auch da fehlen ihnen die inneren Bilder. Auch Schlafmittel können das generell bewirken, weil sie die REM-Phase stören.

Die meisten Säugetiere durchlaufen dieselben Schlafphasen wie der Mensch, inklusive Traum. Die rationale Beurteilung ist hierin aufgehoben und Eindrücke werden frei verknüpft. Schlafregulationsmechanismen sind bei allen Säugetieren und dem Menschen grundsätzlich gleich: Das betrifft das EEG mit REM- und NON-REM-Phasen, den Stoffwechsel mit niedrigem Cortisolspiegel, den Energieverbrauch und die Wärmeabgabe. Junge Wesen schlafen immer mehr als alte. Bei Pflanzenfressern wie dem Pferd hat man weniger REM-Aktivität festgestellt als bei Raubtieren, wahrscheinlich weil sie als Beutetiere einen weniger tiefen Schlaf haben. Pferde schlafen nur maximal 4 Stunden pro Nacht etwas tiefer und nur wenn sie liegen. Völlig entspannten Tiefschlaf auf der Seite wagen sie sich nur kurzzeitig und bei vollem Sicherheitsgefühl. Die übrige Ruhezeit dösen sie im Stehen.

Ratten, die am REM-Schlaf gehindert wurden, starben innerhalb drei bis vier Wochen. Menschen entwickeln innerhalb von 48 Stunden ohne Schlaf Impulsivität, Konzentrationsprobleme, Psychosen mit Aggression, Schreckhaftigkeit, Verhaltensauffälligkeiten, Reizbarkeit und Halluzinationen. Hunde starben nach 92 bis 143 Stunden ohne Schlaf.[59] Welch ein Experiment!

Bei Pferden hat man Schlafstörungen festgestellt, die durch Stress, Stallwechsel, zu kleine Liegefläche, Lärm, zu wenig Einstreu oder Arthrose verursacht wurden.

Früh übt sich …

Der Offline-Status zur Rekreation des wichtigsten Steuerorgans Gehirn ist von größerer Bedeutung als Hunger oder Sex. Und was lese ich immer wieder von unseren männlichen Wissenschaftlern? Der Sex sei der bedeutendste Trieb des Menschen, und wie so oft ist mal wieder eigentlich nur der Mann gemeint, bei dem die Reihenfolge von Sex und Schlaf nur einen unwesentlichen Unterschied ausmacht. Der Mensch kann schließlich weit länger ohne Sex oder Essen als ohne Schlafen auskommen, und auch eher ohne Sex als ohne menschliche Zuwendung. Vierzig Jahre ohne Sex bringen niemanden um, vier Wochen ohne Nahrung können einen Menschen umbringen oder auch nicht, vier Wochen ohne Schlaf aber ganz sicher.

Im Schlaf wie auch im Koma und in Narkose ist das Bewusstsein bei Tier und Mensch ausgeschaltet, nicht aber das Unterbewusstsein. Der immer offene Hörsinn leitet weiterhin Reize. Ein Katzenhirn-EEG reagiert auch in Narkose auf Hundegebell. Auch unsere Ohren sind 24 Stunden online. Das Unterbewusstsein arbeitet während der gesamten Dauer gesunden Schlafes, nicht nur während des Träumens. Nachts trainiert der Hippocampus den Cortex am Wachbewusstsein vorbei. Es werden unbemerkte Eindrücke, Vergessenes, Verdrängtes und Gelerntes verarbeitet. Sinnliches und Motorisches sollte der geistigen Verarbeitung vorausgegangen sein. So arbeitet das Unterbewusstsein weiter an Problemlösungen des Tages und fördert Einsicht. Das heißt nichts anderes, als dass wir mindestens einmal schlafen sollten, um Streit zu schlichten, wichtige Entscheidungen zu treffen oder Gelerntes zu verarbeiten. Dafür muss der REM-Schlaf vier bis acht Stunden nach dem Training stattfinden, um sich positiv auszuwirken. Auch Tiere, wenn sie ausreichend Ruhezeiten haben, lernen schneller ihre Lektionen. „Setzenlassen" bringt bei Schulkindern und Pferden oft viel mehr als verbissenes Üben, obwohl das menschliche und tierische Hirn umso nachhaltiger speichert, je öfter das Gleiche wiederholt wird. Gewaltanstrengungen blockieren aber das Denken. Positive Erlebnisse verbinden sich viel besser mit dem Langzeitgedächtnis. Deshalb: nach einmaliger richtiger Ausführung mit dieser Aufgabe aufhören als Belohnung! Nicht noch zig-mal weitermachen, weil's so schön war! Das Training sollte immer einen guten Abschluss finden, liebe Reiter!

Bewusste Anstrengungen unterdrücken nämlich die Impulse des Unterbewusstseins. Das Unterbewusstsein ist nicht für das Tun, sondern für das Lassen und Zulassen zuständig. Losgelassen-Gehen ist auch beim Pferd nicht mit noch so viel Hilfsmitteln zu erzwingen, sondern nur als Ergebnis von entspanntem, für beide angenehmem Miteinander von Reiter und Pferd zu erlangen. Sympathie kann auch nicht durch Aufforderung erzeugt werden. Erleuchtung kann man nicht erzwingen, auch nicht mit einem 400-Euro-Meditationskissen oder durch Askese erdienen. Man kann sie nur zulassen. Ausgeglichenheit, Lieben, Leidenschaft, Schlafen, Wachsen, Fühlen, herzlich Lachen, spontan Handeln, ausgelassen Spielen oder Begeisterung können wir nämlich weder bei Tieren noch bei uns selbst erzwingen. Alles Lass-Wörter, keine Tu-Wörter. „Entspann dich!" „Schlaf endlich!" „Träum was Schönes!" „Denk nichts!" „Fühl Dich frei!" „Sei selbständig!" „Sei spontan!" Es funktioniert so nicht! Tiere brauchen diese Befehle nicht, sie handeln fast immer spontan. Wenn sie sich wohlfühlen, sind sie zu ausgelassener Lebensfreude fähig. Kinder, Hunde, Pferde und Affen machen Freudensprünge. Wölfe rutschen im Schnee Böschungen herunter, vergnügen sich planschend im Wasser oder mit Kickspielen. Fohlen machen fröhlich buckelnde Rennspiele. Meine Hunde amüsieren sich mit Stöckchen, die sie selbst werfen und wieder fangen. Wälzen, Räkeln, Spiel und Körperpflege sind Zeichen des Wohlbefindens und der Entspannung. Und wann handeln *wir* spontan und ausgelassen und lassen

Spielgesicht

Miteinander spielen

mal im Übermut die Zügel schießen? Wenn wir glücklich sind. Unser Verstand spielt beim Glücklichsein nämlich keine Rolle, sondern eher, wenn davon in Selbstvergessenheit und Ge-*lassen*-heit unser Kontrollzwang nachlässt und wir vom Getrieben-Werden zum Status des Sich-treiben-*Lassens* kommen. Die schönsten Dinge des Lebens, Vergnügen, Unterhaltung, Bequemlichkeit sind nicht vernunftbegründet.

Sind unsere haarigen Hausfreunde demnach glücklicher als wir? Haben sie womöglich einen viel privilegierteren Zugang zu ihrem Unbewussten, zu ihrer Intuition als wir zivilisierten nackten Affen? Ja, denn unser Intellekt zensiert und unterdrückt uns, gibt uns mehr Selbstkontrolle, kann unsere Spontaneität blockieren, weil wir immer noch Angst haben, uns zum Affen zu machen. Der Teil des Gehirns, der für die Kontrolle des Verhaltens zuständig ist, entwickelt sich erst mit zunehmendem Alter. Deshalb können Kinder noch so herrlich albern sein. Glücklich sind Hunde, die sich selbst-*vergessen* alleine einem Ballspiel hingeben.

Impulssteuerung bedeutet den ersten Weg zur Zivilisation. Mangel an Impulssteuerung führt zu Gier. Geschäftsleute und Hunde aktivieren die gleichen Gehirnareale, wenn man ihnen eine Belohnung in Aussicht stellt.[152] Hyperaktive Kinder und ebensolche Hunde sowie Kaspar-Hauser-Kinder, die sich schwer tun mit Impulskontrolle, haben denn auch Probleme mit der Sozialisierung. Gier scheint ein Leiden unserer ganzen westlichen Gesellschaft geworden zu sein. (Gerne würde ich hier auch noch so manchen Politiker nennen.) Vorschulkinder, die in Versuchen besser warten und sich beherrschen konnten, (Marshmallow-Test) erreichten als Erwachsene einen höheren sozialen Status.

Auch bei uns Menschen ist das Unterbewusstsein die erste Antriebsinstanz des Handelns.[14] Intuition ist Handlung aus dem Unterbewusstsein, unmittelbares, daher spontanes, schnelles, inneres Wissen, also ohne über Verstand, Konvention, Logik, Gesetz oder Regel vermittelt zu werden. Es bestimmt nicht nur bei Tieren, sondern auch bei uns spontane Handlungsentscheidungen oder rätselhafte Sympathien. Es ist eine andere Form von Denken, Denken ohne Worte. Die Überlegenheit des Unbewussten liegt darin, dass es weiß, ohne zu denken, es ist angeborenes A-priori-Wissen. Sokrates sagt es so: „Ich weiß nicht, dass ich weiß." Wir haben nur von einem kleinen Teil von dem, was wir wissen, Kenntnis. Wir sind die unwissenden Nutznießer eines Geistes, der nur zu einem Teil zu uns gehört.[164] Es gibt Versuchsanordnungen, wo Ratten Menschen überlegen sind, weil sie intuitiv handeln, der Mensch aber kognitiv.

Tiere haben eine Intuition, die wir erst wieder üben müssen, weil wir gelernt haben, sie zu ignorieren. In Märchen gewinnt deshalb oft der unwissende jüngste Bruder, der furchtlos impulsiv handelt und konventionelle Gesetze und Einschränkungen außer Acht lässt.

Handlungsentscheidungen bei unseren Vorvorfahren mussten blitzschnell getroffen werden, zum Nachdenken war keine Zeit, ja, es hätte sogar in die Irre oder zum Tode führen können. Bei außergewöhnlichem Stress oder Panik spricht man nicht umsonst von Kurzschlusshandlungen. Es ist tatsächlich eine zeitliche und räumliche Abkürzung im Gehirn, die nicht über die vernunftbegabten Areale läuft. Es stellt ein Problemlöseverhalten dar, bei dem nicht klar gedacht werden soll und kann. Da unterscheiden sich Menschenmassen nicht von Herdentieren.

Bewusstes Überlegen, kalkulatorische Abwägungen, zwanghaftes Denken, langes Grübeln und mentales Kopfzerbrechen werden aber in unserer westlichen Welt überschätzt. Sie sind hingegen bei chaotischen Lebenskrisen, existenziellen Spontanentscheidungen, Gefühlstiefs und Depressionen nur wenig hilfreich. Unsere Logik hilft uns nicht zum Begreifen des Todes. Auch die Redekur bringt's nicht immer. Gefühle lassen sich nicht mit dem Verstand wegdiskutieren. Unbewusstes kann nicht weggeredet werden. Wir sind der irrigen Meinung, es wäre irgendwie besser, wenn Unbewusstes bewusst gemacht würde. Bateson nennt das eine verzerrte Erkenntnistheorie. Es sei eine törichte Vorstellung, dass es gut wäre, sich all dessen bewusst zu sein, was unbewusst in uns vorgeht. Bewusstes ist nur ein momentaner Geistesblitz und Kontrolle. Unbewusstes hingegen ist permanent gegenwärtig. Bei verkopften Menschen jedoch stellt sich das Unbewusste nicht automatisch dem Bewussten zur Verfügung. Das Bewusste hat Mühe, das Unbewusste zu kontrollieren und zu dechiffrieren, Angelernte Gewohnheiten oder Rituale sacken ins Unterbewusstsein und entgleiten mit der Zeit wieder der bewussten Kontrolle. Schwimmen, Reiten, Autofahren, Türenabschließen lernen wir zuerst bewusst, aber erlangen durch Wiederholungen Routine ohne nachzudenken. Dasselbe passiert beim Tiertraining. Lernen ist bewusst, Können ist unbewusst. Das ist das, was Bateson die Ökonomie des Geistes nennt durch Einsparung geistiger Energieprozesse, gewissermaßen durch Auslagerung in einen anderen, internen Gedächtnisspeicher. Es wäre ja verschwenderisch, weiterhin Versuch und Irrtum oder jedes Mal gedankliche Überprüfung bei gleichen Problemlösungen zu bemühen. Diese Mechanismen stehen dann für Wichtigeres zu Verfügung.[39] Studien belegen, dass, wenn jemand eine Fertigkeit gemeistert hat, die betreffenden Gehirnregionen weniger Aktivität zeigen als beim Erlernen. Während des Einübens und fokussierter Aufmerksamkeit erfolgt nach und nach eine Verlagerung der Funktion vom neokortikalen in das subkortikale System.[170] Unbewusste Abläufe sind ein Brennstoff- und Raum-Sparmechanismus für Informationsspeicherung. Ein kluges Gehirn ist faul.[120] Der kluge, aber faule Mensch hat inzwischen auch jede Menge externer Speichermedien, vom Runenstein über den Einkaufszettel bis zu Servern und Clouds erfunden. Mögliche Überkapazitäten im Input werden solcherart elegant outgesourct. Allerdings kann das auch zu mangelndem Gehirntraining und mangelnder konzentrierter Fokussierung führen. Ich muss mir ja nichts mehr merken und bin hilflos ohne mein Smartphone. Wir sprachen schon von angelernter Hilflosigkeit.

Übermäßige Intellektualisierung geht nicht selten mit einer Verkümmerung der Sinnes- und Empfindungsfähigkeit einher durch einseitige Aktivierung der linken Gehirnhälfte. Gefühle sind, Intellekt wird. Alle unsere Gefühle sind unsere besten Ratgeber. Je intensiver das Gefühl, desto machtloser ist die Ratio.

Intelligenz und Verstand haben mit Denkfähigkeit, Kontrolle und Konzentration zu tun. Konzentration ist die willentliche geistige innere Fokussierung und Fixierung auf einen bestimmten Gegenstand oder eine Leistung, die langsam und mühsam antrainiert wird. Unser Gehirn arbeitet weder fehlerfrei noch perfekt, nicht immer linear und auch nicht immer schnell. Wäre es so, wären wir zwar intelligent und logisch, aber nicht kreativ, außerdem langweilig und vorhersehbar. Regelbrüche führen zu Erkenntnissen. Ratio benötigt Irratio für das Bewusstwerden der Gefühle.

Können unsere Tiere auch für Konzentration einen Teil der Umwelt ausblenden? Haben Sie schon mal das Gesicht eines Pferdes bei einer schweren Dressurprüfung beobachtet? Es hat einen wie nach innen gerichteten Blick. Das nennt man nicht zufällig Versammlung. Auch ein Spürhund, der unter Lärmbedingungen und vielen ablenkenden Gerüchen arbeiten muss, schafft diese überragende Leistung nur mit voller Konzentration und selektiver Aufmerksamkeit. Beispielsweise wenn ein Suchhund in einer unbekannten Fabrik mit hoher Geräuschkulisse Sprengstoff aufspüren soll. Hierbei müssen gezielt bestimmte Informationen gefiltert und ignoriert werden. Psychologen bewerten das Widerstehen von Ablenkungen beim Menschen als hochintelligent. Bei unseren tierischen Helfern hat sich wohl noch niemand darüber Gedanken gemacht.

Der englische Naturheilkundler und wissenschaftliche Forscher John Davidson[22] schreibt, dass Telepathie bei sogenannten Primitiven (Buschmänner, Aborigines, Kahunas auf Hawaii und ein Volk im Südpazifik) eine angeborene Fähigkeit war. Ich störe mich hier an dem Begriff Primitive. Es be- und verurteilt schon wieder. Es sind Menschen, die viele Fähigkeiten haben, die uns inzwischen abgehen. Trotzdem meinen wir, sie herabsetzen zu müssen. Naturvölker wäre das bessere Wort. Die Philosophin Vandana Shiva schreibt: „Die westliche Wissenschaft wird als die einzig wahre angesehen, alle anderen Wissenssysteme werden als primitiv eingestuft"[100], die telepathischen Kenntnisse von Tieren einbezogen. Metaphysik wird als Erkenntnisweg von vielen Physikern und Philosophen abgelehnt. Man möchte nicht an immaterielle Kommunikationswege glauben.[157] Der Weltagrarbericht 2013 spricht von wissenschaftlicher Überfettung bei gleichzeitiger geistiger und emotionaler Unterernährung. Unsere Jetztzeit lebt im Höhepunkt der Technologie, aber im Tiefpunkt der Humanität.

Wo hört die subtile Körpersprache auf und wo fängt Telepathie an? Welcher einfühlsame Reiter kennt nicht die telepathische Kommunikation zwischen ihm und seinem Pferd? Ich habe nur etwas angedacht und schon reagiert mein Reittier. Aber leider funktioniert das auch im Negativen bei Übertragung von Angst oder Nervosität. Dabei braucht das Pferd die Frage „Wie geht es Dir?" zur Begrüßung nicht zu stellen, um über uns *im Bilde* zu sein. Es liest vom ersten Begegnungsmoment schon auf Entfernung in unserer Körperhaltung, Atmung, Muskelspannung und Stimmlage. Das Hin und Her von Frage und Antwort sind für das Pferd überflüssig. Es interpretiert uns als Sinn-Bild. Pferde und Hunde werten nur die soziale Kompetenz. Schulnoten, Doktortitel, Hautfarbe oder Behinderung interessieren sie nicht. Ist das nicht ein viel umfassenderes und gerechteres Kommunikationssystem?

Schimpansen, Hunde und Pferde haben einen sechsten Sinn, der ihnen zur Gefahrenwarnung oder Selbstmedikation dient. Sie lecken Erde, um bestimmte Mineralstoffe aufzunehmen. Sie kauen ganz bestimmte Pflanzen gegen Würmer oder Unwohlsein. Woher wissen die Tiere das? Das ist ihre innere, unbewusste Instanz, die das Defizit kennt, sogar die Lösung weiß und noch zwischen Ist- und Soll-Zustand unterscheiden kann. Es funktioniert aber nur bei natürlichem Angebot. Jeder Mensch weiß dies eigentlich auch im Innersten, aber dieses gesunde Empfinden muss er erst wieder entdecken. Heute brauchen wir dazu Behandler, Labore, Apotheker und Ratgeberliteratur.

Unsere Haustiere spüren kleinste Erdbewegungen und subtile Energieschwingungen, die sie vor Unwetter, Erdbeben und Tsunamis retten können. Hunde jaulen vor Erdbeben, laufen auf erhöhte Stellen. Am Max-Planck-Institut der Uni Konstanz weiß man, dass Haustiere bereits 20 Stunden vorher auffälliges Verhalten zeigen, und versucht, dieses Wissen für Vorhersagen zu nutzen. Erkennen sie elektrische Aufladung der Atmosphäre oder riechen sie Gase? Man weiß es nicht.[156] Bei Tieren wird es einfach Instinkt genannt. Ist das nicht auch schon wieder eine Abwertung einer Fähigkeit, die Menschen im Allgemeinen nicht vorweisen können? Meist steht ja auch noch das Wörtchen „nur" davor. Ich lese: „Tiere haben nur intuitive Lösungsfindungen." Wieso „nur"? Komisch, ich selbst finde meine besten Lösungen über meine Intuition, die weiß viel mehr als mein Intellekt, der kulturabhängig einseitig über Erziehung gesteuert ist. Sie findet den Handlungsweg über Authentizität, nicht über Außenanleitung und angelernte Orientierungen. Bei klugen Frauen war es noch im letzten Jahrhundert auch „nur" ihre Intuition, weshalb ihr Gehirn nicht zum Studieren geschaffen schien. Weshalb man bzw. Mann ihnen ebendies verweigerte! Einstein aber fand seine bahnbrechenden mathematischen Erkenntnisse auf diesem Wege: „Das Abwägen von Argumenten in theoretischen Dingen bleibt Sache der Intuition."[107] Der Physiker Niels Bohr, einer der Pioniere der Quantentheorie, erklärte, dass ihm sein Atommodell intuitiv als Bild erschienen war. Der Psychoanalytiker C. G. Jung sagt über die Intuition, sie schenke uns Wahrnehmung und Orientierung in einer Lage, wo Sinne, Verstand und Logik uns überhaupt nichts nützen.[147] Über Nacht sind viele wissenschaftliche Erkenntnisse und künstlerische Ideen in Visionen und Träumen entstanden.

Intuition schöpft eben aus dem Universalwissen, aber den Zugang müssen sich moderne Menschen erst wieder erobern. Psycho-Medikation blockiert diesen Weg allerdings. Intuition ist trainierbar, auch für Männer, die auch die Frauen wegen dieses besseren Zugangs bisher abschätzig bewertet haben. Warum also dann die Tiere verachten, die mit ihrem siebten Sinn sich schon so manches Mal als Lebensretter hervorgetan haben?

Paranormale Fähigkeiten verhalten sich umgekehrt proportional zur Alltagswahrnehmung, ja sogar zur Blut- und Sauerstoffzufuhr. Ihr Optimum fällt mit dem Minimum an normaler Bewusstseinsaktivität zusammen, kann aber das Gefühl der Allwissenheit vermitteln. Im schwer hypoxischen Gehirn während Bewusstlosigkeit, Vollnarkose oder Nahtoderfahrung berichten betroffene Menschen von einem erhöhten Bewusstseinsgrad und verbesserten geistigen Funktionen.[66] Bergsteiger und Astronauten berichten von ähnlichen intensivierten Sinneserfahrungen.

Der Philosoph und Theologe Thomas von Aquin schrieb schon, dass der Mensch, um hellsehen zu können, von seinen fünf Sinnen befreit sein müsse, im dösigen Halbschlaf, tiefer Entspannung und beim Nicht-Denken. Auch Platon wusste schon: „Die Seele denkt am besten, wenn nichts vom Leibe sie trübt, weder Gehör, noch Gesicht, noch Schmerz, noch Lust, sondern sie am meisten ganz für sich ist. Also verachtet des Philosophen Seele am meisten den Leib."[18] Moderne Hirnforschung beweist, dass unser Selbst stärker in den Fokus rückt, sobald die Außenwelt uns nicht bedrängt. Durch zu viel Außenreize und Überbewertung des Intellekts wird der Zugang zu ursprünglichen Gefühlen erschwert.[120] Dadurch sind Fähigkeiten wie Intuition, Telepathie, Zukunftsahnungen beim Menschen immer mehr verkümmert. Es wird ihm beim Hellsehen so etwas wie Erleuchtung unterstellt, bei Tieren mit Zukunftswissen oder Todesahnungen wird es wieder nur Instinkt genannt, dabei haben sie viel ausgeprägtere seismografische Fähigkeiten als wir. Wir sollten dem Tier in uns mehr unvoreingenommene Aufmerksamkeit schenken. Wie kommt es, dass mein Hund mehr weiß als ich?

Wenn wir bei uns aus dem Gartentor rausgehen, schaue ich zuerst, ob auf dem Weg auch niemand ist. Dann können meine Hunde frei hinauslaufen. Sie sollen ja niemanden erschrecken oder sich mit anderen Artgenossen prügeln. Manchmal läuft die eine Hündin dann aber gleich zielgerichtet um die nächste, circa 100 Meter entfernte, nicht einsehbare Ecke, weil sie vorher schon informiert ist, dass da jemand ist. Woher weiß sie das?

Was verstehen wir denn eigentlich unter Instinkt, dem Wort, mit dem wir hier jetzt schon die ganze Zeit operiert haben? Darwin sagt: „Das Eigentliche des Instinktes besteht darin, dass er ohne Überlegung befolgt wird."[67] Everett sagt, dass Instinkte, weil angeboren, keine Lernkurven aufweisen.[98] Der Verhaltensforscher Vitus Dröscher nennt sie angeborene, einprogrammierte Antriebe ohne Verstandesleistung.[132] Frans de Waal spricht von angeborenen Handlungsweisen, die aber mehr sind als einfache Reiz-Reaktionsmuster.[152] Denn es ist längst erwiesen, dass Angeborenes durch Lernen modifizierbar ist. Andererseits kann aber auch nur das gelernt werden, wofür eine angeborene Veranlagung besteht. Es ist ein ständiges Wechselspiel zwischen Genetik, Umwelt und Prägung von Wertemustern. Die Gene allein reichen für ein intaktes Sozialleben nicht aus.[154] Ich möchte die Antwort mit Bateson geben: „Instinkt soll die Kontrollfunktion des tierischen Organismus betiteln. Instinkt ist nur eine Hypothese, ein Erklärungsprinzip, erklärt aber in Wirklichkeit nichts. Es ist nur eine konventionelle Übereinkunft zwischen Wissenschaftlern, die dazu dient, an einem bestimmten Punkt mit dem Erklären aufzuhören. Scheinerklärungen werden als bewiesene Begrifflichkeiten angesehen."[39] Letztlich gibt es kein allgemeingültiges Kriterium für die Klassifizierung von Intelligenz.

Eine Sache haben wir aber bisher gänzlich unbeachtet gelassen: Unser Wissen sitzt nämlich nicht nur unter der Schädelkapsel, sondern auch noch ganz woanders, nämlich im Bauch. Man nennt es das viszerale Gedächtnis. Neuropeptide und ihre Rezeptoren sind die biologischen Substrate unseres Bewusstseins. Diese sitzen beileibe nicht nur im Kopf, sondern sie sind ein Informationsnetz im ganzen Körper. Dank dieser Peptide und ihrer Rezeptoren ist der Dialog zwischen bewussten und unbewussten Prozessen möglich. Gefühle oder das Seelische sind das Bindeglied zwischen Materie und Geist.[17] Dieses zweite Gehirn funktioniert über 100 Millionen Neuronen, speichert Gefühle und beeinflusst unsere Seelenlage. Erinnerung wird nicht nur im Gehirn, sondern im psychosomatischen Netzwerk des ganzen Körpers gespeichert. Der Organismus organisiert so alle seine Organe. Gesundheit hängt nicht von einem bestimmten Organ ab, sondern von ihren Beziehungen untereinander. Besonders im unteren Teil des Körpers befindet sich ein autarkes Nervensystem, das nicht nur für die Koordination der Verdauung und der Krankheitsabwehr eine Rolle spielt, sondern auch für Gefühl und Intuition, sogar mehr als das kognitive Gehirn. Es funktioniert komplementär. Es bewertet Umweltimpulse, analysiert, bildet Hormone, steuert Verhalten. Der Bauch bestimmt über den Kopf, der Kopf über den Bauch. Zum Beispiel kommt es bei Angst zu Dünnpfiff. Oft weiß der Kopf nicht einmal, warum einem der Appetit vergangen ist. Psychische Krankheiten entstehen durch zelluläre oder seelische Kränkung. Auch bei unseren Tieren funktionieren das viszerale Gedächtnis und diese gegenseitige Beeinflussung:

Eine meiner neu gekauften Stuten fraß in den ersten Tagen fast nichts, obwohl ihr äußerlich keine Angst anzumerken war.

Es gibt keine eindeutige Grenze zwischen menschlicher und tierischer Welt. Wir haben eine vergleichbare geistige Grundstruktur auf Grund anatomischer Gemeinsamkeiten, Physiologie und Verhalten, Mensch und Tier sind vom gleichen Stoff.[4] Mit der modernen Neurowissenschaft lässt sich ein strikter Mensch-Tier-Dualismus nicht länger aufrechterhalten.[152] Der Mensch versucht, seine animalische Natur zu verleugnen. Im Tier finden wir Bekanntes, aber es ist stets mit dem Fremden verflochten. Unsere eigenen würdigsten

Eigenschaften sind in den Tieren verborgen: die ästhetische Kraft des Pferdes, die ergebene Loyalität des Hundes. Der Mensch ist nicht das Maß aller Lebewesen. Tiere sind weder Unseresgleichen noch lediglich Untergebene. Das, was Jean Claude Dysli über Pferde sagt, gilt auch für Hunde. Er drückt es so aus: „Das Pferd kann Dinge tun, die ich nicht kann. Aber ich kann Dinge tun, die es nicht kann. Zusammen können wir jedoch Großes tun. So entstand ein Teil der Evolution."

Kapitel 4

Grenzen des Verständnisses

Trotz unserer gar nicht so unterschiedlichen Bewusstseinsstruktur fällt es uns oft schwer, die Wahrnehmungen anderer Wesen nachzuvollziehen. Jeder Mensch richtet seine Aufmerksamkeit in der gleichen Situation auf ganz verschiedene, ihm vertraute Aspekte: Der Frisör erinnert sich an die Haarfarbe, die Mechanikerin an das Automodell, der Hund an den Körpergeruch und das Pferd an die Bewegungsart. Um ehrlich zu sein, bei mir selbst geht der Tierärzteblick auf der Straße als erstes zum Hund an der Leine. Erst wenn ich denke: „Den Vierbeiner kennst du doch!", gehen meine Augen nach oben zum Patientenbesitzer.

Nicht nur in der individuellen Sinneswahrnehmung sind wir verschieden, sondern auch in der Art und Weise, wie wir etwas erleben und erinnern. In verschiedenen Kulturen nehmen Menschen Farbe, Anzahl oder Raum auf ganz unterschiedliche Arten und Weisen wahr. Das betrifft auch soziale Beziehungen und Emotionen, besonders das Gerechtigkeitsempfinden.[167] Gefühle synchronisieren sich in gewachsenen Gemeinschaften.

So ergeben sich leicht schon Verständnisschwierigkeiten mit unserer eigenen Art. Hier wieder ein wörtliches Zitat des bekannten Psychotherapeuten C. G. Jung: „Die Tatsache, dass ein Mensch seine eigene Psychologie auch immer beim anderen voraussetzt, erschwert oder verhindert das richtige Verständnis der weiblichen Psyche."[24] Mal wieder wird hier in männlicher Einäugigkeit Mensch mit Mann gleichgesetzt und Frauen zum Objekt männlich-wissenschaftlicher Betrachtung gemacht. Frauen haben in der Tat einen anderen Zugang zur Wirklichkeit als Männer, längst nachgewiesen, da der Balken zwischen beiden Gehirnhemisphären bei Frauen um 30 Prozent mehr Verbindungen vorweisen soll. Ihr Gehirn arbeitet deshalb ganzheitlicher. Frauen haben mehr Fähigkeiten im Empfangen und Senden verbaler und non-verbaler Ausdrucksmodi[59], was zu einer höheren sozialen Kompetenz führt.[152] Dazu gehört auch die bei Männern nicht besonders beliebte Plaudertasche. Ihre Gehirnareale für Sprechen und Hören enthalten 11 Prozent mehr Neuronen. Männern sagt man dafür bessere Orientierungs- und schärfere Sehsinne nach, die brauchen sie beim Jagen. Auch ihr Gehirnteil, in dem Neigungen und Verhaltensimpulse spontan umgesetzt werden, ist größer. Aber Mann/man sollte das auch endlich als komplementär und nicht als übergeordnet betrachten. Aber bei vielen scheint noch nicht angekommen zu sein, dass es die Spezies Mensch in zwei Ausführungen gibt. Ganze Geschichtsbücher handeln nur von Männerspielen. It is his story. Frauen kommen darin kaum vor, aber sie sollen sich im Schulunterricht damit identifizieren. Eine Fe-male kann ja nur ein unvollständiger Male sein. Und eine Er-finderin wird noch nicht zur Sie-finder. Auch im Sprachgebrauch im Englischen, Französischen oder Spanischen ist das Wort Mann mit Mensch gleichbedeutend. Ist es aber nicht! Auch nicht im Stoffwechsel: Frauen, Kinder und Alte unterscheiden sich zum Teil wesentlich darin, aber Medikamente werden fast nur an gesunden, jungen Männern geprüft. Und werden dann entweder diesen anderen Gruppen vorenthalten, falsch dosiert oder mit Risiko trotzdem angewendet. Selbst Medizingeschichte wird als die Erfolgsgeschichte von Männern erzählt, dabei dominierten Frauen schon in vorchristlicher Zeit als Hebammen und als Naturheilkundige und immer im familiären Bereich.[159] Alle Frauenkliniken werden heute von Männern geleitet. Ganze Bücher werden im man-Stil von Männern verfasst, denen gar nicht auffällt, dass das ganze Thema sich eigentlich fast nur auf ihre eigene Nabelschau bezieht wie Wirtschaftsartikel, Kriegsbeschreibungen, Holocaustzitate etc. Zum Beispiel dieses: „Der Jagdtrieb, der in uns allen wohnt." Nein, der wohnt fast nur im männlichen Teil der Menschheit, ungeachtet einiger Jägerinnen. Dadurch hatte er auch früh den alleinigen Zugang zu Waffen. Oder dies: „Kampf und Krieg sei schon im biologischen Erbe des Menschen verankert." Nein, der männliche Teil der Menschheit ist immer auf der Jagd: nach Beute, nach Status, nach Territorien, nach Ansehen, Titeln, Ruhm und Ehre, nach Geld, nach Frauen, nach Sex. Das Sexualzentrum eines Mannes ist doppelt so groß wie das des weiblichen Menschen. Jäger, Polizisten und Zuhälter sprechen von ihrem Revier wie die Wölfe. Unsere Theorien über die menschliche Evolution haben sich immer um Männer gedreht und darum, was sie erfolgreich macht.[152] Die großartigen Ideen eines architektonischen Entwurfs von versteinerten Betonburgen ohne sozialen Bezug scheinen der Pflege eines Kinderpopos, so herzig, symmetrisch und gut gebaut dieser auch sein mag, nicht angemessen zu sein, so sehr jeder dieser Schöpfer es auch einst bedurft hat.[163]

Der Berliner Heilpraktiker Andreas Krüger spricht davon, dass wir erkennen müssen, dass wir alle eine durch 5.000 Jahre Patriarchat verstümmelte Seele haben und dass diese Glaubenssätze immer noch in uns wirken, selbst bei Feministinnen.

Alte, Kinder und Mystiker erleben wiederum eine andere Wirklichkeit und rechnen auch zu den Menschen. Wie gut können sich Sehende in Blinde einfühlen? Wenn es schon von Mensch zu Mensch so schwer ist, wie soll da der Brückenschlag zwischen 400 und 1.400 Gramm Gehirn gelingen?[4] Wo wir uns manchmal doch selber nicht verstehen! Ähnlich wie zwischen den Geschlechtern möchte ich die Psyche unserer vierbeinigen Begleiter verstanden wissen: tolerant, nicht versklavend, sondern uns gegenseitig vervollkommnend als angenehme Erfüllungsgehilfen im gegenseitigen Geben und Nehmen.

Einfühlungsvermögen sollte daher nicht beim eigenen Geschlecht oder der eigenen Art aufhören. Dies gelingt umso besser, je mehr ich mich mit dem anderen Wesen beschäftigt habe, praktisch sowie mit Wissensvermehrung. Dann werde ich auch herausfinden, dass die gleichen Körperbewegungen bei verschiedenen Spezies ganz unterschiedliche Gemütsverfassungen ausdrücken können. Zum Beispiel: Wenn ein Pferd die Ohren anlegt, drückt es seinen aggressiven Unmut aus, wenn ein Hund die Ohren anlegt, ist er unsicher oder hat Angst. Zähneblecken bei Hunden interpretieren Kleinkinder oft als Lächeln anstatt als Warnung. So kommt es durch Missverständnisse zu Unfällen. Die zwischenartliche Kommunikation muss erst gelernt werden. Mann macht es sich zu leicht, wenn er Frauen einfach wie andere Männer interpretieren möchte und der Mensch, wenn er Tiere einfach wie vierbeinige Menschen ansieht. Immerhin hat er Haustieren im Mittelalter so viel Verstand zugestanden, dass Pferde und Hunde als Vergeltung für Schäden und Straftaten in Prozessen ausgepeitscht, eingesperrt, verstümmelt, gehenkt und hingerichtet wurden. Sie wurden als keck, herrisch, hinterhältig oder blutdurstig mit Hilfe des Strafvollzuges moralisch verurteilt. Das setzt eigentlich Entscheidungsfähigkeit mit Abschätzung von Handlungsfolge voraus, nämlich den freien Willen. Aber der ist noch nicht mal beim Menschen sicher, sind wir doch ebenfalls dominiert von konditionierter Erziehung, religiösen Vorstellungen, eigenen Erfahrungen, Hormonen, Genen, Suchtmolekülen und allen anderen tierisch-menschlichen Bioprogrammen und unseren anatomischen, molekularen, psychologischen und sozialen Abhängigkeiten. Ja, man hat sogar herausgefunden, dass unser Essen und damit die Bakterien, Hefen und Parasiten der Darmflora unsere Gehirnchemie und damit unser Verhalten, unsere Ernährungsentscheidungen und unsere Psyche beeinflussen. Hormone tun das ja sowieso. Toxoplasmen können bei Menschen unmotivierte Aggressionen hervorrufen und alle Vorsicht vor Katzen vergessen lassen, die diese Erreger übertragen. Bei Mäusen bestimmt das Mikrobiom des Darmes aggressives oder friedfertiges Verhalten. Durch Bakterienaustausch hat man ihren Charakter von ruhig zu aktiv bzw. umgekehrt verändern können. Nach Freud und Kant wäre dann Moral auch für uns nur eine Illusion, weil wir determiniert wären. Auch die Philosophen Platon, Baruch de Spinoza, der Psychologe B. Frederic Skinner und der schon genannte Daniel Dennett sowie Charles Darwin, der Zoologe und Humanethologe Eibl-Eibesfeldt und der Neurowissenschaftler Wolf Singer glauben nicht an den freien Willen, nicht mal beim Menschen. Ich selbst glaube nach den Gesetzen der dualen Komplementarität an die Koexistenz von Determinismus und freiheitlichem Willen, sowohl beim Menschen wie beim Tier, möglicherweise in gradueller Abstufung. Wodurch sich wieder mal kein Entweder-Oder, sondern ein Sowohl-als-Auch ergibt. Vorherbestimmtheit und Willensfreiheit sind vereinbar. Wir können unter identischen Umständen auch anders handeln oder entscheiden. Aber der alte Streit wird immer noch von Neuro- und Sozialwissenschaftlern darüber ausgetragen. Der Antrieb nach Befriedigungen wird durch physiologische Gegebenheiten beeinflusst. Aber die individuelle Auswahl der dafür als geeignet angesehenen Objekte wie Sexpartner oder Menü ist nicht genetisch vorgegeben und kausalen Erklärungen oft nicht zugänglich. Eine Antwort könnte es in Anlehnung an die Quantenphysik geben, wo bestimmte Unbestimmtheiten viele Wahrscheinlichkeiten vorgeben, die das Individuum als diese oder jene Möglichkeit in Realität umsetzen kann. Vielleicht gibt es bei Menschen einfach nur mehr mögliche Varianten als bei Tieren. Jede individuelle Biografie lebt im Spannungsfeld der Existenz zwischen vorherbestimmten Grenzen (wie Vererbung, Klimaeinwirkung, Geburtsort, postnatalen Erfahrungen, sozialem Umfeld etc.) und eigenem Entscheidungsimpuls. Der Mensch ist nämlich mit außergewöhnlicher Stärke zu merkwürdigen Willensakten fähig, die gänzlich seiner biologischen Natur widersprechen und ihn von seinen Grundinstinkten abkoppeln wie: das Eingehen unvernünftiger Risiken, Askese, Selbstgeißelung, Masochismus, Verstümmelung seiner und ihrer Geschlechtsorgane, Verkleinerung, Vergrößerung oder Entfernen gesunder Körperteile per schmerzhaftem Eingriff, Durchbohren allermöglicher Lippen, Hautareale, Ohren oder Nasen, Pflöcke in Unterlippen und Ohrläppchen, Durchspülungen von Därmen im Sauberkeits- oder Gesundheitswahn. Diese Handlungsweisen entspringen nur seinem verrückten Hirn. Kein Tier der Welt käme auf so aberwitzige Ideen.

Über die Schuldfähigkeit kommen wir zur Moral. Gemäß dem Philosophen

Arthur Schopenhauer liegt das Fundament der Moral im Mitleid. Dass Tiere trauern, ist keine Frage, auch dass sie loyal sein können, aber Mitleid? Bei Schimpansen ist bekannt, dass Weibchen nach Händeln zwischen Affenmännern den Unterlegenen anschließend umarmen und trösten.[43] Kinder tun das erst ab etwa zweieinhalb Jahren. Auf YouTube war zu sehen, wie ein Hund einen angefahrenen Artgenossen von der Autobahn aus der Gefahrenzone zog. Kranke werden bei Wölfen und Wildhunden mit Futter versorgt. Ist das Mitleid? Es sieht so aus. Zumindest ist es hohe soziale Intelligenz oder Altruismus auf Gegenseitigkeit, weil nur so Sippenleben funktionieren kann. Oder sehen wir Mitleid bei Hunden oder Pferden nur deshalb nicht, weil sie keine Arme um andere legen, nicht mit Hufen streicheln können?

Heute sagt man eher, Tiere hätten keine Verantwortung, auch Kinder und Demente nicht. Man hat Tiere per Gesetz wieder verdinglicht. Selbst Menschen werden immer mehr pragmatisch instrumentalisiert. Ist denn Verantwortungsgefühl nur etwas Menschliches? Fühlen denn Menschenmütter anders als Affen-, Hunde- und Pferdemütter, wenn sie ihre Babys schützen? Alles wieder nur Instinkt für die Reproduktion? Hier wie da gibt es gute und schlechte Mütter.

Unsere Criollo-Stute Confianza schlug nach ihrem Fohlen direkt nach der Geburt. Quarter-Stute Tortilla biss dem ihren in den Po beim Säugen und drohte ihm, wenn es aus derselben Krippe fressen wollte. Eine meiner Lieblingsstuten jedoch, Cara, war nicht nur immer freundlich zu ihren eigenen Fohlen, sondern auch zu allen anderen, eine Amme in Person, die sogar gelegentlich andere Fohlen bei sich nuckeln ließ.

Also, Verantwortung und Moral sind eben keine expliziten Kriterien für Menschlichkeit. Sie sind ein sozialer Vertrag, der dem Einzelnen Einschränkungen auferlegt, um damit der ganzen Gruppe zu dienen.[67]

Angebliche Charakterprobleme bei Tieren können durch Haltungs- oder Fütterungsfehler bedingt sein. Pferde, die in ihrem Gitterbett hin und her schaukeln, weben, sind nicht verhaltensgestört, sondern leiden als besonders intelligente Tiere unter Langeweile und suchen sich Bewegungsabfuhr. Das gilt auch fürs Koppen. Stereotypien sind Indikatoren gestörten Wohlbefindens durch reizarme Umgebung. Erich Fromm behauptete jedoch: „Der Mensch ist das einzige Tier, das sich langweilen kann." Da liegt er völlig falsch. Auch Tiere brauchen Kopfarbeit. Psychologen haben auch keine Pferde. Zu oft schon wurde die Behauptung „Der Mensch ist das einzige Wesen, dass ...." widerlegt.

Bei Wildtieren gibt es keine Stereotypien. Manche Pferde sticht nur der

Hafer und sie wissen nicht, wohin mit ihrer Energie, wenn sie völlig artfremd auf drei mal drei Quadratmeter eingesperrt sind und dann durchgehen oder buckeln, wenn sie ein bisschen Nicht-Eingesperrtsein erleben dürfen.

Es gibt sicher Gefühle bei Menschen, die Tiere wahrscheinlich nicht nachempfinden können. Ich glaube, Schamhaftigkeit ist ihnen eine unbekannte Größe und ein rein menschliches Gefühl. Ausscheidungen, Masturbation und Sex betreiben Tiere ungeniert. Wenn man die Medien betrachtet, scheint es aber, als wären wir dabei, dieses zivilisatorische Attribut der Scham auch schon wieder zu verlieren.

Ich glaube auch, dass das Empfinden für Ästhetik ein rein menschliches ist, allerdings eines, das sich erst im Laufe von Kultur entwickelt, aber noch längst nicht alle Menschen erreicht hat. Kulturerrungenschaften ergeben sich erst, wenn die natürlichen Bedürfnisse befriedigt sind. Sie sind oft weniger zweckgebunden. Orang-Utans zum Beispiel dekorieren ihr Schlafnest oder schmücken sich selbst mit Blumen.

Kennen Tiere Schuldgefühle? Ein schlechtes Gewissen? Wird das mit Scham verwechselt? Oder zeigt der Hund, der etwas zerrissen hat, nur Angstverhalten und Unterwürfigkeit vor seinem Herrn? Finden sich außer beim Menschen Schuldgefühle in der Tierwelt? Oder sind sie nur ein Produkt von Religion und Kultur?

Haben Tiere ein Gefühl für Würde und Stolz? Manchmal kommt es mir so vor, wenn Pferde auf prunkvollen Paraden geschmückt werden, weil sie die Bewunderung des Menschen als positive Schwingung spüren. Stolz wird Schimpansen und Wölfen zugesprochen. Mein persönlicher Eindruck ist, dass schon Affen sich angestarrt fühlen und darauf wie ein Mensch mit Aggression antworten. Sie können durchaus zwischen Anlachen und Auslachen unterscheiden. Ich finde es würdelos, Tiere als untergeordnetes Unterhaltungselement oder als billige Belustigung zu missbrauchen. Ich glaube, dass Tiere merken, wenn sie ausgelacht werden, und das wäre ja ein Gefühl für Würde. Im Londoner Zoo werfen Menschenaffen Kot oder Erdklumpen mit erstaunlicher Treffsicherheit auf die sie begaffenden Zuschauer.

Ein Mensch, der Tiere liebt, wird sie immer achten. Das fängt schon damit an, dass ich nicht von meinem Gaul oder Zossen spreche, sondern sie beim Namen nenne, weil ich ihnen eine eigene Persönlichkeit zuerkenne. Respekt vor dem Tier schließt mit ein, nicht von Böcken, Kleppern und Kötern zu reden, wenn es um uns anvertraute Wesen geht. Es schließt auch mit ein, dass

Tiere das Recht haben, nicht everybody's darling sein zu müssen.

Meine Lieblingsstute Patrona lässt sich nicht gerne von Fremden anfassen. Aber wenn ich irgendwohin reite, wollen alle sie streicheln und merken überhaupt nicht ihr Unbehagen. Ich weise sogar darauf hin, weil sie die Ohren anlegt. Trotzdem hören die meisten Menschen nicht auf, sich anzubiedern. Nach Androhung wird das Unterschreiten des Individualabstandes vom Tier normalerweise mit Biss oder Tritt geahndet. Wenn sie das täte, wäre wieder mal das Pferd schuld anstatt der ignorante Mensch. Natürlich ist sie so vornehm und tut es nicht. Wer ist da der Überlegene?

Ist Selbstmord auch etwas rein Menschliches? Es gibt Menschen, die behaupten, dass Tiere auch dazu fähig sind, zum Beispiel durch mangelnden Lebens- und Kampfeswillen bei Pferden mit gebrochenen Beinen durch Futterverweigerung. Leute haben mir von sehr alten Hunden erzählt, die eines Tages in den Fluss stiegen und nie wieder gesehen wurden. Delfine rasen mit dem Kopf gegen die Wand, um sich lieber umzubringen als in engen Delfinarien zu leben, oder weigern sich zu fressen.

Aber seien wir ehrlich, trotz aller Liebe, allen Respektes und Erklärungen fehlt uns manchmal einfach die Toleranz: Wenn sich mein Hund in einem Kothaufen gewälzt hat, dann kommt das Geruchs- und Sauberkeitsempfinden an meine Grenze. Das wird mit Gartenschlauch und Hausverweis geahndet, auch wenn ich gelernt habe, dass Hunde sich damit auf ihnen genehme Weise parfümieren und ihren Sozialstatus unterstreichen möchten. Bloch schreibt sogar von fröhlichem Gesichtsausdruck bei gemeinschaftlichem Kadaverwälzen.[30] Trotzdem, wir sind befreundete Lebewesen, aber das Zusammenleben verlangt Kompromisse von beiden Seiten. Es sollte eine Symbiose sein, eine Gemeinschaft zum gegenseitigen Vorteil. Das schließt ein, dass auch der Hund meine Grenzen respektieren muss und dafür mit einer täglich gefüllten Futterschüssel rechnen kann.

Tiere entsprechen eben nicht immer unseren Vorstellungen, denn sie bleiben trotz aller Anpassung eigenständige Wesen. Grenzen liegen allerdings bei unterschiedlichen Menschen auch verschieden hoch. Das Füttern von stinkendem Pansen nach einem Hungertag ist besser, weil artgerechter, als den Hund mit Pralinen zu mästen, da nämlich Wölfe Großwildjäger und Aasfresser waren. Hunde freuen sich deshalb über angegangenes Fleisch, die Dosen öffnende Hausfrau eher nicht.[46]

Halter, die frisch auf den Hund gekommen sind, sagen: „Das ist ja wie mit einem weiteren Kind. Wenn ich das gewusst hätte!“ Wir neigen dazu, Hunde wie Kinder zu behandeln, und da ist ja auch vieles dran. Beide suchen konsequente vertrauensvolle Führung, keine willkürlichen Machtdemonstrationen. Aber ein Hund ist ein Hund ist ein Hund!

Oft wird natürliches Verhalten als Problemverhalten interpretiert, zum Beispiel Jagdlust oder Territorialverteidigung.

Meine Nachbarin schlägt ihren Schäferhund, wenn er mich anbellt, wenn ich sie besuche. Ein Welpe wurde mir zurückgebracht, weil er die Schwiegermutter, die vor der Tür stand, anknurrte.

Aggression ist aber evolutionsgeschichtlich für einen Hund in diesen Zusammenhängen normal, unter heutigen Haltungsbedingungen jedoch unerwünscht. Der Hund dient als Stressableiter und ist den Launen und Gemütsregungen des Menschen ausgesetzt. Heute darf er, was er gestern nicht durfte. Erst wird er mit Tritten vom Grillgut verjagt, dafür kriegt er wenig später die Knochen zugeworfen. Knurren wird als Vergehen aufgefasst anstatt als sprachliche Warnung. Es heißt aber doch nichts anderes als „Lass das!". Einerseits erheben wir uns, weil Hunde angeblich keine Sprache haben, dann wollen wir aber von dem Wenigen, wenn sie sich lautlich äußern, nichts wissen.

Problemverhalten wird andererseits oft nicht gesehen zum Beispiel bei Dauerbellern, Mörtel- Fressern oder Hyperaktiven. Dazu kann es kommen, wenn natürliches Verhalten nicht ausgelebt werden kann. Es gibt tatsächlich Menschen, die überrascht sind, dass ihr Jagdhund jagt. So befremdlich es klingt, jeder sollte froh sein, einen knurrenden anstatt gleich ohne Vorwarnung zupackenden Hund zu haben. Drohgebärden dienen ja zur Vermeidung von Kampf. Er benutzt seine Sprache und wir können reagieren. Als ob wir dem Hund sukzessive seine Sprache abtrainieren wollten durch Unwissenheit, Missachtung und Bestrafung von Signalen. Zusätzlich verstümmeln wir Ohren, Ruten und Fell, züchten Falten an, wo keine hingehören, lassen ihnen Ponys wie Gardinen wachsen, zwängen sie in schiefherum schlotternde Geschirre. Damit kupieren wir fast alle ihre Ausdruck gebenden Körperteile.

Hunde leiden nicht stumm wie Pferde, sondern reden über Laute und Körpersprache, -haltung und -spannung. Schwanzwedeln kann Freude, aber auch Erregung ausdrücken, die dann negativ umschlagen kann. Diese richtig zu interpretieren, ist besonders wichtig im Zusammenleben mit Kindern. Denn Anstarren mit Körperspannung ist eine Drohgeste, Blickkontakt ohne diese bedeutet Vorfreude. 80 Prozent aller Beißunfälle verursacht nämlich der eigene Familienhund. Das ist weniger rasse- als situationsabhängig. Das Temperament unseres Kindes können wir nicht vorherbestimmen, aber bei der

Tiere sind für Kinder wichtig

Wahl unseres Hundes können wir kinderfreundliche Rassen aussuchen. Auch kleine Rassen können Kleinkindern Ohren und Nasen abbeißen. Ursachen für Unfälle mit Hunden sind antiautoritäre Erziehung, Unterbeschäftigung, Vernachlässigung, Angst vor dem eigenen Hund oder Scharfmacherei. 30.000 bis 50.000 Bissverletzungen gibt es jährlich in Deutschland, die meisten vom Schäferhund, der aber trotzdem nicht auf der Schwarzen Liste steht (aus Nationalstolz?), davon mehr als 50 Prozent bei Kindern mit einem Durchschnittsalter von fünf Jahren. In 73 bis 77 Prozent davon kennen sich Kind und Hund. Aufgabe der Erzieher sollte es sein, hier beiden Seiten Respekt zu lehren. Das bedeutet, dass ich einem Kind erkläre, einen Hund weder am Schwanz zu ziehen noch fallen zu lassen wie eine Katze noch an den Vorderpfoten hochzuziehen, denn er hat kein Schlüsselbein. Andererseits aber auch einzuschreiten, wenn der Welpe das Kind in die Beine zwickt. Das heißt ganz einfach, beiden Grenzen zu setzen in gegenseitiger Anerkenntnis arteigener Besonderheiten. Kinder lernen dabei auch durch Erklärungen, Hunde nur durch Erfahrungen. Hunde müssen nicht nur kinderlieb, sondern Kinder auch hundelieb erzogen werden.

Auch wie ein Pferd tickt, muss gelehrt werden, denn die Hälfte der Reiter verunglücken nicht etwa beim Reiten, sondern im Umgang mit dem oft eigenen Pferd.

Belebtes von Unbelebtem unterscheiden zu lernen, ist überlebenswichtig für Tiere und für Menschen: Anstatt mit Tieren soziale Bereicherung zu erfahren, was aber nur durch die Anleitung informierter Erwachsener richtig funktioniert, gibt es erschreckend destruktive und gefühlskalte Kinder, für die diese Unterscheidung keine Relevanz mehr hat. Der Einfluss von Computerspielen, sprechenden Comicwesen und künstlichen Tamagotchi-Haustieren?

Menschliche wie tierische Individuen sind fähig, sich bis zu einem gewissen Grade an artfremde Normen und Befehlsstrukturen anzupassen. Hunde sind kein Spielzeug, aber auch kein Bemutterungsersatz. Leider sind inzwischen aber nicht nur Pferde und Hunde, sondern auch die Menschen selbst in unsrer kapitalistischen Gesellschaft zur ausbeutbaren Ware geworden. Nicht einpassfähige Tiere und sogar Menschen müssen da weichen.

Das Leben im menschlichen Umfeld überfordert viele Hunde, nur ein Grund, weshalb Verhaltensstörungen zunehmen. Körpersignale sagen uns viel über ihre emotionale Verfassung. Man muss sie auch sehen lernen, bei zweibeinigen *und* vierbeinigen Familienmitgliedern z. B. Beschwichtigungssignale. Dieses Sehenlernen beruht auf Einfühlung, Wissen und Erfahrung. Erfahrung ist gedankliche Antizipation, mit der ich Unfälle vermeiden kann. Je mehr ich mir selbst Grenzen setze in meinen eigenen Erfahrungen, umso weniger kann ich mich auch in andere hineinversetzen. Wer immer alles in sich hineinstopft, weiß nicht, wie schön Hungerstillen sein kann. Wer immer Schuhe anhat, weiß nicht, wie schön Barfußlaufen ist. Je mehr ich selbst erfasse, praktisch wie geistig, desto toleranter kann ich anderen gegenüber sein. Grenzen setzt mir meine eigene Spezies mit meiner Anatomie und den vorgegebenen Sinnesleistungen genug. Unser Wissens- und Erfahrungshorizont hat genauso seine Grenzen wie bei jedem Tier. Wir können uns nicht vorstellen, wie sich Schwanzwedeln anfühlt und doch haben wir empirisch gelernt, was unser zahmer Wolf uns damit sagen will. Weder ist uns das Stereoriechen unseres Hundes noch die dreidimensionale Geräuschortung unseres Pferdes nachvollziehbar.

Die Philosophie hat uns jedenfalls dieses Wissen nicht vermittelt. Viele

Beschwichtigung

Themenbereiche wie Musik, körperliches und seelisches Leiden, Verfall und Tod, Nationalsozialismus, Naturwissenschaft, das Verhältnis der Geschlechter oder zu unseren Tieren hat sie bisher wenig bis gar nicht in ihre Überlegungen einbezogen.

Ich glaube, dass unsere Tiere zu weit differenzierterem Innenleben befähigt sind, als wir das eingestehen möchten. Und doch wundert es mich, dass manchmal nur wenige Einzelexemplare bestimmte Verhaltensweisen lernen, die sie mit ihrem jahrtausendelangem Zusammenleben mit dem Menschen, meine ich, eigentlich doch gelernt haben müssten: Immer wieder bin ich erstaunt, dass weder Pferde noch Hunde in der Lage sind, ein Seil oder eine Leine, mit der sie sich um einen Baum gewickelt haben, in entgegengesetzter Richtung wieder aufzudrehen. Nur zwei unserer Pferde waren je so schlau, um Blätter von abgeschnittenen Zweigen zu fressen, ihren Huf darauf zu stellen. Alle anderen schlagen sich mühsam die Äste um die Ohren, weil sie nur rupfen können.

Manchmal würde ich mir auch wünschen, dass Hunde doch mehr an das

Morgen denken könnten:

Jedes Jahr, wenn es zur kalten Jahreszeit hingeht, lege ich meiner Hündin eine Winterdecke auf ihren Schlafplatz im Haus und eine Matratze in ihre Hütte im Garten. Zwar liegt sie gerne darauf, aber am nächsten Tag kann ich nur noch Fetzen davon aufsammeln (auch von den angeblich unkaputtbaren) und das war's dann wieder.

Kapitel 5

Folgen des Verständnisses

Der Mensch ist nur Primus inter pares. Ohne Tiere wäre der Mensch ein Nichts, er wäre nicht über das Stadium des Beerensammlers hinausgekommen. Er hätte sich nicht zum Jäger entwickelt. Es wären ja keine Tiere zum Essen dagewesen und helfende Hunde schon gar nicht. Der Mensch hätte keine Geschichte. Das ist das, was wir von Tieren behaupten: Sie haben keine Geschichte, außer der, wo sie mit dem Menschen verbunden sind. Die Geschichte des Menschen begann mit der Indienststellung von Tieren und darin hat er bis heute großes geleistet. Einen Wolf zum Hütehund auszubilden dürfte schwierig werden. Zebras sind bis heute keine willfährigen Reittiere geworden.[24] Trotzdem hat der Mensch es nicht nur geschafft, Wildtiere zu domestizieren, sondern auch noch verschiedene Rassen selektiert, die für spezielle Aufgaben besonders befähigt waren. Das war ein Prozess von Tausenden von Jahren. Die genetisch ältesten Hunderassen sind nordasiatische Schlittenhunde, Malamutes und Huskys, altägyptische Basenjis als frühere Jagdhunde und germanische Spitze. Afrikanische Basenjis werden auch heute noch wie Wölfe nur einmal im Jahr läufig und bellen nicht. Es gibt 400 bis 550 Hunderassen, mit Pedigree und ohne, darunter welche im Handtaschen- und im Ponyformat mit vielen unterschiedlichen Fellfarben und –längen.[50]

Pferderassen sind insgesamt homogener geblieben. Es gibt zwar Riesen und Zwerge, auch viele verschiedene Farben, aber keine faltigen Sabbermäuler oder Glupschaugen, jedoch Ringelschwänze bei Showarabern. Leider wird aber die Selektionsaufgabe verschiedener Pferderassen oft zu wenig ernstgenommen, weil für die meisten Menschen ein Pferd eben nur ein Pferd ist, wenn es nur halbwegs die richtige Größe hat. Springfreudigkeit, Geländegängigkeit, Cowsense oder Genügsamkeit sind aber rassespezifische Eigenschaften, die oft zu wenig berücksichtigt werden und damit die falschen Pferde überfordern.

Ich würde mir grundsätzlich wünschen, dass durch mehr züchterisches Können mehr Leistungsstärke und Gesundheit erhalten bliebe. Durch wildes Kreuzen und mangelnde Leistungsanforderungen wird leider heute dem Kulturgut alter Rassen nicht genügend Achtung gezollt. Vielen Leuten ist nicht mal bewusst, dass es überhaupt ein historisches Erbe der Menschheit ist, das es zu bewahren gilt. Rassen haben durch die Leistungsvorstellung für die Hilfe des Menschen in Tausenden von Jahren Gestalt angenommen. Gestalt

Sommerfreuden eines Rhodesian Ridgeback

folgte Funktion, Schönheit folgte der Zweckgebundenheit. Zweckmäßigkeit und Schönheit können sich zu Höherem vereinigen und sind kein Gegensatz.

Von 148 geeigneten Großsäugerarten hat der Mensch 15 erfolgreich domestiziert und dabei für jede Spezies durchschnittlich 2.000 Jahre benötigt. Domestizierung ist ein langwieriger und komplexer Prozess. Am Anfang interessierte er sich für die Tiere, die er essen wollte, dann auch für solche, deren Kraft oder Wehrhaftigkeit er zu nutzen beabsichtigte. Es kristallisierten die Modelle, die dem Klima oder auch dem Handwerk der Gegend angepasst waren: Der Rottweiler war in der Region um Rottweil der Treibhund für das Schlachtvieh, der Weimaraner half als Jagdhund in den Thüringer Wäldern, der Rhodesian Ridgeback spürte Löwen auf, der kleine Malteser war Gesellschaftshund auf der kleinen Insel Malta, der Neufundländer lebte am Meer und kann gut schwimmen. Das Norwegerpferd half in der Landwirtschaft und war als guter Futterverwerter an karge, kurze

Bassets sind als Jagdhunde nicht mehr geeignet

Vegetation angepasst. In der Weite Frieslands hingegen hatte das große Friesenpferd genügend Platz und Raumgriff und fette Marschweiden. Lokale Anpassung macht Sinn.

Aber ein Hütehund, der seit Generationen nicht mehr hütet, wird seine Fähigkeiten verlieren. Beispiel Langhaarcollies. Ein Jagdhund wird Geruchssinn und Instinkt verlernen wie die Setter. Bernhardiner, eine tausend Jahre alte Rasse, sind heute zu schwer und haben keine Ausdauer mehr, könnten keine Verschütteten mehr retten. Boxer sind durch Spondylose kaum noch als Gebrauchshunde einzusetzen. Dobermänner, auch eigentlich eine Gebrauchshunderasse, haben keine normalen Bewegungsabläufe mehr oder leiden unter Leck-Tics. Der Basset war einmal ein Meute- und Jagdhund, heute undenkbar, er würde über seine langen Ohren stolpern. Weitere Beispiele ließen sich endlos fortsetzen. Man hat es größtenteils versäumt, diesen Hunden neue Aufgaben zuzuteilen, die ihrer rassegemäßen Zielsetzung entsprachen. Eine Unmenge nützlicher Gaben verkümmert.

Ich selbst züchte hin und wieder, wenn ich schöne, charakterlich, gesundheitlich und mental gute Hündinnen mein Eigen nenne, seit 35 Jahren Rottweiler. Bei den Müttern stelle ich trotzdem eine langsam fortschreitende Verarmung an Instinkten fest, welches rund um die Geburten mehr menschliches Eingreifen erforderlich macht. Ich beobachte auch mehr körperliche Beeinträchtigungen. Das liegt aber sicher nicht nur an ihren Genen.

Ich habe versucht, gute Rauhaarteckelwelpen für spätere Zucht zu erwerben. Es ist mir in mehreren Anläufen nicht gelungen, für meine Ansprüche ausreichend taugliche Hündinnen zu bekommen. Die eine Hündin hatte Epilepsie, eine andere sah aus wie eine Klobürste und die dritte war dumm und hyperaktiv.

Quo vadis canis? Quo vadis equus? Erbkrankheiten in Rassezuchten sind auch bei Pferden eine Folge fortgesetzter Inzucht. Dadurch verarmt die vererbungsmäßige Variabilitätsbreite, noch potenziert durch künstliche Befruchtungen, wo ein Vatertier viel mehr Nachkommen produziert, als es das auf natürlichem Wege je könnte. Genetische Verarmung führt zu verminderter Anpassungsfähigkeit. Auch die modische Scheckung aller Rassen bringt mehr gesundheitliche Probleme (wie Sonnenbrand, Stoffwechselentgleisungen etc.) als Lösungen. Ich glaube auch bei den Pferden nicht daran, dass sich mit neuen Kunstrassen wie Quarabs, Arabo-Friesen oder Criolinger etc. daran etwas ändern wird, wenn es weiterhin an Leistungsauslese und breiterem Genpool fehlt. Rassen haben sowohl in Farben, Anatomie wie Psyche charakteristische Eigenschaften erworben, die beibehalten werden, solange sie nicht mit fremden Blutbeimischungen verloren gehen. Das sieht man bei den in vielen Jahrhunderten in Reinzucht selektierten Asil-Arabern und englischen Vollblütern, sowie bei Lippizanern oder Isländern, die ein stabiles Gengut durch genetische Vielfalt in verschiedenen Blutlinien vorweisen. Es ist von Übel, immer nur wenige Champions zu nutzen, vor allem, wenn sie nur wegen Modeströmung oder Schönheit ausgewählt wurden. Bei den Hunden, die aus solchen Verbindungen hervorgehen, findet man mehr verhaltensauffällige und reaktionsärmere Exemplare.[122]

Inzucht ist hingegen bei Wölfen höchst selten. Die FCI wurde vor 100 Jahren mit dem ausdrücklichen Ziel in seinen Statuten gegründet, die Zucht gesunder, leistungsfähiger Rassehunde zu fördern. Kennel Club, VDH und FCI haben jedoch in ihrer Funktion als ihre Hüter kläglich versagt, haben sie doch eher Inzucht gefördert anstatt untersagt und bei Qualzuchten keinen Einspruch erhoben. Anstatt brachyzephale Defekt-Rassen zu operieren, sollte man die atemgestörten Tiere nicht zur Zucht zulassen. Wozu gibt es Zuchtwarte? Gab es keine Veterinäre in diesen Vereinen? Sind sie etwa Vorteilsnehmer? So kommt es, dass beim Kulturgut Rassehund mindestens 15 Prozent mehr Degenerationserscheinungen zu beklagen sind.[30] (Nach meiner persönlichen Erfahrung sind es mehr.) Man sollte nicht alte Haustierrassen, die Jahrhunderte überdauert haben, zugunsten von neuen, die auf Futter aus Übersee angewiesen sind, aussterben lassen. Gut gezogene alte Rassen schöpfen heute noch aus den kollektiven Erfahrungen ihrer Vorfahren und sollten mehr sein als museumsreife Restposten. Sie sind robuster, regional angepasster, haben längere Lebenszeiten und sind nachhaltiger, da vielfältiger einsetzbar. Man schützt sie nicht in Streichelzoos, sondern indem man sie einsetzt.

Wie gesagt, züchte ich seit langem gelegentlich eingetragene Rottweiler, wenn ich eine gute Hündin habe, die meinen Ansprüchen an körperlicher und mentaler Gesundheit entspricht. Ich war bereit, für einen besonderen Rüden bis nach Dänemark zu fahren. Dafür braucht man die Erlaubnis des Zuchtwarts, der mich aber auf Vatertiere in Deutschland verwies. Ausnahmslos alle vom Zuchtwart vorgeschlagenen Rüden waren mit meiner Hündin mehr oder weniger nah verwandt, tauchten jedenfalls irgendwo in deren Ahnen auf. Ich habe auf diesen Wurf verzichtet.

Auch die FN schaut weg, wenn spektakuläres Gangwerk bei Pferden mehr Knochenkrankheiten produziert.[85] Auch das Direktorium für Vollblut ignoriert, dass die Hälfte der Zweijährigen bereits tierärztliche Behandlung braucht wegen ihres frühen Einsatzes ab einem Jahr. Sie sollen ein- bis zweijährig bereits rennen gehen. Trotz ihrer rassebedingten Frühreife ist in diesem Alter ihr Knochensystem noch nicht ausgereift. Aber wir schicken ja auch 14-jährige Kinder auf Olympiaden.

Die Natur macht ihre Sache besser, weil sie auf Gesundheit und Leistungsfähigkeit selektiert und erst nachrangig auf Showeffekte. Und wenn schon Selektion nach menschlichen Auswahlkriterien, dann über Leistung, wie es seit vierhundert Jahren bei den englischen Vollblütern belegt ist, aber bitte nicht mit Babys.

Die älteste Hunderasse bringt es nur auf 100 Pedigree-Jahre. Etwa 10 *Generationen* dauert es, bis ein *Gen*defekt wieder re*gen*eriert ist. Ganze Rassen werden durch nur ein paar übermäßig genutzte Vatertiere verdorben und in Misskredit gebracht: Die Aggressivität des roten Cockers wurde von nur einem Rüden in die gesamte Zuchtlinie eingeschleppt. Muskel- und angeborene Stoffwechselkrankheiten bei Quarterpferden sind ein weiteres Beispiel, wo Krankheiten seit Jahrzehnten fast nicht mehr auszurotten sind.

Überzüchtete Hunde nutzen den Fürsorgetrieb von kinderlosen Frauen und deren Geldbörsen. Die Geburt einer neuen Rasse schafft oft Problemhunde, da die Auswahl heute nur noch nach äußeren Kriterien wie Modeströmung, Optik, Niedlichkeit, Handtaschenformat und Zufällen stattfindet, wie bei den Kunstrassen Leonberger, Eurasier, Elos, Kromfohrländer, Labradoodles, Schnoodles, Golden Doodles, Puggles, Maltipoos, Chugs, Dorgis und Affenhuahuas und einigen mehr. Sie fanden in den letzten Jahren große Verbreitung und verhalfen vielen Menschen zu Traumberufen: Verhaltensberater, Hundetrainer, Hundeschulen, Hundeboutiquen, Hundefrisöre. Wir brauchen keine neuen Designerhunde. Es gibt 350 beim FCI registrierte Rassen in aller Welt, da sollte doch wirklich für jeden etwas dabei sein. Zusätzlich haben mehr als 50 Rassen (noch) keine offizielle Anerkennung.[50] Alle Rassen hatten ursprünglich eine Aufgabe und halfen bei der Arbeit. Aussehen spielte nur eine untergeordnete Rolle.[36] Gleichzeitig sind alte Leistungsrassen wie verschiedene Altdeutsche Hütehunde, Großspitze oder Bergamasker im Aussterben begriffen.

Bestimmte Funktion ist hier an eine bestimmte Form gekoppelt. Diese bedingt überhaupt erst Leistung und Gesundheit, auch mental. Die Fellfarbe ist nicht wichtig. Aber die Leistung sollte in mehr bestehen, als bei einer Show im Kreis zu laufen. Sonst züchten wir nur noch kurzlebige Pflegefälle mit je nach Rasse eingebauten Fehlfunktionen und umfangreichen Krankenakten, die nicht mehr richtig laufen, nicht mehr normal hören, nicht mehr sehen, nicht mal mehr richtig fressen, atmen oder schlafen können, ja noch nicht mal in der Lage sind, sich auf normalem Wege fortzupflanzen, weil sie weder den Zeugungs-, noch den Geburtsakt ohne manipulative menschliche Hilfe zustande bringen. Bei manchen Rassen liegt die Kaiserschnittquote bei bis zu 80 Prozent.[91] Selbst der Gebrauchswert eines Schoßhundes ist auf diese Weise in Frage gestellt. Kein vernünftiger Mensch würde sich einen Mops als Jagdhund aussuchen. Allerdings gibt es verrückte Menschen, die ausgerechnet die nach Luft japsenden Möpse in Rennen schicken. Mischlinge sind allerdings auch keineswegs automatisch gesünder oder klüger.

Rentierhütehunde der Samen, die Rasse der Lapin, liefen früher 100 Kilometer an einem Tag, schliefen im Schnee, fraßen gefrorenes Fleisch oder erjagten es sich allein und waren kerngesund. Bei Wölfen hat man sogar bis zu 190 Kilometer Tagesstrecke gemessen. Die grönländischen Schlittenhunde fütterte man mit gefrorenem Robbenfleisch und sie sind zäh wie die Wölfe. Welcher Hund würde das heute noch aushalten? Nein, heute bekommen sie selbstwärmende Hundebetten und Adventskalender! Wenigstens einige Jagd-, Hüte- und Herdenschutzhunde im Einsatz haben heute in ihren Leistungslinien noch intelligente Eigenständigkeit bewahrt. Bei den meisten Rassen wurde Selbstständigkeit so gut wie weggezüchtet. Durch Überprotektionismus, körperliche wie geistige Hilfsprothesen (Fertigkost, Meinungsbildung durch Medien, Bewahrung vor Klimaeinflüssen etc.) gehen wir Menschen in eine ähnliche Richtung.

Schönheit allein reicht eben nicht und ist zudem subjektiv! Das Ziel jeder Zucht sollte sein, Leistung, Gesundheit und Schönheit zu vereinen. Hier kommt wieder der ästhetische Sinn des Menschen ins Spiel, der ist nicht nur erlaubt, sondern erwünscht, da er ein Augentier ist und sich am Anblick seiner Tiere freuen darf. Gesundheit entspricht langer Nutzungsdauer und langer Besitzerfreude und dient Tier und Mensch. Aber was nützen Pferderassen, die nur noch zu Showzwecken taugen? Das werden dann Pferde, die vor jedem Matschloch stehen bleiben, Angst vor fliegenden Rebhühnern haben, vor lauter Muskelmasse träge werden oder einen Make-up-Augenaufschlag haben wie ein Barbiepferd. Nur noch Selbstzweck für die Eitelkeit des Besitzers und krank gepäppelt? Was nützen bunte Fellfarben, wenn damit die ursprüngliche Rasse völlig verfälscht wird oder sie mit Taubheit bezahlt werden? Was nützen prämienverdächtige Form und Größe, wenn es an Sozialverträglichkeit mangelt? Hier die tiefgelegte Hinterhand des verzüchteten deutschen Schäferhundes mit Sprunggelenken fast auf der Erde, Vergleichbares bei modern designten Sport- und Showpferden.[85]

Wieso ist der Mensch trotz seiner angeblich hochstehenden Intelligenz weder bei sich selbst noch bei seinen geschaffenen Haustieren in der Lage, ausufernde Reproduktion einzudämmen, die nur noch mehr Elend schafft? Wölfe sind uns in der Einschränkung unkontrollierter Vermehrung voraus, auch Schimpansen, die vier Jahre lang stillen und nur alle fünf Jahre ein Junges gebären.[71, 108] Ähnlich bei etlichen Naturvölkern wie den San der Kalahari oder den Eipo in Neuguinea, die durch Stillen und Enthaltsamkeit erst nach drei Jahren wieder reproduktionsbereit sind. In allen Sammler-Jäger- und Nomadenvölkern findet Vermehrung nur im Vierjahresrhythmus statt. Wo bleibt da unser eigner Bildungsfortschritt? Von Hungerbekämpfung sprechen alle, von Geburtenregelung keiner.

Der sowjetische Biologe und Genetiker Dmitry Beljajew hat die sehr scheuen Silberfüchse, entfernte Verwandte von Wolf und Hund, versucht zu domestizieren, das heißt auf Zahmheit zu selektieren. Obwohl es sich um importierte Farmfüchse handelte, gelang es erst innerhalb eines halben Jahrhunderts mit etwa 40 Generationen, ihr Genom langsam anzupassen.[27] Sie fingen an, weniger Stresshormone im Kontakt mit dem Menschen auszuschütten, mit dem Schwanz zu wedeln und Kraulen zu genießen. Ihr Schädel

Ist das noch ein Pferd?

verkürzte sich, ihr Fell bekam mehr weiße Scheckung.[117] Heute sind nach 60 Jahren 80 Prozent der Polarfüchse zahm und neigen zu Hängeohren, wodurch allerdings der Hörsinn hypotrophiert. Als Haustiere sind sie aber trotzdem nicht zu empfehlen, z. T. wegen ihres strengen Geruchs.

In ähnlichen Zeiträumen geht es aber auch andersherum: Wir haben das Erbgut vieler fantastischer Pferde- und Hunderassen seit dem 2. Weltkrieg negativ verändert durch Industriekost, Impfungen, Inzucht, Dauereinsatz von Medikamenten, unkontrollierte Verpaarungen, mangelnde Leistungsauslese, immer mehr angelernte Hilflosigkeit, mehr Zusatzstoffe und Umweltgifte. Die Vorarbeit unserer Urahnen in punkto Zuchtwahl folgte aber dem Nützlichkeits- und Zweckmäßigkeitsprinzip. Die Vierbeiner mussten ihren Hafer oder ihre Knochen verdienen. Die anderen wurden zurückgelassen, verjagt, verspeist oder getötet. Was wollen wir mit in einer Einzimmerwohnung gezogenen Zivilisationskrüppeln, die vor jedem Mäuschen davonlaufen? Mit ständig kränkelnden Pferden so wie heute wäre früher das gesamte Kriegs-, Verkehrs-, Handels- und Meldewesen zusammengebrochen. Vor 50 Jahren hatten Pferde noch eine doppelt so lange Lebensdauer wie heute, trotz Mehrarbeit und Ständerhaltung.[85] Der Sinn von Haustieren ist die Symbiose mit dem Menschen in Form von Geben und Nehmen. Das Tier erfüllt für mich eine Aufgabe. Ich sollte ihm dafür ein weitgehend artgerechtes Leben bieten, was Futter, Unterkunft und Schutz betrifft. Alles andere sind reine Wohlstandsüberlegungen, die in Notzeiten schnell ihr Ende hätten, Liebe mit Ablaufdatum sozusagen.

Seit 30 Jahren besitze ich Criollos, eine naturverbundene Robustrasse, deren Gesundheit, Genügsamkeit und Leistungsbereitschaft ich neben ihrem guten Charakter sehr schätze. Seit mehreren Jahren bin ich auch Besitzerin einer eingetragenen Quarter-Stute, Tortilla. Unsere Pferde laufen, wie es hier zum Teil üblich ist, ganzjährig an langen Seilen zum Grasen, je nach Vegetation oft in größerer Entfernung zum Haus, und werden dann aus Gräben und Lagunen getränkt. Tortilla weigerte sich jedoch, aus Naturtümpeln zu trinken, sei es, dass ihr das Wasser nicht gefiel oder vielleicht der Einstieg ein bisschen steil und glitschig war. Sie wäre verdurstet. So weit haben wir es natürlich nicht kommen lassen, am zweiten Tag sah sie schon ganz eingefallen aus, weigerte sich aber weiterhin.

Sie kann auch nicht sicher nahrhafte von giftigen Pflanzen unterscheiden. Bevor wir ums Haus herum mähen, dürfen die Pferde dort laufen, und sie schätzen hier besonders das kurze schmackhafte Gras. Keiner meiner Criollos hat in

Nicht artgerechter Zaun

Jahrzehnten je gepflanzte Blumen oder Kübelpflanzen angerührt. Dekopflanzen können nämlich auch schon mal giftig sein. Nicht so aber meine Quarterstute, die sich immer wieder daran vergreift. Leider lernten das dann auch die anderen Pferde von ihr, sodass wir alle Pferde jetzt leider nur noch angebunden dort grasen lassen können. Und da lese ich in einer Reitzeitschrift, es sei wissenschaftlich erwiesen, dass Pferde nichts durch Nachahmung lernen.

Instinktstarke Pferde sind eigentlich schwer zu vergiften, das weiß jeder, der Pferden Medikamente eingeben oder untermischen will. Im Gegensatz zu Hunden, die gewissermaßen geschmacklos durchs Leben gehen und alles wie ein Staubsauger schlucken, was halbwegs genießbar erscheint. Dafür ist ihr Magenschließmuskel nicht so fest verschlossen wie beim Pferd und leichtes Übergeben ist bei ihnen nicht krankhaft.

Tortilla frisst auch anstandslos direkt neben Pferdeäpfeln, was meine anderen nie tun würden. Pferde wissen instinktiv, dass sie sich dadurch mit Endoparasiten infizieren. Wir essen ja auch nicht aus dem Klo. Wahrscheinlich war ihr in vorheriger Boxenhaltung ein Teil ihres Instinktes bereits abhandengekommen. Wenn allerdings der Instinkt schon nicht mehr stimmt, stimmt auch die Entscheidungsfindung nicht mehr! Diese Pferde haben dann ein Abo auf Behandlung, so auch Tortilla. Nach dem Motto: Behandelst Du noch oder reitest Du schon?

Eine Nachbarin hatte sich einen englischen Vollbluthengst von der Rennbahn gekauft, der fortan als Privatpferd am Haus gehalten wurde. Wenn ich es nicht selbst gesehen hätte, hätte ich es nicht geglaubt: Das erwachsene Pferd robbte auf den Vorderfußwurzelgelenken auf der Wiese umher, um Gras zu fressen! Anscheinend hatte es in seinem Leben noch nie Weidegang gehabt!

Wir schaffen in den reichen Ländern nicht mit immer mehr Umsorgung immer weniger Elend. Einerseits bedeutet einfaches Gewährenlassen keine Liebe, andererseits machen wir Kinder und Tiere nicht glücklicher, indem wir jedes bisschen Unwohlsein verhindern wollen. Verwöhnen wird zur Gewohnheit, Anstrengung vermeiden, Bedürfnisse sofort befriedigen. Selbst Kauwerkzeuge degenerieren bei Kindern, die keine rohen Möhren mehr abbeißen, und bei Hunden, die keine Knochen mehr nagen, weil keine Massage des Zahnfleisches, kein Training der Kaumuskulatur und keine Schleimhaut schützende Produktion von Speichel mehr gegeben ist. Es gibt Kinder, die sind noch nie auf einen Baum geklettert. Wir haben vergessen, dass sich Zuwachs an Denkleistung immer nur durch Neugier oder Not entwickelt hat und nicht durch satte Lethargie und Gleichtrott. Extreme Lebensräume stimulierten

Knochen nagen ist gesund

das Kombinationsvermögen und die Kreativität. Kaltes Klima übte einen Selektionsdruck auf die Intelligenz aus.[148] Ich glaube, dass sich dadurch bis heute die Mentalitätsunterschiede in Arbeitseifer und Lebenslust zwischen Nord- und Südländern ergeben haben. Angenehmes paradiesisches Klima und Früchte, die einem ganzjährig in den Mund wachsen, zu welchem Ehrgeiz sollen sie noch anstacheln?

Im Vorwort wies ich bereits darauf hin, dass sogenannter Tierschutz leider oft nicht das Prädikat „Tierisch gut" verdient: Meist wird über Tierschutz geredet, aber nur Haustierschutz gemeint.

Auch hier haben wir einen großen Unterschied zwischen Nord und Süd bzw. zwischen den westlichen und sogenannten weniger entwickelten Ländern. Im Norden überimpfen, überfüttern und übertrainieren wir unsere Haustiere, bis sie krank werden, und wollen sie vor jeder Unbill, sogar kühlem Wetter, bewahren. In den Südländern herrschen Unwissen, Ignoranz und Fahrlässigkeit bis zur Tierquälerei. Der Mittelweg wäre wie immer der angemessene.

Westliche Hundefreaks sammeln Tausende todkranke Hunde von Spaniens und Osteuropas Straßen auf und verfrachten sie in deutsche Landen, als ob wir nicht genügend Hunde in deutschen Tierheimen hätten. Ein Ende ist nicht abzusehen. Eigentlich dürfte aus der Biologie bekannt sein, dass freiwerdende Territorien in Städten oder Wäldern sich sofort wieder aus Reserven von Randzonen mit mehr Nachwuchs und neuer Population auffüllen. Allerdings ist der Erwerb aus deutschen Tierheimen inzwischen mit so viel Kosten und entwürdigenden Kontrollen verbunden, dass Leute es vorziehen, ähnlich wie bei Kindesadoptionen, sich im Ausland zu bedienen, nicht wissend, dass weit über die Hälfte, je nach Gebiet 42 bis 80 Prozent dieser Hunde mit Leishmaniose, gar nicht so wenige auch mit Herzwurm oder Räude infiziert sind. Leishmanien gelten nach Malaria als die gefährlichsten Parasiten auf diesem Globus, denen eine halbe Million Menschen jährlich zum Opfer fallen. Ich kenne inzwischen einige Tiermessies, die mit über 30 aufgelesenen Hunden leben. Das sind dann gerade mal 30 von zehn bis zwanzig Millionen herrenloser, verwilderter, streunender Hunde in Europa. Das sind Geschäfte mit dem Mitleid. Streuner wollen nicht gerettet werden. Das weiß ich aus eigener Erfahrung. Sie wollen ihre Freiheit behalten. Diese „Tierfreunde“ sind sich nicht im Klaren, dass ihr Sammelgut jede Menge Krankheiten mitbringt, die von Hund zu Hund weitergeben werden. Sie gefährden damit nicht nur sich selber, sondern auch noch ihre Familienmitglieder, Angestellten, Nachbarn und Besucher und stecken sie mit den oben genannten Zoonosen an (wie mir selbst passiert). Zudem sind neben Hunden auch Pferde, Katzen, Kaninchen und andere Nager als Erregerreservoir dafür empfänglich. Es kostet außerdem ein Vermögen, so viele Hunde zu entwurmen oder im Ansteckungsfalle zu behandeln, was dann auch eher unterlassen wird.

Man tut ihnen außerdem in so großen Gruppen keinen Gefallen, weil die Underdogs hier besonders leiden. Schließlich bestehen natürliche Rudel bzw. Herden aus miteinander verwandten und nicht willkürlich zusammengewürfelten Tieren. Die Stabilität in der Sippe wird unter Naturbedingungen nur selten gestört, nur Neugeborene kommen hinzu. Hunde, Pferde und Menschen gehen nicht automatisch freundschaftliche Bindungen ein, nur weil sie unter einem Dach als Zwangsgemeinschaft zusammengepfercht sind. Unter Gehegewölfen gibt es viel mehr Kämpfe als in gewachsenen Rudeln. Die sozialen Spielregeln in Zwangsvergesellschaftungen sind leichter zu erschüttern, besonders bei Overcrowding und empfundenen Ungerechtigkeiten. Es kommt zu mehr Aggressionen. Ein überlegenswerter Gedanke bei Zusammenstellungen von Rudeln, Stall-, Haus- und Staatengemeinschaften.

Ich bekomme haufenweise E-Mails von Besitzern chronisch kranker ehemaliger Parías, wo auch mein Rat immer häufiger an Grenzen kommt. Heilen funktioniert nicht mehr mit dermaßen vielen Vorschädigungen und mit einem kaum noch reaktiven Immunsystem. Inzwischen haben diese Tierliebhaber Leishmaniose nach Bayern eingeschleppt und in einem meiner Seminare erzählte man mir, dass ein Tierarzt im Ruhrgebiet sich erstmals in Deutschland damit angesteckt habe. Sollte nicht hier Menschenschutz vor Tierschutz gehen? Wenn der erste Säugling betroffen sein wird, dann wird das Geschrei groß sein. Sollten Sie sich fragen, wer ein Interesse an chronisch kranken Hunden haben könnte, dann wenden Sie sich an Ihren Tierarzt, Labor, Apotheker oder gar an Ihren Börsenmakler und fragen Sie, warum Behörden in diesem Falle untätig bleiben.

Leishmaniose ist eine auch auf Mensch und Pferd durch Insekten übertragbare Krankheit, schwierig, langwierig und teuer in der Behandlung und manchmal tödlich, besonders beim Kleinkind. Durch die Klimaerwärmung können wir mit mehr Fällen rechnen.

Infektiöse Anämie bei Pferden jedoch, eine ebenfalls durch Stechinsekten übertragene Krankheit, wird gesetzlich verfolgt und Schlachtung innerhalb eines Tages angeordnet, auch wenn Ihr Pferd noch so gut ausgebildet ist oder, wie bis zu 90 Prozent der positiven Tiere, überhaupt keine Krankheitssymptome oder klinische Auffälligkeiten zeigt.[44] Und das alles, obwohl sie nicht auf Menschen übertragbar ist und positiv getestete Pferde bei guter Pflege problemlos weiterhin reit- und zuchtfähig sind. Zudem sind Elisa-Tests nicht standardisiert und können, zum Beispiel durch Impfungen, falsch positiv ausfallen. Ist das nicht seltsam?

Tierschutz macht die Augen zu bei Qualzuchten, soll heißen, bei Hunden, die auf die Welt gebracht werden, obwohl sie vor lauter Krankheiten nur noch eingeschränkt Hund sein können (z. B. Möpse, Nackthunde, Bulldoggen, Shar Peis, Sphinx- und Perserkatzen). Welpen kommen nicht mehr auf natürlichem Wege auf die Welt, weil ihre Köpfe zu groß sind. Angezüchtete Hautfalten führen zu Dauerekzemen, Glupschaugen zu chronischen Entzündungen, runde Köpfe nach Kindchenschema zu verkürzten Atemwegen und Dauerhusten, Haarpracht in modischen Mischfarben zu Taubheit. Die Reihe ließe sich endlos weiterführen. Gar nicht zu sprechen von Nutztieren. Die

Tierschutzorganisation Peta würde deshalb gerne die Zucht von Rassehunden verbieten.[91] Aber dann könnten wir nur noch Hunde in der Wundertüte anschaffen, ohne wenigstens halbwegs zu wissen, ob unser Welpe groß oder klein, kinderlieb oder ein Beller in einer Etagenwohnung wird. Das ist auch einer der mit dem Bade ausgeschütteten Hunde!

Tierschützer machen sich Gedanken, ob man Hunde, die nicht zur Zucht eingesetzt werden sollen, kastrieren sollte. Das ist löblich, denn Tierheime platzen aus allen Nähten und die Tiere haben dort ein enges, langweiliges Leben ohne Familienanschluss. Es sollte unser Anliegen sein, immer weniger dieser Hunde zu produzieren. Und da gibt es Bücher, die die Frage stellen, ob wir unserem sensiblen Hundchen denn eine Kastration bzw. Sterilisation zumuten können oder damit vielleicht seine Persönlichkeit verändern. Ich bitte Sie! Man vermisst nichts, was man nicht kennt. Auch in einem Wolfsrudel pflanzen sich ja auch die allermeisten nicht fort. In meiner Praxis wurde ich immer wieder gefragt, ob die Antiläufigkeitsspritze denn der Armen nicht schade. Natürlich tut sie das! Wenn ich dann fragte, ob Frauchen vielleicht selbst die Pille nimmt, erntete ich entgeisterte Blicke. Auch so mancher Hengst in Freiheit, der keine Stuten um sich scharen kann, kommt in seinem Leben nie zum Zuge. Und hat schon mal jemand an die armen Probierhengste gedacht?

Ein Tierschutzverein hat an 300 Hunden Tests mit veganer Fütterung durchgeführt. Schon alleine das grenzt an Tierquälerei. Um dann Werbung für ein entsprechendes Futter zu machen. Umsonst? Oder mit Unterstützung der Futtermittelindustrie? Tierschutz oder Tiernutz? Es hatte sich nämlich herausgestellt, dass es bei dieser Nahrung zu Aminosäuremangel kommen kann, welcher Herzprobleme verursacht. Und so wurde dem Hundehalter suggeriert, dass er das entsprechende Futter keinesfalls selber zusammenstellen darf, sondern kaufen soll.[11] Hunde sind nun mal eben eingefleischte Carnivoren. Ob dieselben Leute wohl demnächst einen Versuch starten und Pferde mit Steaks füttern?

Tierrechtler möchten auch Rodeo gerne abschaffen. Es gehört zu den alt-traditionellen Spielen der Gauchos, als Freizeitvergnügen des männlichen Sich-Messens, denn in der Pampa gibt es keine Kinos. Jean Claude Dysli schreibt in seinem Buch, dass er sich freute, dass er sein Pferd Popkorn fürs Rodeo verkaufen konnte. Da musste es nicht mehr an anstrengenden Wettkämpfen teilnehmen, sondern hatte ein angenehmes Leben. Es muss nur alle 14 Tage den Teufel spielen und ein bisschen rumhüpfen und darf nach acht Sekunden den Ring verlassen, um seinen Feierabend mit Fressen und seinen

Kotauffangvorrichtung

Blindenhunde im Geschirr

Kumpels zu verbringen. Manche Pferde wären froh, wenn sie mal so richtig ohne Strafe buckeln könnten. Man wird einem Herrn Dysli hier wohl nicht die Fachkenntnis absprechen und man darf sich fragen, ob nicht auf manchem Springturnier Pferde weit mehr gequält werden.[26]

Tierfreunde möchten auch Kutschfahrten in Berlin, Köln und Wien verbieten, weil sich irgendwann einmal ein Pferd in einem Kotauffangtuch verfangen und verletzt hat. Dabei gibt es die Dinger nur, weil sich von Landluft entwöhnte Nasen und high-heels-stöckelnde Großstädter von Pferdeäpfeln gestört fühlen. Die gesamte Menschheitsgeschichte der letzten 5.000 Jahre wäre eine andere gewesen, hätten uns Pferde nicht gezogen oder getragen. Tierschützer haben auch etwas gegen Pferderennen. Nein, diese Pferde dürfen wenigstens mal ordentlich zulegen und werden nicht permanent zusammengezurrt. Zu kritisieren sind nicht die Rennen an sich, jedoch zu frühes Training und Doping.

Ich hatte schon erwähnt, dass Tierschützer Blinden ihre Führhunde absprechen möchten[35, 58]. Die meisten Blindenhunde haben ein viel abwechslungsreicheres Leben als ein Sofahund, weil sie überall mit hindürfen. Auch Servicehunde bekommen selbstverständlich ihren Freilauf. Auch die sollen abgeschafft werden (Geo 10/17), weil Tiertraining als unmoralisch gilt. Wollen wir diesen Menschen, die soviel Unabhängigkeit oder Fürsorge durch ihre Vierbeiner erhalten, demnächst mit Robotern beglücken? Sollte hier nicht auch der Mensch, der Hilfe braucht, im Vordergrund stehen? Wissen diese fehlgebildeten Menschen, die solches fordern, überhaupt etwas über die zum Teil symbiotische Beziehung zwischen diesen ungleichen Paaren? Ich kenne mich da aus, weil ich Seminare für blinde Führhundhalter durchführe. Außerdem hat man den Stresspegel im Speichel von Therapiebegleithunden gemessen. Weder mit noch ohne Leine, im Einsatz oder in Ausbildung erhöhte sich ihr Cortisolspiegel.[115]

Alles was Tiere an besonderen Fähigkeiten haben, hat der Mensch kraft seiner kognitiven Vorreiterstellung und Sonderentwicklung seines Gehirns nachgemacht: Wir fliegen höher als die Vögel, wir fahren schneller als ein Pferd rennt, wir haben schlimmere Waffen als die Zähne eines Hundes entwickelt. Wir sind von allem ein bisschen.

Affen haben schon immer auch mit artfremden Wesen kommuniziert, im Guten wie im Bösen. Es ist schon erstaunlich, dass der Mensch erst jetzt, nach vielen Tausenden Jahren seit Existenz des Homo sapiens, zaghaft anfängt, Forschung zu betreiben, ob und wie viel Schmerzen Tiere fühlen, ob sie lachen, weinen, Lust bei Sex oder Spiel empfinden können. Ich bin aber der Meinung, dass Mensch das schon immer wusste, dass ihm nur heute der Zugang zu diesem unmittelbaren Wissen verlorengegangen ist. Jetzt meint er, es von Verstandesseite her erneut aufrollen zu müssen. Reines Wissen reicht aber dabei nicht, sondern wir müssen wieder fühlen und sehen lernen. Die Lernpsychologie weiß, dass wir nur 20 Prozent des Inhalts aus Büchern und Vorträgen behalten. Beobachtung und Aufmerksamkeit kann man dazu bewusst üben, erst dann führen sie zu Erkenntnis, praktischer Erfahrung und Umsetzung. Viele Pferdegurus haben sich auch leider erst in reiferem Alter vom Saulus zum Paulus gewandelt. Monty Roberts, J. C. Dysli, Fred Rai und andere unterwarfen sich zuerst auch den üblichen Methoden, Pferde zu miss-händeln und zu reiten, stellten aber durch eigene Erfahrung immerhin irgendwann Althergebrachtes in Frage. Ich kann mich da leider nicht ausnehmen:

Auch mir wurde beigebracht, wie man ein Pferd runterriegelt, um das Reitabzeichen zu bestehen. Aber ich war damals noch ein Kind, als der Reitlehrer mich anbrüllte: „Hau die Sporen rein, bis das Heu rausquillt!“

1852 sprach der Physiologe Thomas Henry Huxley über Tiere als Automaten und der Mensch sei nur etwas komplizierter gebaut. Deshalb hat man Hunde an den Pfoten angenagelt und ihnen lebendig das Fell abgezogen. Wenn sie jaulten, hat man sie mit einer quietschenden Maschine verglichen.[32] Descartes selbst machte den Versuch, bei einem lebenden Kaninchen einen Teil des schlagenden Herzens abzuschneiden, um dessen Blutkreislauf zu studieren. Wir neigen dazu, uns spontan darüber zu empören. Aber Vorsicht! Unsere Militärforschungen haben nie aufgehört, grausame Experimente an Vierbeinern durchzuführen. Medizinfakultäten haben Vivisektion bis in das 20. Jahrhundert ohne Betäubung an Hunden betrieben. Und vielleicht haben Sie selbst einen Mantel mit einer fellumrandeten Kapuze in Ihrem Schrank hängen und wissen nicht, dass dafür Hunden in Thailand das dafür verwendete Fell lebendig abgezogen wurde. Tiere galten und gelten als seelenlose Apparate. Die Erklärung ist, dass sie keine menschliche Sprache zur Verfügung haben. Man „erzog“ sie üblicherweise mit Fußtritten. Für die Erlaubnis zur Sektion an toten Menschen mussten die Forscher dem Papst versprechen, beim Sezieren sich nicht mit der Seele zu beschäftigen. Sie hatten nämlich versucht, bei Sterbenden ihr Gewicht beim Austritt aus dem Körper zu messen.

Für manche Wissenschaftler und Mediziner scheint auch heute noch ein Tier, ja sogar der Mensch, nur eine Ansammlung von Organen zu sein, die man wie ein Auto auseinandernehmen und wieder zusammensetzen kann. Ärzte wurden zu Organklempnern, technischen Dienstleistern, Kaufleuten und Erfüllungsgehilfen der Pharmaindustrie und Krankenkassen. Ich denke, also bin ich? Nein, ich fühle, also bin ich. Und da lese ich, dass in Teilen der Wissenschaft immer noch behauptet wird, Kaniden fehle das Bewusstsein, Emotionen zu empfinden.[30] Die Wissenschaft fühlt eben nicht!

Ich hoffe, dass es heute solche Versuche nicht mehr gibt, schließlich haben wir inzwischen Narkosemittel erfunden, die auch den Tieren zugutekommen. Aber dafür fügen wir ihnen andere Hundsgemeinheiten zu: Sie werden ausgesetzt, man lässt sie sich ohne Einschränkung vermehren, sodass sie hungernd ihr Leben fristen oder es in Massenunterkünften verbringen müssen. Andererseits manipuliert man hormonell ihre Fortpflanzungssysteme, wenn sie zu viel oder zu wenig reproduktiv funktionieren. Sie kriegen nichts anderes mehr als denaturiertes Fast Food aus Tüten, das sie chronisch krank macht. Sie leiden wie die Menschen unter Autoabgasen, Lärm, Umweltgiften, Überimpfungen, vielleicht sogar unter Elektrosmog viel mehr als wir. Wer hätte das untersucht? Nicht mal zum Wohle des Menschen ist man daran interessiert.

Zumindest von Menschen weiß man, dass sie immer weniger schlafen. Sie machen die Nacht zum Tage oder werden durch akustische Umweltverschmutzung davon abgehalten, obwohl sie weit schlechter hören können als Hunde. Vor 100 Jahren schliefen wir noch durchschnittlich neun Stunden, heute nur noch sieben.[29] 90 Prozent aller Erwachsenen wachen entgegen dem eigenen Biorhythmus mit dem Wecker auf anstatt mit der Sonne. Dabei ist Schlaf als Energiesparmodus unersetzbar wichtig für Gehirnleistung und Immunsystem.

Je mehr wir verstehen, desto mehr können wir unhinterfragte Gewohnheiten und alte Selbstverständlichkeiten, die man uns einmal gelehrt hat, kritisch untersuchen und gegebenenfalls ablegen. Das Beispiel der tiefen Kopfhaltung des Pferdes beim Reiten habe ich schon genannt. Auch hatte man mir beigebracht, dass dünne Gebisse immer scharf, dicke immer sanft zum Pferdemaul seien. Bis ich dann bei meinen eigenen Pferden feststellte, dass sie dünne Gebisse beim Auftrensen viel lieber annahmen. Es kommt nämlich weit mehr auf die Hand des Reiters an. Pferde werden sowieso am liebsten ganz ohne Fremdkörper im Maul geritten. Es entsteht nämlich ein reflektorischer Konflikt zwischen Fressen und Arbeit, Atmen und Speichelschlucken.[61] Wenn wir aus diesem Verständnis heraus jetzt öfter ohne Sattel und Gebiss reiten, dann habe ich schon ein bisschen mit diesem Buch erreicht. Dafür gibt es allerdings keinen Ruhm auf dem Siegertreppchen, aber mal eine Abkehr vom Schraubzwingen-Reiten. Zur Freude am Reiten braucht man keine Trense, geschweige denn Sperrriemen und diverse Bewaffnungen. Weniger Eisen ist mehr! Das gilt für Maul und Hufe. Und vielleicht denkt so manch einer noch daran, den Sattel nicht auf den Pferderücken zu knallen (Kommentar eines bekannten Reiters: „Das macht dem nichts!"), beim Satteln den Gurt nicht auf der anderen Seite immer an die Pferdebeine schlagen zu lassen, ihn nach und nach erst fester anzuziehen, und sich nicht weder am Sattel hochzuziehen, noch reinplumpsen zu lassen. Pferde stechen sich nicht gegenseitig mit Metallspitzen in den Bauch, aber sie rempeln und treten sich, was mit einem entschiedenen Schenkeldruck oder Klaps wesensgleicher daherkommt.

Vielleicht können wir uns auch noch in anderer Form in unserer Verständigung anpassen: Anstatt unser Pferd lobend mit der Hand zu klopfen, kraulen wir es jetzt in der Mähne. Streicheln kennen Pferde untereinander nicht, Kontaktliegen auch nicht. Das haben wir von ihnen selbst abgeschaut,

Reiten ohne Sattel und Zaumzeug

Sich beknabbern erhält die Freundschaft

denn Klopfen erinnert sie an Auseinandersetzung wie Ausschlagen. Pferde pflegen Paarfreundschaften und knabbern sich gegenseitig am Widerrist, weil sie dort selbst nicht hinkommen. Genau wie bei uns, wenn wir das Rückenkraulen von unserem Partner am meisten genießen, weil wir dort selbst nicht hingelangen. Wir wollen doch des Pferdes Freund sein, oder? Auch der Wolf in Ihrem Wohnzimmer mag keine Klapse, das gibt es zwischen Hunden nicht. Streicheln, Kraulen und Kratzen ähneln ihrem Lecken und Fellknabbern. Ihre innerartliche Erziehung läuft über fixierten Blick, Querstellen, Umstoßen, Zwicken oder Zupacken. So sollten wir es auch handhaben.

Ein anderes Beispiel ist die Ernährung mit Fast Food für Tier und Mensch. Mehr als 20 Prozent unserer Kinder gelten als fettsüchtig und 64 Prozent der erwachsenen Amerikaner, Hunde ebenso. Selbst Pferde werden in USA inzwischen zu 52 Prozent als übergewichtig eingestuft, ein Anstieg um das Zehnfache seit 1998. Das liegt nicht nur an zu viel Zuckerlies, sondern auch an zu energiereichen Rindergrassorten, Melasse in Fertigfuttern, mehr Pferden in Anhängern als auf Ausritten, mehr Hunden in Autos als auf Wanderungen. Wie sich die Bilder gleichen: Mehr Kinder vor Computern sitzend als Ball spielend, zu viel Zuckerstoffe in Fertiggerichten.

Das Reiten in der Natur ist für Pferd und Reiter das Schönste

Ausreichend frische Nahrung ohne chemische Zusätze hat positive Auswirkungen auf unser gesamtes soziales und emotionales Leben, auch das unserer Tiere, nicht nur auf die Gesundheit. Das heißt, zu jeder Mahlzeit! Die Nahrung, die ich zu mir nehme, wird stofflich ein Teil von mir. Sie ist der Stoff, der mich bildet! Die Außenwelt passiert meine Innenwelt, körperlich wie geistig! Nahrung sendet Informationen aus von Lebendigkeit oder von Lug und Trug und als-ob. Nicht ihre Kalorien- oder Vitaminmenge machen ihre Qualität aus, sondern ihr Informationsgehalt. Der wird im wahrsten Sinne einverleibt. Die Körperzellen von morgen bestehen aus dem, was wir heute essen oder verfüttern. Diese Signale nehmen auch Sinne und Gehirn auf. Der Arzt und Psychotherapeut Rüdiger Dahlke sieht einen Zusammenhang zwischen den Stresshormonen, die Schlachttiere ausschütten, und Panikattacken beim Menschen, die erst seit 30 Jahren ein behandlungsbedürftiges Leiden sind. Auslösend sollen die gleichen Hormone sein, die auch in unserem Organismus bei Angst wirksam sind und die wir dann mit dem Fleisch aufnehmen. Bei Wild, einzelnen Hof- und Haustierschlachtungen am ländlichen Ort gab es früher weit weniger Stress. Von Panikattacken beim Menschen wusste man noch nichts.[8] Ob das über das Fleisch auch auf unsere Hunde zutrifft?

Auch Hyperaktivität ist eine völlig neue Erkrankung. Erziehungsschwierigkeiten können eben auch hier wie da das Ergebnis falscher und verfälschter Nahrung sein. Nach Linus Pauling, Chemiker, Molekularbiologe und zweifacher Nobelpreisträger, sind alle Krankheiten direkt ernährungsabhängig, auch und vor allem die mentalen. Nährstoffmängel führen zu Erkrankungen, deren Heilung durch schulmedizinische Verfahren keinen Sinn macht, weil diese nur Symptome ausschalten, anstatt Ursachen zu beseitigen. Weder bei Kindern noch bei Hunden kann Verhaltenstherapie alleine helfen, da es sich um eine von der Darmflora beeinflusste Stoffwechselstörung im Gehirn handelt. Wie die epigenetische Forschung beschreibt, verändern wir durch die Ernährung nicht nur das eigene, sondern sogar das Erbgut der nächsten Generationen. Ausführlich habe ich die Zusammenhänge bei hyperaktiven Kindern und Hunden in meinen anderen Büchern[95,96] beschrieben, weshalb ich mich an dieser Stelle nur auf die Verhaltensänderungen bei Pferden kurz beschränken möchte: Nach persönlichen Informationen von Pferdehaltern (meine haben sowas nicht) bin ich sicher, dass auch bei Pferden neben Haltung und Erziehung die Ernährung großen Einfluss auf ihr Verhalten hat. Vielleicht äußert es sich bei Pferden zuerst in solchen ihres empfindlicheren Verdauungs- und Hautstoffwechsels. Wenn Futterallergien dann aufs Gehirn schlagen, durch Cortison die Etage wechseln, äußern sie sich in Weben, Schlagen, Headshaking, Nervosität und Verspannungen beim Putzen oder Reiten. Sie lösen weitere Verhaltensstörungen aus, bei denen man nie auf die Idee käme, dass sie vom Futter herrühren.[62] Wie bei Kindern finden wir bei diesen Pferden Wahrnehmungsstörungen, Unkontrollierbarkeit, Unberechenbarkeit, Aufgedrehtheit mit unerschöpflicher Energie, mangelnden Lernfortschritt, weder durch Belohnung noch durch Strafe oder Schläge beeinflussbar, auch wegen geringeren Schmerzempfindens. Solche Pferde scheuen, wo nichts ist, kapieren nicht, was man von ihnen will, sind ständig abgelenkt, gehen die Wände hoch, drehen durch, reagieren anders als andere in gleicher Situation, zerlegen ihre Box, zerwühlen ihre Streu, fressen den Mörtel von den Wänden, reagieren asozial mit anderen Pferden, sind einfach anstrengend. Wie bei Kindern und Hunden kann man ADHS in gewissem Rahmen beikommen, indem man Allergieauslöser eliminiert (das sind bei Pferden meist Getreide und Melasse) und naturnahes Futter gibt (vor allem Gras und Heu), viel Bewegung und abwechslungsreiche Beschäftigung anbietet. Beruhigende Kräuter kann man versuchen, helfen aber leider allein meist nicht.

66,4 Prozent der Privatpferde im Alter zwischen zwei und sieben Jahren kamen wegen Verhaltensproblemen zum Schlachter. Dabei können Gelehrigkeit, Zuverlässigkeit, Rittigkeit, Gesundheits- und Leistungsprobleme auf dem gleichen Wege durch Ernährung auch wieder positiv reversibel beeinflusst werden. Man nennt Hyperaktivität auch ein psychoorganisches Syndrom. Der US-amerikanische Forscher Jan Bowman führte 2009 randomisierte Versuche mit Quarter Horses durch. Eine Gruppe wurde nur mit Heu, die andere mit einem kommerziellen Mix aus Getreide und Melasse gefüttert. Die Gruppe mit der energiereichen Zuckerkost war schwieriger im Handling, unruhiger, schreckhafter, ungehorsamer, zuweilen störrisch gegen den Sattel und uneffektiver im Training, hatte allerdings ein glänzenderes Fell.[114]

Wie bei Kindern spielen hier unter anderem zu viel Zucker, zu wenig essenzielle Omega-Fettsäuren, zu wenig Vitamin D und zu viele Impfungen eine Rolle, um hier nur einige Beispiele zu nennen, auf die ich weiter unten eingehe.

Heute ersetzt der Arzneischrank die Speisekammer, Food Design die Esskultur, Industriereklame das Urwissen über Inhaltsstoffe und gesundheitliches Wirken. Das war ein Wissensarchiv aller Naturvölker, das immer mehr verloren geht. Wir brauchen keine Vitaminpillen und alle möglichen Zusätze, wenn wir uns und unseren Tieren genügend Frischkost zuführen, wenn wir Unpässlichkeiten mit Phytotherapie, Diätetik, Homöopathie, Hydrotherapie, Physiotherapie, ja sogar mit Barhuf und Barfuß behandeln. Das heißt, wir versuchen zuerst so naturnah wie möglich zu helfen. Zum Schluss könnten wir immer noch auf Antibiotika und Cortison zurückgreifen. Aber es läuft meist genau andersherum. Dann soll der Heilpraktiker es richten und der Entgiftungsweg zurück ist dann noch länger. Aber es gibt zum Glück immer mehr unkonventionell, aber auch konventionell ausgebildete Heilexperten, die sich nach ihrer eigentlichen Ausbildung mit alternativen Methoden befassen und ihr Behandlungsspektrum über die Trias Antibiotika, Cortison oder Skalpell hinaus erweitern.

Ein Grund, weshalb ich zum Schreiben dieses Buch kam, war, dass ich nach 15 Jahren veterinärmedizinischer Praxis und 20 Jahren Seminartätigkeit für Menschen („Auf dem Wege zum selbstbestimmten Patienten“, „Auf dem Wege zum selbstbestimmten Konsumenten“, „Zusammenhänge zwischen ADHS und Ernährung“) und für Hunde („Zusammenhänge zwischen Futter und Verhalten“) und bei Pferden („Naturnahe Haltung“) immer wieder auf die gleichen Ursachen und Zusammenhänge stieß. Ist es Zufall, dass sowohl Menschen wie Hunde und Pferde immer mehr unter Allergien leiden? Dass es immer mehr vorher unbekannte Tics und Zwangserkrankungen nicht nur bei unseren Vierläufern gibt, wie Klaustrophobie, Leck-schmatz-Tics, Jagen imaginärer Insekten, Kreiseln mit Schwanzbeißen, Fressen von Unverdaulichem? Essstörungen auch bei Tieren? Schon 50 Prozent der menschlichen Bevölkerung soll irgendeine Unverträglichkeit haben. Genetisch bedingt? Dann wären wir Deutschen ein Volk von Genkrüppeln. Der Arzt Samuel Hahnemann kannte noch keine Allergien, unsere Urgroßeltern auch nicht, und auch auf der Uni waren sie vor 40 Jahren kaum ein Thema. Ein Urmensch oder Indianer mit Pollenallergie ist nicht denkbar. Vor drei Tagen traf ich auf das erste Pferd, das eine Grasallergie haben soll! Pferde vertragen kein Heu und Gras mehr, Hunde kein Fleisch. Wo sind wir hingeraten? Hier wie dort bestehen die gleichen Zusammenhänge. Menschen, die aus Schwellenländern in industrialisierte Zonen geraten, sind besonders anfällig für Wohlstandskrankheiten. Ihre Stoffwechsel- und Hormonsysteme wehren die vermeintlichen Segnungen der westlichen Welt noch ab. Wölfe vertragen kein industrielles Fertigfutter und reagieren noch mit Durchfall als Unverträglichkeit.[117] Tiere mit noch unverfälschterem Genom wie Bordercollies vor 40 Jahren, Criollos direkt aus der Pampa oder Isländer aus ihrem Heimatland reagieren noch wie ein Seismograph auf künstliche Inhaltsstoffe mit Abwehr, wie Hautirritationen, Allergien oder Hyperaktivität. Aber die Fachwelt unterstellt ihnen einen Gendefekt, wenn ihr Metabolismus mit künstlichen Narkose-, Parasiten- und Impfmitteln nicht klarkommt. Herausforderungen der Umwelt treffen auf die genetische Veranlagung des Organismus.[164] Früher waren es die Hexen, dann waren es die Bakterien, dann die Hormone und jetzt sind die Gene an allem schuld.[5] Gesundheit wird anhand von Statistiken über Sterblichkeit der Nachkommen, Auszeit durch Krankheit und Mortalität gemessen. Die übrigen Faktoren sind aber ebenso wichtig: Zufriedenheit, Bewegung, genetische und epigenetische Ausstattung, Umweltbedingungen wie Luft, Wasser und Ernährung. Diese Determinanten liegen jenseits der klassischen Medizin, können aber gesellschaftlich gestaltet werden. Wir müssen es nur tun.

Bei alten Leistungsrassen hätten wir noch die Möglichkeit, ohne Dauermedikation auszukommen. Wenn die Medizin nicht weiterweiß, dann sind es die Gene. Leider suggeriert es auch: Da kann man leider nichts machen. Der Organismus des Patienten ist defekt. Es suggeriert auch: Sich-Abfinden und Passivität. Blutegel zum Beispiel sterben schon in unserem normalen chlorierten Leitungswasser. Wir trinken das Zeug ja sogar. Ist also der Egel schuld, weil seine Anpassung an Gifte nicht reicht, oder können wir ihn eher als sensibles Messinstrument interpretieren? Es gibt heute Fliegenstämme, die tausendmal mehr Schädlingsgift vertragen als ihre Ahnen, und so brauchen wir hier wie da immer mehr Gifte. Die Chemieindustrie freut's.

Auch gibt es zunehmend Probleme der Haut, des Darms und des Verhaltens bei allen drei Spezies, nur die medizinischen Begriffe sind etwas verschieden. Alle sind vermehrter Umweltverschmutzung ausgesetzt, die sich in Minderintelligenz, Nerven- und Gehirnerkrankungen auswirkt. Das Gehirn ist nämlich kein Entgiftungsorgan. Und die Patienten werden immer jünger.[28] Der Rechtsanwalt und Autor Robert F. Kennedy Jr. erwähnt, dass über die Hälfte aller nach 1989 geborenen Kinder in den USA unter ADHS, Allergien, Autismus, Asthma, Übergewicht und Autoimmunerkrankungen leiden. In seiner und meiner Kindheit waren fast alle diese Krankheiten unbekannt. Aber es gibt keine Heilung ohne Immunsystem und kein soziales Verhalten ohne funktionierendes Nervensystem. Wir sind dabei, uns von den Basisfunktionen des Körpers abzuschneiden.

Menschen und ihre Heimtiere verbringen seit dem Industriezeitalter 80 bis 90 Prozent ihres Lebens in geschlossenen Räumen mit fünfmal höherer Schadstoffbelastung als draußen. Babys werden selbst in gemäßigten Breiten vor jedem Sonnenstrahl geschützt, weil sich so Cremes besser verkaufen lassen. So kommt es zu bleichgesichtigen, hausstaubgeplagten Drinnen-Wesen. Paracelsus empfahl schon im 16. Jahrhundert, sich mit dem Schlaf nach der Sonne zu richten.

Trotz ihres hohen Lichtbedarfs verbringen viele Pferde Monate, wenn nicht lebenslang, im Durchschnitt 60 Prozent ihres Lebens, in geschlossenen Ställen fast ohne Tageslicht in ammoniakgeschwängerter Luft, oft Zugluft, und gehen von dort nur wieder in eine überdachte, staubige Reithalle. Manche Ställe verdienen nur die Bezeichnung Höhle, aber die sollte man den Hunden überlassen. Oft geht hierbei Sicherheit vor Freiheit und Wohlbefinden, weil die Besitzer zu viel Angst haben, ihr Liebling könnte sich vertreten oder von einer Mücke gestochen werden. Wenn die Reittiere dann vielleicht mal auf die Koppel kommen, zieht man ihnen Decken und Augennetze über, dass sie aussehen wie Karnevalsfiguren. Pferde haben einen wesentlich höheren Bedarf an Sonnenlicht als alle anderen Haustiere.

Ich beobachte bei meinen eigenen Pferden, dass sie selbst bei Temperaturen über 30 Grad in der prallen Sonne stehen, obwohl Schatten möglich wäre.

Alle, ja alle drei Spezies haben oft Vitamin-D-Mangel, besonders im Winter in geografischen Breiten wie Nordeuropa. Mindestens 80 Prozent des Calciferols wird durch Sonnenlicht in der Haut synthetisiert. Kommt kein Sonnenstrahl an die Haut, vermindert das die Immunabwehr durch mangelnde Vitamin-D-Synthese. Durch zu wenig Licht werden innere Organuhren nicht justiert. Nach einer Studie des Robert Koch-Institutes leiden bis zu 75 Prozent der Nordeuropäer unwissentlich darunter, besonders Kinder. Unter freiem Himmel spielend sind sie eine aussterbende Spezies geworden. Und wenn die Sonne geht, kommt die Grippe! Vitamin D spielt nämlich nicht nur eine große Rolle für den Haut- und Knochenstoffwechsel, sondern auch für ein gut funktionierendes Nerven- und Immunsystem. Das steht aber nicht auf Nüstern-, Ohren-, Lichtschutz(!)-Masken, Pferdedecken, Sonnenschirmen, Sonnenbrillen und Schutzcremes. Dabei gibt es die UV-Blocker erst seit gut vierzig Jahren. Sie enthalten schädliche Nanoteilchen und hormonaktive Substanzen. Seitdem haben sich Hautkrebsfälle vervielfacht. Man schluckt Vitamin-D-Pillen, stellt Mensch und Pferd unters künstliche Solarium und manipuliert ihr Abwehrsystem mit Impfungen. Bei allen hat natürliche Sonne Heilwirkung, das wissen alle Menschen, die ihre Psoriasis, ihre MS-Symptome oder Depressionen in lichtintensiven Ländern verlieren. Auch Rachitis, Tuberkulose, Tumoren, Morbus Crohn, Diabetes, Arthrose, Osteoporose und Herz-Kreislaufprobleme verbessern sich mit natürlichem UV-Licht. Es stoppt sogar die Vermehrung von Viren. Die Migration der Urmenschen in den Norden wurde mit diesen chronischen Krankheiten bezahlt. In sonnenarmen Ländern wird am meisten Hautkrebs verzeichnet, in Mittelmeerländern und Südländern drei- bis viermal weniger und besonders wenig in tropischen Ländern, trotz zehnmal höherer UV-Strahlung. Gemeint ist natürliche, ausgewogene Sonneneinstrahlung das ganze Jahr über, ohne Sonnenbrand, Grill- oder Sonnenbankbäder. Schließlich kommen unsere eigenen Ahnen und die Südpferderassen ursprünglich aus sonnenverwöhnten Zonen. Aber auch der Schnee im Norden reflektiert reichlich UV-Strahlung. Aber Wölfe und Inuit brauchen auch nicht so viel Sonne, weil sie ihr Vitamin D durch rohen Fisch und Leber ihrer Beutetiere aufnehmen. Das sollte man deshalb auch den Hunden füttern, weil sie kein Vitamin D über die Haut synthetisieren können. Für Haustiere sollte immer ein Schattenplatz zur Verfügung stehen, versteht sich. Dann können sie selber wählen. Wenn schon nicht genug Sonne, dann sollte wenigstens Vitamin-D-Aufnahme in der Nahrung gewährleistet sein, auch wenn diese nur einen sehr viel kleineren Bruchteil ausmacht. Wo finden wir Vitamin D3? In der Milch aller Säugetiere, vorausgesetzt die Mutter bekam ausreichend Sonne. Und da hapert es schon wieder. Säugen bzw. Stillen hat so vielfältige positive Vorteile, dass es mich fast geniert, sie hier aufzuzählen: Die soziale Komponente ist immens wichtig, aber auch die Inhaltsstoffe, die bis heute noch lange nicht in Milchpulver alle nachgebaut werden können. Muttermilch-Kinder sind denn auch nachgewiesenermaßen die intelligenteren und gesünderen. Gesäugte Zwei- und Vierbeiner sind sozialverträglicher und weniger krankheitsanfällig als flaschengezogene. Auch in Kuhmilch finden wir noch Calciferol, allerdings nur in Rohmilch von Weidetieren. Also Rohmilch trinken? Nein, ätsch, ist verboten! Dafür dreht man uns ein totes Produkt an, das sich zwar frisch nennen, aber mindestens drei Wochen im Regal stehen darf.

Ansonsten finden wir Vitamin D3 fast nur noch in Meeresfischen, aber damit können sich des Preises wegen kaum noch Familien ernähren, geschweige denn, dass man sie an Hunde verfüttert. Ganz allgemein gibt es viel zu wenige Ärzte, die sich mit Vitaminen auskennen. Das sagt Vitaminexperte Uwe Gröber.[84] Die meisten Ärzte und Tierärzte verfügen nicht gerade über ein fundiertes Wissen, was Ernährung angeht. In den USA wurde eine Untersuchung bei Ärzten durchgeführt, um dahingehend ihre Kompetenz zu erforschen. Es stellte sich heraus, dass der Durchschnittsarzt zum Teil noch weniger über dieses Fachgebiet wusste als mancher Durchschnittsbürger.[150] Viele Deutsche erreichen ihren Minimalbedarf an Vitaminen und Mineralien nicht, hierbei besonders betroffen Veganer, Ältere und die, die bestimmte Medikamente einnehmen. Allerdings ist zur Behebung keine Pillendauermedikation zu empfehlen. Dabei kann es zu Krebs oder sogar Todesfällen kommen, weil natürliche Vitamine ganz anders verstoffwechselt werden als synthetische. Nicht Vitamin D ist wichtig, sondern Sonne. Nicht Omega-Fette sind wichtig, sondern Meeresfisch.

Das Beispiel bei essenziellen Fettsäuren ist ähnlich. Sie sind bei Pferden für die Elastizität des Hufes, bei allen drei Arten für Hautstoffwechsel und Fellglanz, aber vor allem für die Nerven unentbehrlich als Hauptbestandteil der Neuronenmembranen. Bei Mangel kommt es bei allen hier genannten Spezies zu Gehirn- und Nervenstörungen. Heute fehlt es Menschen, Hunden und Pferden an ungesättigten Fettsäuren, die sich fast nur in frischen Sämereien und Nüssen finden. Man hat den Mangel erkannt und gibt inzwischen Pferden wieder Leinsamen oder Leinöl, weil sich darin die berühmten ungesättigten Omega-3-Fettsäuren befinden. Leider reichen die aber für Mensch und Hund in pflanzlicher Form nicht aus, weil ihr Umbau nur zu einem geringen Prozentsatz stattfindet. Hier fehlen die Omega-3-Fettsäuren DHA und EPA, die fast nur in tierischen Quellen vorkommen. Sie sind Vorstufen körpereigener Prostaglandine und machen bis zu 40 Prozent der Gehirnfette aus. Hirn besteht zu 60 Prozent aus Fett, davon 30 Prozent DHA. Sie ist die im Gehirn am reichlichsten vorhandene Fettsäure. Ansonsten kommen diese fast nur in fettem Seefisch und tierischen Ölen wie Wal- oder Lebertran, Krill- und Robbenöl vor, in viel geringerem Maße in Wildfleisch und -lachs. Führende Ernährungsexperten schätzen, dass über 95 Prozent der Weltbevölkerung nicht ausreichend mit Omega-3-Fettsäuren versorgt sind. Das fängt schon bei der Muttermilch an, wenn die Mutter unterversorgt ist oder die Säuglinge heute nicht mehr gestillt werden. Mindestens zweimal wöchentlich wird Fisch empfohlen als beste Prävention gegen Hautkrankheiten, Depressionen, krankhafte Unruhe und schlechte Laune und eben auch für gesunden Nachwuchs. Auch Rohmilch von Weidekühen kann noch einen gewissen Anteil aufweisen. DHA fördert – klinisch erwiesen – intelligenteren, lernfähigeren Nachwuchs, weil DHA eine essenzielle Bedeutung bei der Gehirn- und Nervenentwicklung hat. Die Zufuhr findet zuerst über die Plazenta, dann über die Muttermilch statt, dann später im besten Falle über die Nahrung.

Und nun fällt Ihnen vielleicht auch auf, dass gerade die gesunden essenziellen Inhaltsstoffe immer mehr zum Mangel werden. Auch deshalb nehmen Depressionen, Verhaltensstörungen wie ADHS, Aufmerksamkeitsstörungen, Lernprobleme bei allen immer mehr zu. Aber nicht nur das. Meeresfisch ist überfischt und extrem verseucht mit PCB, DDT, Blei, Hg und anderem. Farmfische produzieren Umweltschäden. Also, essen oder nicht essen?

Die besagten Fettsäuren DHA und EPA werden im Gehirn eingebaut. Das ist ein Grund, warum Schimpansen und unsere Kaniden das Hirn ihrer Beutetiere bevorzugen, wegen dieses raren Stoffes. Hirn ist ein sehr begehrter Teil am Riss für das Alpha-Eltern-Wolfspaar. Bei den Resten getöteter Beutetiere findet man fast nie den Kopf, da er zur weiteren Bearbeitung als besonderer Leckerbissen weggeschleppt wird. Wenn unsere tierischen Brüder bei Revierkämpfen Artgenossen getötet haben, aber auch bei erjagten jungen Antilopen, beißen sie wegen dieses Leckerbissens als erstes in den Kopf.[71] Und jetzt wird auch klar, warum in Vorzeiten das Hirn der getöteten menschlichen Opfer als Delikatesse für die Sieger galt. Es sollte die Kraft des Gegners übertragen, und das tat sie in der Form auch. Von menschlichem Kannibalismus hören wir aber nicht gerne. Man nimmt es von Neandertalern in Kult und Existenzkämpfen an. Die Eingeborenen in Papua-Neuguinea verzehrten noch in den Fünfzigerjahren das Gehirn ihrer Verstorbenen und der tapferen Feinde.[41] Rentierhirn ist noch heute eine Delikatesse bei dem sibirischen Volk der Nenzen.[49] Sie kennen keinen Krebs. Schweinehirn wird allgemein als Krebsdiät empfohlen. Übrigens fressen auch alle Karnivoren gelegentlich Artgenossen, meist aber nicht, nachdem sie getötet, sondern nachdem sie gestorben sind.[139] Also Hirn aus dem Schlachterladen kaufen für uns und unsere Hunde? Seit BSE gilt es als Risikomaterial und muss in der Tierkörperbeseitigungsanlage verbrannt werden. Ich kenne dieses Essen noch aus meiner Kindheit, schmeckt gebraten ungefähr wie Rührei. Es mag ja nicht jedermanns Geschmack sein, aber trotz dieses wertvollen Stoffes ist uns auch das verwehrt. Inzwischen ist kaum noch Gesundes uneingeschränkt empfehlenswert oder verfügbar. Zufall?

Menschen und Tiere sollen der Wirtschaftlichkeit und der verseuchten Umwelt angepasst werden. Noch viel lebenswichtiger als Nahrung ist das eigentlich einfache Wasser. Wasser sollte eines der wichtigsten Entgiftungsmittel sein. Aus der Leitung ist es aber selbst schon durch Chlor, Medikamentencocktails wie Östrogene oder radioaktive Substanzen belastet und kann so seine Entgiftungswirkung kaum noch ausüben. Meine Hunde scheinen das zu wissen und trinken aus Teichen oder Bächen, ja sogar aus Vogeltränken, Pfützen und Gräben, je mehr organische Schwebstoffe, desto lieber.

Und da wundern wir uns über viele neue chronische Krankheiten. Ein allgemein wichtiges Prinzip sollte aber sein: Giftstoffe raus, Vitalstoffe rein! Inzwischen reichen oft Rohkost und Barfen schon nicht mehr aus, weil wir Wertstoffe kaum noch bekommen und der Rest pestizidverseucht, genmanipuliert, neuerdings auch noch mikrofiltriert und nanogeschwängert ist. Umweltmedizin und orthomolekulare funktionale Medizin, das heißt gezielte Zuführung körpereigener Mangelstoffe, können nach Entgiftung noch helfen.[28] Giftstoffe lassen sich bei Haustieren und Menschen in Blut, Urin und Haar nachweisen. Suboptimal ernährte Katzen entwickeln Asthma wie Menschen. Es dauert drei Generationen (!!), bis die Nährstoffe bei gesunden Elterntieren wieder aufgefüllt sind.[28] So interpretiert sich der Bibelspruch „Die Missetaten der Väter werden vergolten bis ins dritte und vierte Glied“ plötzlich auf eine ganz ungewohnte Weise.

Wie arm wäre mein Leben ohne meine Tiere! Ohne die Freudensprünge meiner Hunde, wenn wir durchs Gelände stöbern, mit oder ohne Pferd. Ohne das sanfte Schnauben, wenn ich meine Pferde im Garten – rupf, rupf – grasen höre, während ich hier schreibe. Ohne den Kopf von Zambra, meiner Rottweilerhündin, auf meinem Schoß, mit Augen von unten hochschauend, dass das Weiße blinkt, und mit der Nase an meinen Arm stupsend. Das soll mich vom Schreiben abhalten, um sie zu kraulen. Aber mit einer Hand lässt sich so schlecht tippen. Ich bin davon überzeugt, mit oder ohne Wissenschaft: Sie lieben mich mehr als nur als Futterspender. Neulich sagte mein Lebenspartner zu mir, mit dem ich seit 30 Jahren zusammenlebe: „Ich sage es ungern, aber manchmal glaube ich, dein Hund liebt dich mehr als ich!" Es ist das Vertrauen, dass ich für sie sorge. Sie verstehen auch, wenn ich ihnen wehtun muss bei Krankheit, und halten still. Das ist auch Vertrauen. Vertrauen ist Berechenbarkeit, Vorhersehbarkeit.

Meine Fohlen folgten mir auf den Pferdetransporter ohne Zögern, obwohl sie noch nie einen weder gesehen noch betreten hatten.

Das Schlimmste, was man einem Pferd antun kann, ist, sein Vertrauen zu missbrauchen. Meine Tiere wissen grundsätzlich, dass ich ihnen nichts Böses will. Trotzdem kommt es wie bei einem menschlichen Paar schon mal zu Auseinandersetzungen. Das tut aber dem Grundsätzlichen wie in einer guten Partnerschaft keinen Abbruch. *Ja, ich gebe es zu, wenn meine Zambra sich mal wieder der Landschaftsgestaltung hingibt und unseren Garten mit halbmetertiefen Löchern in einen Mondkrater verwandeln will, vorausgesetzt ich erwische sie, dann fliegt ihr ein Schlappen ins Kreuz. Wir wollen nicht alles um das Haus herum in einen Hundezwinger verwandeln. Schließlich darf ich für einen täglich gefüllten Napf auch etwas Respekt vor meinen schönen Pflanzen erwarten.*

Und wenn meine Stute Patrona meint, immer nur ganz unten im Trog sei zuerst das Allerschmackhafteste, ja, dann muss sie sich von mir schon mal einen lauten Rüffel anhören und das Rausgeworfene halt vom Boden fressen. Aber das ist ja keine Strafe für sie.

Pferde sollten eh vom Boden fressen, das tun sie meistenteils ja auch im Freiland. Aber das sind Peanuts zu den Freuden und vielen schönen Stunden, die ich mit meinen Tieren erlebt habe und erlebe. Ich kann mir ohne sie weder eine Vergangenheit noch eine Zukunft vorstellen.

Kapitel 6

Ausblick

Manchmal frage ich mich, wohin das, was uns als Fortschritt verkauft wird, hingehen soll. Wölfe und Indianer brauchen zwei bis vier Stunden des Tages für ihre Nahrungssuche, der Rest der Zeit bleibt ihnen für Schlafen, Dösen, Spielen und gelegentlichen Sex. Freizeit schaffte bei unseren Steinzeit-Vorfahren die ersten Kunstobjekte in Form von Bemalungen von Körpern und Wänden. Kunst entsteht erst, wenn die evolutionären Notwendigkeiten erfüllt sind. Sammler-Jäger-Völker haben unter allen Gesellschaften der Welt die meiste freie Zeit.[149] Es gibt keine nachhaltigere Lebensform.

Wir westlichen Menschen müssen acht Stunden, also mehr als das Doppelte an Zeit, meist wesensfremde Arbeit als Leistungssklaven für andere verrichten, um erschöpft ins Bett zu fallen und unsere „Spiele" für einmal im Jahr für zwei Wochen Urlaub aufzuheben. Funktionieren anstatt leben? Sind wir damit glücklicher geworden?

Daniel Everett, der jahrelang mit Indianern im Amazonasgebiet gelebt hat, berichtet, dass diese sammeln, fischen, jagen, essen, schlafen. Sie kennen keine Worte für verschiedene Farben. Sie machen keinen großen Unterschied zwischen Vergangenheit und Gegenwart, zwischen den Träumen ihres Innenlebens und den Fakten des Äußerlichen. Sie brauchen nicht zu wissen, welcher Wochentag es ist. Es hat keine Bedeutung. Sie kennen auch keine Zahlen, trotzdem wissen sie genau, ob alle ihre Kinder anwesend sind.[98] Ich glaube, bei Hunden ist das ähnlich. Auch Tiere haben so etwas wie einen Zahlenbegriff, mehr schätzend als rechnend. Die Wolfsmutter wartet, bis alle ihre Jungen vollzählig sind. Schätzen wird in räumlich denkenden und nicht in den rechnenden Hirnarealen verarbeitet. Es ist entwicklungsgeschichtlich älter und wir teilen es mit Tieren. Es wird vergessen, dass es in der Menschheitsentwicklung unglaublich lange gedauert hat, bis man zählen konnte. Savants erkennen ohne zu zählen mit einem Blick eine genaue, größere Menge – eine isolierte, besondere Geistesgabe.[113]

Hunde leben nur in der unmittelbar gegenwärtigen Erfahrung ohne große Karriereziele, genießen unbeschwert jeden Tag, wie er kommt, aber letztlich wissen wir das nicht. Menschliche Existenz ist ohne sprachliche Vergangenheits- und Zukunftsformen und ohne Schrift möglich und gewiss viel sorgloser als für unsereins. Für Philosophen, Linguisten, Anthropologen und

Psychologen unterscheidet sich die menschliche Kommunikation von anderen Lebewesen vor allem darin, dass wir Geschichten erzählen können.[98] Aber ich bin sicher, dass der Hund, der zu dem anderen von einem Spaziergang zurückkommt, dem zu Hause Gebliebenen auch eine Geschichte erzählt, erzählt über Körperausdruck und Gerüche.

Wir haben viele akute Krankheiten besiegt, dafür haben wir neue geschaffen, eher chronische oder sogar lebenslang zu behandelnde, zur Freude der Pharmaindustrie. Ist das auch Fortschritt? Selbstheilung sollte die Norm, nicht die Ausnahme sein. Wir haben ein erlesenes Angebot an Arzneimitteln in uns selbst im Körper und zwar zum Nulltarif.[17]

Dr. Klaus Zak, leitender Arzt, Orthopäde und Homöopath des Zentrums für Holistische Medizin in Berlin sagt: „Industrielle Massenmedizin hat trotz suggerierter Fortschritte zu einer dramatischen Zunahme an chronischen und psychischen Krankheiten geführt. 20 bis 30 Prozent der Patienten werden wegen Nebenwirkungen von Therapien behandelt. Jede normale Behandlung eines Hundes ... ist von der Liquidation her realistischer als die Kassenarztbehandlung eines menschlichen Individuums ..." [41]

Unsere gesündesten Nahrungsstoffe werden rarer oder sind kaum noch zu bekommen oder zu bezahlen. Sichere Lebensmittel werden als illegal, vergiftete als sicher deklariert.[165] Ist das Fortschritt? Ist das gar Absicht?

Die für mich entscheidende Frage heißt jedoch, ob wir auf Grund unseres Verstandes und unserer technischen Errungenschaften an Glück gegenüber den Tieren gewonnen haben. Wir haben Bequemlichkeiten gewonnen, aber glücklicher sind wir nicht geworden. Was nützt uns unsere teure Technologie in einem Meer von Ignoranz![100]

Juden, christliche Pfarrer und Grundschullehrer lehren Kindern: „Tiere kommen nicht in den Himmel." Auf diesen Himmel möchte ich verzichten. Ein Gott, der seine Wesen je nach Wohlverhalten für Himmel und Hölle einteilt, würde selbst nicht bedingungslos lieben. Tiere glauben vielleicht nicht an Gott, aber dafür führen sie auch nicht seit Jahrtausenden blutrünstige Glaubenskriege. Im Buddhismus hingegen können wenigstens gewisse heilige Tiere Erleuchtung erlangen. Die Arroganz von Kirche und Philosophie hat unendlich viel Schuld an Qualen zu verantworten, indem sie anderen Wesen kein Seelenleben zugesprochen hat. Theologen haben auch keine Hunde.

Oder das hier: „Der Mensch dürfte gar nicht aufhören, den Augenblick zu segnen, der aus einem stumpfen Tier ein verständiges Wesen gemacht hat!" Das stammt von dem Naturphilosophen und Pädagogen Jean-Jacques

Rousseau, der alle seine fünf eigenen Kinder, die er wohl auch als stumpf empfunden hat, nicht selbst erzogen hat und ins Waisenheim abschob. Außerdem behauptete er, Frauen seien grundsätzlich unbegabt. Seinem Ansehen hat das nicht geschadet. Er schrieb große Theorien über Erziehung. Wehe, es wäre eine Frau gewesen!

Psychotherapeuten sind nicht sehr hilfreich, wenn ihr Klient bei ihnen Hilfe für seine Trauer wegen seines verstorbenen vierbeinigen Gefährten sucht. Dieser Schmerz gilt als überzogen, es ist ja „nur ein Tier". Psychotherapeuten haben auch keine Hunde.

Trotz unseres weitschweifenden Diskurses für das Verständnis unserer Tiere müssen wir es ihnen nicht gleichtun: Wir schnüffeln nicht am Poloch von unserem Besuch, wir lecken zur Begrüßung nicht das Gesicht unseres Partners, auch nicht, wenn wir ihn noch so lieben, wir wälzen uns nicht in Ausscheidungen, sondern benutzen lieber Parfüms und Deos. Wir sind zwar Freunde, aber werden uns trotzdem nicht demnächst über grünen Pansen hermachen. Wir schlagen nicht aus, wenn uns was nicht passt, aber wir schnauben manchmal. Pferde stampfen vor Wut mit dem Fuß auf wie wir auch.

Andererseits wird auch bei noch so viel Hundeliebe unser Vierbeiner nicht irgendwann mit Messer und Gabel essen und ihm wird auch weiterhin egal sein, welche Farbe seine neue Leine hat. Aber, wissenschaftlich nachgewiesen, wird Ihr Hund in 72 Prozent der Fälle Ihr Ruhesignal aufgreifen und sich anstecken lassen, wenn Sie auch gähnen, weil er Sie als Rudelmitglied ansieht.[29] Ja, es geht sogar noch weiter: Hunde, die in Anwesenheit ihres Herrn mit ihm in seelischem Einklang stehen, passen sich im Herzrhythmus, Blutdruck und Atmung synchron an.[54] Synchronisation erleichtert die Stimmungsübertragung und das intuitive Wir-Gefühl im Mensch-Mensch- und Mensch-Hund-Rudel. Der Mensch teilt mit seinem vertrauten Hund den gemeinsamen emotionellen Welt-Raum in Resonanz mit dem Inneren des jeweils Anderen. So drückt es der Philosoph Ken Wilber aus.[126] Ich nehme an, er hat einen Hund.

Ich wollte mit meiner Hündin spazieren gehen, die ihre kleinen, ca. vier Wochen alten Welpen im Zwinger zurückgelassen hatte. Wir hatten uns etwa 60 Meter davon entfernt und Zambra lief vor mir her. Da hörten wir plötzlich einen Welpen jämmerlich schreien. Völlig synchron blieben Hund und Frauchen stehen und schauten sich gegenseitig fragend an: „Sollen wir zurück?" Unsere wesensverwandten Gefühle geteilter Fürsorge verbanden unseren spontanen Blickaustausch. Wir, ich weiß wirklich nicht mehr wer zuerst, entschlossen uns, unseren Ausgang fortzusetzen. Ein Welpe war nur in die Schüssel mit kaltem Wasser getappt und hatte sich erschrocken.

Pferde sitzen nicht auf unserem Schoß, aber wir auf ihrem. Eine Stute von uns hüpft wie ein Hund manchmal zur Begrüßung vor Freude, als möchte sie uns umarmen. Im Gegensatz zum Hund ängstigt uns das eher auf Grund ihrer Größe. Pferde neigen im Allgemeinen nicht zu überschwänglichen Gefühlsäußerungen. Aber ich mag es, wenn meine Stute im Gelände, wenn ich das erste Mal Galopphilfen gebe, vor Lust einen kleinen Hüpfer mit Quietschlaut macht, als wenn sie sagen wollte: „Na, endlich!" Das ist die freudige Leistungsbereitschaft, die ich bei meinen Tieren suche. Der Ausritt soll nicht nur mir, sondern auch dem Pferd Freude bereiten. Auch wenn die Vierhufer gelernt haben, Hunde zu verstehen, werden sie sich auch weiterhin nicht für Fleisch interessieren – und Hunde für Gras nur gelegentlich bei schlechtem Magen. Und wir werden auch demnächst kein Gelächter aus dem Pferdestall hören, um sich die Boxenlangeweile durch Witzeerzählen zu vertreiben.

Unsere Bilanz besteht darin, dass der Hund als Raubtier und Jäger nicht nur anatomisch mehr Ähnlichkeit mit dem Menschen hat, sondern auch in der Konkurrenz erstrebter Proteinressourcen. Beide, Mensch und Hund, lieben den Rückzug in Höhlen. Das Pferd jedoch liebt die Weite. Beide wetteifern um die Liebe des Menschen. „Ein altes isländisches Sprichwort sagt, dass zwischen Mann, Hund und Pferd ein Geheimnis walte, eine heimliche Verbindung. Hund und Pferd kämpfen beide um den ersten Platz und sind daher eifersüchtig aufeinander." So sagt es der bekannte Tierautor Svend Fleuron. Und Vavra, der berühmte Pferdefotograf, schreibt: „Die Geschichte bezeugt, dass das Verhältnis von Mensch und Pferd die wohl innigste und bedeutsamste Beziehung zwischen Mensch und Tier überhaupt ist." [129] Das Pferd arbeitet *für* uns, der Hund *mit* uns. Das Pferd *duldet* uns, der Hund *sucht* uns.

Obwohl Hunde als unsere besten Freunde gelten, sind es doch Pferdenamen, die die Geschichtsschreibung besonders geprägt haben. Pferdemalereien gehören zu den bedeutendsten von Menschenhand gemachten Kunstwerken. Mit Tieren zu leben, ist eine der schönsten Dinge der Welt. Dass Tiere Menschen guttun, ist wissenschaftlich bewiesen. Aber ob Menschen den Tieren immer guttun, ist sehr zu bezweifeln. Neuerdings gibt es das Forschungsgebiet der Anthrozoologie, die sich mit Mensch-Tier-Beziehungen befasst. Und erst jetzt beginnen auch aufgeschlossene Philosophen, sich mehr Gedanken über unser gegenseitiges Verhältnis zu machen.

Familienleben mit Pferden

Wir Menschen sollten uns alles in allem den Edelmut des Arabers, den Arbeitseifer eines Cutting-Quarters, den Stolz eines Paso Finos, die Wildheit eines Mustangs und die Grazie und Schnelligkeit eines englischen Vollblüters zu eigen machen. Pferde sind körperlich unvorstellbar stark und gleichzeitig unglaublich sensibel. Frauen suchen genau diese Eigenschaften bei einem Mann. Vielleicht reiten deshalb heutzutage mehr Frauen. In der Historie war bisher immer der Mann der Reiter, der Ritter und Kavallerist. Der Kavalier (von cheval, caballo = Pferd) sollte er auch bleiben.

Wir Menschen sollten freundlich sein wie ein Retriever, fröhlich wie ein Dackel, zupackend wie ein Terrier, schnell wie ein Greyhound.

Danke, dass Sie mir bis hierhin gedanklich gefolgt sind. Sie werden mir in manchem widersprochen haben. Das macht nichts, ich bin zur Diskussion bereit. Ja, ich möchte Biss haben, nur lieb sein, ist mir zu wenig. Ich bin nicht

Wir haben Verantwortung für anvertraute Wesen

auf Beifall aus, sondern auf die Verbesserung der uns anvertrauten Tiere und Kinder durch mehr Verständnis, Gefühl und Wissen. Letztlich wollen alle Menschen und Tiere das Gleiche: Leidvermeidung, Nahrung, Frieden, eine lebbare soziale Ordnung und eine gesunde Umwelt. Oder anders: Frieden, Freude, Freunde. Packen wir es an!

„Die Berührung zwischen Mensch und Tieren sowie zwischen Mensch und der natürlichen Welt bringt vielleicht manchmal Weisheit hervor." (Gregory Bateson)

Kommentare zur Tabelle und zu den Quellen

Bei Zusammenstellung der vergleichenden Tabelle habe ich viele unterschiedliche Literatur- und Internetangaben gefunden. Ich habe dann jeweils den untersten und obersten Betrag angegeben, bei einigen Zahlen meiner eigenen Erfahrung vertraut. Besonders unterschiedlich waren die Angaben bei den Mengen der Mikroben in Speichel und Darm, der Menge des Pankreassaftes beim Pferd, der Salzsäurekonzentration beim Hund, der Sehschärfe beim Hund und den Riechzellen beim Menschen. Außerdem bei der Zähmung des Wolfes, je nach archäologischen Funden oder der mDNS. Entweder sind diese Details noch wenig erforscht oder es bestehen große Differenzen. Leider waren auch nicht immer alle Vergleiche zu finden.

Ein interessantes Thema wie die Mensch-Tier-Beziehung hört für mich nie auf. Ich arbeite am Manuskript, bis der Verleger Stopp sagt, weil die Welt voll ist mit guten Gedanken, spannenden Büchern und Artikeln, die noch erwähnenswert wären. Deshalb sind meine Quellen unabhängig von Kapiteln angegeben und nach ihrer chronologischen Verwendung mit laufender Nummer versehen.

Bei der Verwendung von Berufsangaben ist teilweise nur der männliche Begriff verwendet, selbstverständlich sind auch weibliche immer miteingeschlossen.

Mensch	Hund	Pferd
Art : Homo sapiens Klasse: Säuger; Ordnung: Primaten ; Familie: Hominidae; Gattung Homo; Rasse: Diverse	Art : Canis lupus familiaris Klasse: Säuger; Ordnung: Raubtiere; Familie der Hundeartigen; Gattung: Canis; Art: Haushund; Rasse: Diverse	Art: Equus caballus Klasse: Säuger; Ordnung: Unpaarhufer; Familie: Einhufer; Gattung: Pferde; Art: Hauspferd; Rasse: Diverse
<u>Abstammung:</u> Abspaltung von Schimpansen vor 6 bis 8 Millionen Jahren. Homo sapiens entstand vor ca. 200 000 Jahren. Hobbits von 100 cm Größe bis Riesenwuchs über 2 Meter	Sicher ist die Abstammung vom Grauwolf mit 0,2 genetischem Unterschied. Vor ca.1 Mio Jahren begannen sich Wölfe zu entwickeln. Erste Wolfszähmungen vor 40 000 Jahren. Einige 10 Taus. Jahre und einige 100 Generationen liegen zwischen Wolf und Hund. Vor mindestens 15- 135 000 Taus. Jahren, (Quellen sehr unterschiedlich), trennten sich Wolf und Hund genetisch. Erste Hunde nachgewiesen in Steinzeit (mehr als 20 Taus. Jahre). Jagdhunde sind als domestizierte Kulturfolger die ersten Haustiere in Asien. Im alten China und Polynesien wurden Rassen auch speziell in Hungerzeiten für Schlachtzwecke gezüchtet. Erst seit ca. 2 Jahrhunderten große Vielfalt an Formen und Fellfarben Mittel- bis wolfsgroße Hunde am natürlichsten mit Durchschnittshöhe 45 cm >>> ca. 400 Hunderassen von 1 bis 90 kg und 13 bis 80 cm Schulterhöhe. Kein anderes Haustier tritt so variantenreich in Erscheinung	Stammt von Equus ferus = eurasisches Wildpferd, Stammform Equus przewalskii Vor 65 Mio Jahren begann sich das Pferd zu entwickeln. Wichtiges Tier schon in Eiszeit, hunderttausende Jahre in Steinzeit als Jagdbeute, seit 500 000 Jahren wird Pferdefleisch gebraten. Pferde sind etwa vor 7-4 Taus Jahren in Innerasien und der Ukraine gezähmt worden. Als Haustier zuerst als Schlachttier ca. 3000 vor Chr. gehalten. Vor 4 Taus. Jahren hat man sie das erste Mal vor Karren und Pflug gespannt und erste Sättel in Ostrussland aufgelegt. Erst etwa im Verlauf des 3. bis 1. Jahrtausends vor Chr. wurde es zum allgemeinen Last-, Zug- und Reittier und damit domestizierten Haustier. Im 13. Jahrh. begann Rennpferdezucht und damit Nutzungsdifferenzierung. Im 19. Jahrh. Höhepunkt der Zugpferde durch Landwirtschaft und Transport. Kulturrassenbildung in den letzten zwei Jahrhunderten: Rennpferde waren die erste selektierte Kulturrasse im 13. Jahrhundert mit dem ersten Stutbuch 1793 der engl. Vollblüter. Wildpferd Stockmass durchschnittl. 1,40. Falabella kleinstes Hauspferd mit 86cm, Shire größtes mit 180cm >> Ca. 200 Pferderassen

Mensch	Hund	Pferd
Genetik: 46 Chromosomen mit 20–25 000 Genen mit 3,2 – 3,3 Milliarden „Textbuchstaben". Genom mit 3,3 Milliarden Basen, besteht zu 34 % aus Virenabschnitten. Mensch besteht aus 1.000.000 Milliarden Zellen = ca.50- 65Billionen Zellen = vier plus 28 Nullen = 10 hoch 15 Zellen mit 200-220 versch. Zelltypen.	78 Chromosomen mit 2,4 Mio Basenpaaren> 19 000 Gene, ¾ davon ähneln hochgradig denen des Menschen = zu 75% stimmt ihre DNS mit dem Menschen überein. mD N A besagt, dass Hunde sich schon vor 135 000 – 100 000 Jahren vom Wolf abgespalten haben. Genetischer Unterschied Wolf/Hund max. 0,2 %. Grönländisch / sibirische Schlittenhundrassen, Dingos, der balinesische Berghund und Basenjis stehen dem Wolf genetisch am nächsten, Spaniel am entferntesten. Genetisch 4 Gruppen: 1.asiatischer und afrikanischer Herkunft für Hetzjagd, Augenjäger. Salukis (persischer Windhund), Afghane, Sloughis (arabischer W.), ägyptischer Pharaonenhund, Barsoi, Greyhound, Deerhound, Windspiele 2. Jagdhunde als Nasenhunde für Parforcejagd: Spürhunde, Laufhunde, Meutehunde seit 18. Jahrh. v. Chr., Brackenmeute als uralte keltische und germanische Jagdmethode 3. Mastifftyp als Packerhunde für Kesseljagd: Molosser, Doggen, kamen wahrscheinlich aus Tibet, dann Griechenland >Verbreitung Mittelmeer. Daraus wurden Kampfhunde, Sennhunde, Bernhardiner, Bloodhounds 4. Hirten- und Hütehunde.	
Einige genetisch bedingte Krankheiten kommen bei Mensch und Hund vor. Albinos sind lichtempfindlich. „Verhausschweinung des Menschen" führte zu peinlichen Parallelen wie mehr Fett, mehr weißer Haut, mehr Sex, größerer Schmerzempfindlichkeit. Aber unser Hirn ist nicht kleiner, sondern dreimal größer geworden! Trotzdem haben auch wir im Vergleich zu Naturvölkern Fähigkeiten im Geruchs-, See- und Gehörsinn verloren.	Merlefarben ist eine vererbte Pigmentstörung. Buntscheckigkeit und blaue Augen sind Zeichen von Domestikation, nur sehr vereinzelt in Wildbahn. Weiß vererbt mehr Defekte z.B. >Enzymmangel, Verhaltensstörungen, deshalb bei manchen Rassen als Fehlfarbe bei Zucht ausge-schlossen. Domestikation führte auch zu leichterer Unterordnung, Störungen der Appetitregelung, mehr Sex, verkümmerten Instinkten.	Buntscheckigkeit und blaue Augen Zeichen von Domestikation, nur sehr vereinzelt in Wildbahn. Weiß-Defekte bei Pferden nicht erwünscht (Albinos, weiße Hufe, Sonnenbrand), aber Schimmel als Götterpferde. Hauspferd weniger aggressiv, weniger scheu, weniger wählerisch im Futter, ordnet sich leichter unter >>> Verkümmerter Instinkt, Appetitregelung lässt nach.

Mensch	Hund	Pferd
Geschichte und Bestand: 80 Mio Einwohner in D	Zuerst Nahrungsmittel >> Wächter, Jagdhelfer >> u.a. Kriegseinsatz Zielgerichtete Zucht seit ca. 4000 Jahren. In D ca. 7 Mio Hunde nach Zahlen der Tierfutterhersteller mit Hundefutterumsatz von 1.001 Mio Euro. 15 % der Menschen leben mit mindestens einem Hund.	Im 12. Jahrhundert v.d.Z. wird das Pferd erstmalig bei Nebukadnezar I. als Streitross erwähnt. 680 v.d.Z. fanden erstmals Wagenrennen bei Olympia statt. Alte Reiche wurden mit dem Pferd vernichtet, neue erobert (Mongolen, Napoleon, Südamerika etc.). Ca. 65 Mio Pferde weltweit. Heute: Mehr als 1 Mio Pferde und Ponies in D. Jeder 80. Bürger hat ein Pferd.11 Millionen Deutsche sind pferdeinteressiert und 1,2 bis 1,7 Millionen treiben Pferdesport, 60 % davon sind in 6500 Reitvereinen engagiert, davon 85 Taus. aktive Turnierreiter. Über 70 % sind Freizeitreiter, die meisten Frauen.
Ursprungszonen: Ursprünglich aus Wärmezone Höhlen-Bewohner	Mehr aus Kältezonen Höhlenbewohner	Kälte- und Wärmezonen Wald- und Steppenbewohner
Schwangerschaft: nach 9 Monaten Schwangerschaft normal 1 Kind. Bei Geburt schreit Mutter, nach Geburt schreit Kind. Durchschnittlich 1-3 Kinder, maximal bis über 20 im Leben einer Frau	Nach ca. 2 Monaten Tragezeit werden bis zu 15 Welpen fast lautlos geboren	Nach 11 Monaten Tragezeit wird 1 Fohlen so gut wie lautlos geboren. Nur 1-2% sind Zwillingsfohlen, mit hohem Risiko für alle drei. In 4-6 Mo 1500 bis 2500 kg Milch
Lebensalter: Durchschnittlich +70 Höchstalter 122 Jahre einer Französin, Schimpanse 60 Jahre	Lebensalter Durchschnitt 12 Jahre, Höchstalter 19-29 Jahre Ältester bekannter Wolf 11 Jahre Man sagt: Sieben Menschenjahre entsprechen einem Hundejahr	Durchschnittliche Lebenserwartung 6 – 11 Jahre, Hengste bis 33 Jahre zuchttauglich Höchstalter 30-35 Jahre.56 Jahre bei Isländer nachgewiesen 3 Menschenjahre entsprechen einem Pferdejahr

Mensch	Hund	Pferd
Anatomie: Vertikale Körperform auf 2 Stützen, Rückenprobleme. Normale Schiefe der Wirbelsäule durch angeborene Einseitigkeit (wie auch beim Pferd). Nur Mensch hat Schlüsselbeine Nur noch wenige Stellen Fell, sonst fast nackt Haut größtes Organ mit 1,7 m2 mit über 5 Mio Nervenenden + ca. 3000 Sinneszellen pro ccm+ 500 Mikrobenarten Schwitzen besonders unter Armen, Stirn, Beugen, im Schritt. Mit einem Liter Schweiß (60 kg, Sport bei 20°) scheiden wir durchschnittlich 2,5 – 4,5 g Salz, Harnstoff + Eiweiße aus. Sohlengänger Hände mit gegenüber stehendem Daumen	Horizontale Körperform auf vier Stützen, beweglicher Rücken, keine Schlüsselbeinknochen = Rumpf ist nicht durch Knochen mit Skelett verbunden Viele verschiedene Fellarten Kaum Schweißdrüsen, deshalb keine Schweißproduktion. Nur Hecheln zur Abkühlung Zehengänger Pfoten	Horizontale Körperform auf vier Stützen, Rücken relativ unbeweglich, keine Schlüsselbeine Angeborene Einseitigkeit beim Pferd durch normal schiefe Wirbelsäule (wie auch bei Mensch). Kurzfell in vielen Farben Auf Haut und Fell leben rund 12 verschiedene Bakterien und fast 30 Pilzarten Einziges Tier, das am ganzen Körper schwitzen kann, besonders Hals, Brust und zwischen Hinterbeinen Bei 20° im Trab 5 l /h Schweiß, bei mehr Hitze und Arbeit 12- 20 l/h mit 40-50 g Elektrolyten. Schweißdrüsen der Pferde sind 3 bis 4mal aktiver als beim Menschen. Zehenspitzengänger Hufe
Schnelligkeit: 10 –13 km/d Mensch Spitzensportler 40 km/h. Bei Dauerbelastung ist ein trainierter Läufer dem Pferd überlegen, auf kurzen Strekken ist das Pferd wesentlich schneller. Aktionsradius zu Fuß früher durchschnittlich bis 10km/d, heute 600m	Windhund Kurzstrecke bis 80 km/h Wölfe können 70 km-100km/d zurücklegen, durchtrainierte Hunde schaffen 16-50km/d, rasseabhängig	30 - 40 km/d Schritt 3-7 km/h Trab 10 –20 km/h Galopp langsam Durchschnitt 20 –24 km/h, Renngalopp 50–70 km/h, Durchschnitt 48 km/h, Kurzstrecke 80 km/h und mehr. Wildpferde legen 15-100km/d zurück. Tagesritt Pferd 30 bis max. 120km je nach Gelände. Offenstallpferd ca. 4,8km/d, Weide 3,5km/d, Box 0,17km/d.
Atmung: Nasen- und Mundatmung	Nasen – und Maulatmung	nur Nasenatmung möglich Atmung 10 –16x/Min in Ruhe, bis 100x/ Min bei großer Anstrengung

Mensch	Hund	Pferd
Sinnesorgane: Sehsinn am wichtigsten. Mensch lebt zu mehr als 80 % in visueller Welt, 40 % des Hirns verarbeitet den Sehsinn. Nicht der Blick, sondern die gerichtete Aufmerksamkeit bestimmt, ob wir etwas wahrnehmen.	Geruch wichtigster Sinn, Hunde riechen je nach Rasse mindestens 100tausendfach besser als der Mensch und hören 12x besser. Ihre Riechschleimhaut ist 20-25 x größer als bei Mensch und sein Gehirn hat 7000 Duftverabeitungszellen pro mm2.	Geruch wichtigster Sinn >Angst vor Gerüchen von Verwesung, Schweinen, Eseln. Mistgeruch unterscheidet Freund und Feind, kann Wasser und rossige Stuten kilometerweit riechen
Tastsinn: Sehr guter Tastsinn in Fingerbeeren Unbekanntes wird mit Händen untersucht	Tasthaare an Lippen haben über 2000 Nervenendigungen Unbekanntes wird mit Nase bzw. Geruchsinn untersucht	Tastsinn durch Tasthaare am Maul und Nüstern sind der menschlichen Hand analog als Untersuchungsorgan. Sie nehmen ein großes sensorisches Feld im Cortex ein. Unbekanntes wird dadurch + Geruchsinn untersucht. Nehmen Erdbodenschwingungen wahr

Mensch	Hund	Pferd
Sehsinn: Augen nach vorne gerichtet Mensch hat ein Gesichtsfeld von 180°. Scharfes Stereosehen in Farbe wie Menschenaffen. Im Mittelfeld von 110-120 Grad sehen wir mit beiden Augen, dies erlaubt Entfernungsabschätzung und Dreidimensionalität. In einem Winkel von ca. 30 Grad an beiden Rändern unseres Gesichtsfeldes sehen wir nur monocular = peripheres Gesichtsfeld. = weniger scharf, aber schnellere Reizverarbeitung wegen Erkennen von Gefahren. Zur Reproduktion von drei Dimensionen und Tiefenwahrnehmung braucht es 2 fast kongruente Blickfelder zum besseren Abschätzen von Entfernungen + zum räumlichem Sehen. >>Menschen sehen weit besser als Hunde und Pferde, aber mit kleinerem Blickfeld als letztere. Wir können nicht sehen was hinter uns ist. Wahrnehmungsbereich: Verschmelzungsfrequenz 20-max. 60 Bilder/sek., Farben vom kurzwelligen Violett bis zum langwelligen Rot mit 400 bis 800 Nanometer Wellenlänge. Drei versch. Typen farbempfindlicher Rezeptor-Sinneszellen Rot, Grün, Blau mit drei Zapfenformen. 1-2 Millionen Sehnerven. Bis zu 250 Farbtöne können unterschieden werden.	Augen nach vorne gerichtet (Raubtier). Gesichtsfeld 250 Grad. Beide Blickfelder stimmen fast überein bis auf einen Mittelfeldbereich von 60 Grad. Erst der doppelte Blick nach vorne liefert das Bild, mit dem allein eine bewegende Beute präzise fokussiert werden kann. Geringe Sehschärfe direkt vorne. Sehr gutes Dämmerungs- und 10x besseres Bewegungssehen, registrieren Bewegungen Millisekunden früher als Mensch und noch auf bis zu 1km Entfernung. Unbewegtes wird erst ab 6 m scharf wahrgenommen. Alte Filme, Fernsehen sind mit 36/sek. für Hunde nur einzelne Standbilder. Erst höhere Verschmelzungsfrequenz ab 80 Bilder/sek. Bei HDTV machen für sie einen Film. Sehen unscharf direkt vor Nase. Hund ist fast farbenblind, ähnlich der Rot-Grün-Blindheit des Menschen, sieht nur Schwarz, Weiß, Grau, etwas Gelb und Blau. Können grün + braun schlecht unterscheiden, rot sehen sie gar nicht, nur in Unterscheidung von hell und dunkel. Nur 2 Zapfenformen. Ca. nur 100000-170000 Sehnerven.	Augen mehr seitlich, fast Rundumsicht. Als Fluchttier fast doppelt so großer Winkel wie Mensch= ca.350°, sieht auf beiden Augen unterschiedliche Bilder, deshalb immer Übungen nach beiden Seiten üben. Entfernung nicht gut schätzbar, da ein dreidimensionales Sehen im seitlichen Blickfeld fehlt. Sehr gutes Detailsehen für Veränderungen, sehr gutes Bewegungssehen auch auf Entfernung, schlechtes Fokussieren. Blinder Bereich 1 m vor Nase und direkt hinten, das heißt es geht blind vorwärts bei tiefem Kopf und ungern rückwärts. Gelb und grün werden besser wahrgenommen als rot und blau
Nachtsehen schlecht, ist ein 20igstel der Tagessehleistung. Kein Tapetum lucidum	Tapetum lucidum = Verdoppelung der Restlichtmenge = gutes Nachtsehen 50% besser als Mensch + empfindlicher für Helligkeitsunterschiede.	Tapetum lucidum in Netzhaut zur Restlichtverstärkung für gutes Dämmerungssehen = Sehen nachts besser + heller als Mensch, auch kleine Bewegungen, brauchen aber deutlich länger für die Hell-Dunkel Adaption.
Blickkontakt wichtig>> mit Hund besser als mit Pferd	Blickkontakt wichtig, fokussierender Blick	Direkter Blickkontakt nicht besonders ausgeprägt.

Mensch	Hund	Pferd
Hörsinn: Ohren seitlich, unbeweglich Mensch kann Schallrichtung feststellen, schwierig bei Schallreflexion. Platz 2 unserer Sinne Mensch hört von 16 Hz bis 23 KHz = 23 tausend Schwingungen/sek., darüber nicht hörbar, da Ultraschall (ab 20KHz bis 1GigaHz). Hemisphärische Asymmetrie: Ein Ohr hört bevorzugt Gespräch: 40-60 Dezibel	Nur Stehohren natürlich, hängend angezüchtet; beweglich, dadurch dreidimensionale Ortung möglich mit 17 unabhängigen Ohrmuskeln Hören 3 x so weit entfernte Geräusche wie Mensch Hund hört von 15 Hz bis 50 KHz, max. 100 KHz = Hochfrequenzbereich = Ultraschall = Je nach Rasse, Alter und Frequenz also 4 – 20 x besser als Mensch. Hundegebell 70 bis 130 Dezibel.	Nur Stehohren, von einander unabhängig 180° drehbar durch 16 unabh. Ohrmuskeln, dadurch bewegliches Ohrenspiel + sehr genaues Richtungshören, besser als Mensch und Hund, sowie Bestimmung der Lage im Raum. Auch im Schlaf aktiv als Frühwarnsystem. Wind erschwert Ortung. Hört von 25 Hz bis 38KHz = hört leiser und höher als Mensch und Ultraschall,
Geruchsinn: Riechen Platz 3 der Sinne, 1 % des Hirns, Düfte wirken direkt ins limbische System ohne Umweg wie Hören und Sehen über Großhirn ins Zentrum für Gefühle und Erinnerungen. Der Geruch gilt als die am stärksten mit Erinnerung verknüpfte Sinneswahrnehmung. 5-30 Mio Riechzellen mit 1000 Riechgenen, davon funktionieren nur noch 350 Riechrezeptoren in Nasenschleimhaut (z.B. für Vanille oder Moschus. Erst 20 sind entschlüsselt) verbunden mit Riechzentrum in 1-5% des Hirns von 2 x 1cm Riechfeld, worin sich 500 Duftverarbeitungszellen/cm2 in Nase = 6 – 10 Millionen Sinneszellen insgesamt befinden. Wir unterscheiden bis zu 10000 Gerüche. Wahrnehmungsschwelle sechs Millionstel eines milliardstel Gramms/ ml = 6x10 hoch –15 g/ml Vomeronasalorgan rückgebildet, Funktion ist unklar	Hund Nasentier mit Stereoriechen rechts u. links unterscheidbar, hecheln verstärkt die Riechsinne. Geruchsinn hat erste elementare Bedeutung, Hunde leben in einer Geruchswelt. Für Botschaften werden Kot und Urin eingesetzt >> Geschlecht, Alter, Sexualstatus, Zeitpunkt der Ortspräsenz uvm, und über Analdrüsen individueller Eigengeruch erkennbar. Je nach Rasse und Kopfgröße 50 - 500 Mio Riechzellen in Nasenschleimhaut, verbunden mit 10-30 % Hirnareal, 40x mehr als beim Menschen. Unterscheidung von 250 000 versch. Gerüchen > Krebsdiagnose fast 100%. Differenzierungsmöglichkeit ist beim Hund 1000 fach bis 10 millionenfach besser je nach Rasse, trotzdem graust es ihn nicht vor Exkrementen. Wolf kann Beutetier über 1 km weit riechen und bis zu 160km verfolgen. Vomeronasalorgan am Gaumen bes. für Pheromone. Steht in Verbindung mit dem limbischen System für Gefühle, Triebe, Hormone	Geruchsinn hat elementare Bedeutung für Pferd und kann genau orten. Wasser kann kilometerweit gerochen werden, ebenso rossige Stuten von Hengsten. Für Botschaften werden Kot und Urin eingesetzt >> Geschlecht, Alter, Sexualstatus, Zeitpunkt der Ortspräsenz, Gesundheit, Verwandt-schaftsgrad, Hierarchieposition erkennbar Vomeronasalorgan zur Intensivierung des Geruchsinnes >>Flehmen

Mensch	Hund	Pferd
Geschmack: süß, sauer, bitter, salzig, herzhaft bzw. Umami. Erst Geruchsinn erkennt Aromen und erfasst Nuancen zu 80 -90 % mit 9000-10 000 Geschmacksknospen	Fleischig (Umami), salzig, sauer, bitter, wenig für süß, im Ganzen aber fast geschmacklos, da fast unzerkaute Kost. Umami hat besonders viele Geschmacks-knospen, Bitteres wird eher abgelehnt. Nur 1500-1700 Geschmacksknospen auf Zunge und Gaumen, auch deshalb leicht zu vergiften	Sehr feiner Geschmackssinn für süß, sauer, salzig, bitter mit bis zu 35 000 Geschmacks-knospen. Bitter nicht beliebt wg. Giftpflanzen, süß bevorzugt, dann salzig. Vergiftung selten.
Gehirn: Zwischen 1000 und 2000g. Falten vergrößern Oberfläche. In der Großhirn-rinde verarbeiten 10 bis 20 Milliarden Neuronen gleichzeitig Informationen, das ist doppelt bis dreimal soviel wie bei Schimpansen. Menschen haben aber nur ein Drittel der Riechkapazität wie Schimpanse. Neandertaler hatten aber ein durch-schnittlich größeres Gehirn bis 1750 ccm. Hirnmasse beträgt 2% bis 3% des Körpergewichtes Verhältnis Körper/ Hirn 2,0 bis 2,3 Im Verhältnis Gehirngewicht zu Körper-größe hat Mensch Index 170 Kein tierisches Gehirn hat soviel Gliazellen wie der Mensch, es sind 90 % der Hirnzellen. Sie stützen und isolieren elektrisch die Neuronen, gewährleisten O2 und Nährstoffversorgung und entsor-gen Abfall der Nervenzellen. Das Gehirn verbraucht 20-30 % des O2 und der Glukose des Gesamtbedarfs des Körpers, bei Babys sogar 50%, obwohl es nur 2-3% der Masse ausmacht. Nur 2 % der Gehirnleistung werden auf die Wahrnehmung der Umwelt verwandt. Die restlichen 98 % dienen der inneren Informationsverarbeitung und Organisa-tion. Weniger als 0,1 % dessen, was das Gehirn tut, ist uns bewusst. Der enorme Rest wird unbewusst erledigt.	Ein 36 kg Wolf hat 120 g Hirn. Hund 28- 31 % weniger Gehirnmasse als Wolf, betrifft vor allem Fähigkeit der Sinnesorgane (Stirnhirn mit Frontallappen und Balkenverbindung, optisches, olfak-torisches und limbisches System, welches für die Aufmerksamkeit zuständig ist) Hirnmasse beträgt 0,3 bis 1% des Körpergewichtes Verhältnis Körper/Hirn 0,3 bis 1 Verhältnis Gehirngewicht zu Körpergröße = Index 17 Intelligenz kann einem 2 bis 2 ½ jähri-gen oder älterem Kind entsprechen	Pferd 700 g Gehirn, Hälfte von Mensch. Hauspferd 19 % weniger Gehirnmasse als Wildpferd. Pferdegehirn schrumpfte durch Domestikation um 16 %. Hirnmasse beträgt 0,15 % des Körper-gewichtes Verhältnis Körpergewicht zu Hirnmasse= 0,15 Pferde haben ein exzellentes Erinnerungsvermögen für Artgenossen, Menschen und Orte.

Mensch	Hund	Pferd
Ernährungsweise: Omnivor= Mischkostesser, Alkalisches wie Gemüse und Obst ist gesünder, bevorzugt fette, süße, proteinreiche Nahrung. Teilweise Bevorratung Relativ verdauungsunempfindlich Empfohlen ist Ernährung, welche den pH Wert der Körperflüssigkeiten leicht alkalisch bei 7,2 bis 7,4 hält. Verdauungszeit 12- 24 Std.	Carnivor =Fleischfresser, frisst unregelmäßig. Wolf wechselt zwischen Hunger und Völlerei. Hund braucht nur ein Zwölftel der Fresszeit von Pferd. Hund bevorzugt fette, proteinreiche Nahrung, wichtigste Energiequelle ist Fett. Bevorratung durch Vergraben, Pferdemagen ! >>Aas, Exkremente Stoffwechsel relativ sauer durch Fleisch Fleischfresser haben größeres Hirn, kurzen Darm Verdauung von Fleisch und Knochen: 5- max. 24 Std	Herbivor= Pflanzenfresser, fressen 16 -20 Stunden/d, bevorzugen kohlehydratreiche faserreiche Nahrung, brauchen aber mindestens ein halbes Jahr auch tierisches Protein in Form von Muttermilch. Keine Bevorratung Verdauungsempfindlich, weil Magen nie überfüllt, Darm immer gefüllt sein muss. Stoffwechsel mehr alkalisch durch Pflanzenkost Weniger Gehirnkapazität, große Verdauungsleistung Vier bis fünf Tage Verdauungszeit
Maul: Mahlzähne, Eckzähne Menschenzahn ist von Schmelz (brüchig, tot), dem härtesten Körpermaterial umgeben. > ½-1 l/d Speichel hat 6,5-max.8pH, mehrere hundert Millionen- 10 Milliarden Mikroben, inklusive Streptokokken, Amöben, Trichonomaden, Hefen, Geißeltierchen, Viren. 600 Bakterienarten sind bekannt, die meisten lassen sich aber nicht kultivieren. Beißkraft bis zu 80 kg auf einen Backenzahn Karies bei Fehlernährung Ptyalin im Speichel für Kohlehydratverdauung und andere Enzyme	Eckzähne, Reißzähne Zupacken, Halten, Schlingen, kauen kaum. Kiefergelenke des Hundes erlauben keine Seitwärtsbewegungen Beißkraft erwachsener Wolf 1,5 Tonne auf Maulgröße, Bullterrier bis 1 Tonne Durch kegelförmige Zähne kaum Karies, nur bei Kohlehydratfütterung und Alter Speichel von Hund enthält so gut wie keine Verdauungsenzyme, aber keimtötende Stoffe. Ptyalin nur sehr gering bis null	Mahlzähne Pferdezahn aus Zement, dem weichsten Zahnmaterial, lebend umgeben. Kauflächen nutzen jährlich ca. 2mm ab und schieben stetig nach. Rupfen, Kauen ausgiebig. Brauchen 40-60 min./1kgHeu und 6-8 Stunden Kauen/d als absolutes Minimum, durchschnittliche Gesamtfresszeit von Boxenpferd ist aber nur 4,5 h/d. Quetscht mit Kaudruck von mehreren 100 Kilogramm Selten Karies Viel weniger Speichelenzyme als Mensch

Mensch	Hund	Pferd
Magen: Ein relativ dehnbarer Magen, der sich bis zu 20fach ausdehnen kann, fasst 300-400g bis max. bis zu 2 Liter. Übergeben sich selten, nur bei Schwerverdaulichem, Verdorbenem Magensaft Mensch 1-3 Liter/d, pH 1,2 bis 5	Ein sehr dehnbarer Magen Magen relativ achtmal so groß wie ein Pferdemagen. Wolf kann bis zu 10 kg Fleisch auf einmal verschlingen Übergeben sich leicht bei Überfressen, Schwerverdaulichem und Welpenfütterung. Magensaft pH bis unter 1(= höchster Säuregrad) bis 3,7 = mindestens 10 mal saurer als bei Mensch	Ein relativ kleiner Magen ohne Dehnungsrezeptoren. Magen relativ achtmal kleiner als bei Hund. Pferdemagen fasst 5 bis 20 Liter, je nach Größe, nimmt 3-4kg Gras in einer Stunde auf. Übergeben wegen langer, enger Speiseröhre, + starkem Magenschließmuskel anatomisch nicht möglich. Bei Überfressen läuft Futter aus Nüstern. Magen 5-5,5 pH im vorderen Teil, pH 2 bis 2,5 im hinteren Teil
Verdauungsdrüsen: Pankreassaft- (2 l/d, pH 7,5-8,8) und Gallensekretion (ca. 700ml/d, pH 7,4-8,8) nur bei Nahrungsaufnahme Pankreassaft pH 7,5-8,3 Keine Urikaseproduktion	Pankreassaftsekretion 1- 35g/h nur bei Nahrungsaufnahme, Pankreassaft pH 6,5 –7,5. Gallensekretion nur bei Nahrungsaufnahme. Die Leber produziert das Enzym Urikase, um bei der Fleischverdauung entstehende Harnsäure ausscheiden zu können.	Pankreassaftsekretion 250 bis 400 g/h, kontinuierlich. Pferde haben keine Gallenblase, 10 Liter Galle/d werden kontinuierlich von der Leber in den Darm sezerniert.

Mensch	Hund	Pferd
Darm: Stuhlmenge abhängig von Verdaulichkeit > ca. 50l /a + 500l Urin/a pro Mensch. Die meisten Enzyme zum Abbau pflanzlicher Fasern fehlen. Stuhlgang ca. 2x täglich, pH zwischen 6-7. Nahrungsreise dauert 12 - 24 Std. = mittlere Verdauungszeit	Kleine Kotmengen, da Fleischnahrung den Verdauungsapparat weniger belastet. Hund verdaut mindestens doppelt so schnell wie Mensch: In 5-10 Stunden = kurze Verdauungszeit bei Fleischfütterung, bis 24 Stunden bei Getreidelastigem.	Große Kotmengen, Absatz ca. 12 x täglich = >20 kg, Gras bis Pferdeapfel dauert 1– bis 3½-5 Tage = lange Verdauungszeit Was beim Menschen als Ballaststoff unverändert ausgeschieden wird, kann vom Pferd gut verwertet werden.
Körper zu Darmlänge 1:5 Darm 5- 8 m Länge mit 150 bis zu 2000 Mikrobenarten, davon 95 % anaerobe, insgesamt 1 ½ kg mit Milliarden versch. Lactobazillenarten, versch. Bifidobakterien, E.coli, Streptococcus thermophilus. 2 große Gruppen: Bacteroidetes und Firmicutes. Sie können Ballaststoffe und komplexe Kohlehydrate abbauen. Dabei opportunistische Keime, Pilze, Einzeller, Würmer, Amöben, Geißeltierchen, Giardien, Candida. Übl. Nährboden-Stuhlanalyse erfasst nur ein Fünftel, genetische ist aussagekräftiger. Menschl. Fleischesser haben z.B. mehr Bacteroides Arten, Vegetarier mehr Lactobazillen. An die 500 versch. Viren als Bakteriophagen regulieren die Flora.	Körper zu Darmlänge 1 : 5 bis 6,8 Magen-Darm-Trakt zu Körpergewicht: 3,5 % bei Bernhardiner, 7% bei Dackel. 100 Billionen Darmlebewesen, Darm von Wolf und Hund vollkommen identisch. Flora besteht aus Streptokokken sp., Bakteroides, Clostridien, E.coli, und Lactobazillen, Hefen.	Körper zu Darmlänge 1 : 10-12 21-30 m Darm gesamt Nur 15 % wird vom Pferd wieder ausgeschieden, 85% wird verwertet = gute Futterverwerter. Vor allem Pilze verdauen Cellulose. Enzyme im Dünndarm und 100 Billionen Bakterien, Pilzen und Einzellern im Dickdarm bewirken Verdauung: davon mindestens 350 Arten Bakterien: Milchsäurebakterien, Coli und Streptokokken sind beim gesunden Pferd nur gering, Hefen gar nicht vorhanden. Sacharomyces und Clostridien sind pathogen.
Giardien können symptomlose Darmbewohner sein. Bei Durchfall sind sie nicht Ursache, sondern Folge einer Darmstörung, sind als Krankheitserreger nicht bestätigt.	Bis zu 70 % der Hunde haben symptomlos Giardien	
Persönliche Flora von Mutter wird weitergegeben an Nachwuchs durch natürliche Geburt, Stillen, Küssen, evtl. Füttern	Persönliche Flora von Mutter wird an Nachwuchs beimpft durch natürliche Geburt, Säugen und Lecken	Persönliche Flora und Fauna von Mutter wird weitergegeben an Nachwuchs durch natürliche Geburt, Säugen und Pferdeäpfel der Mutter, die die Fohlen in den ersten Lebenstagen fressen.

Mensch	Hund	Pferd
Essentieller Bedarf: Na- Bedarf durch Fleisch und Meeresfisch gedeckt Vit C essentiell Gesunder Darm produziert selbst Vit. K + H 8 essentielle Aminosäuren: Wichtig für Neurotransmitter sind Lysin, Phenylalanin, Tryptophan, die der Mensch mit Nahrung aufnehmen muss. Außerdem, Isoleucin, Leucin, Methionin, Threonin, Valin. Arginin Histidin, Tyrosin und Phenylalanin, sind umstritten. Können Vit D3 mit UV B Licht synthetisieren	Na-Aufnahme durch Na-haltiges Pflanzenfresserblut Hund synthetisiert 30 bis 50 mg Ascorbat/kg Zwölf essentielle Aminosäuren: Lysin, Methionin, Cystin, Arginin, Histidin, Isoleucin, Leucin, Lysin, Phenylalanin, Threonin, Tryptophan, Valin. Braucht min. 12 % Eiweiß. 98% Protein im Fleisch verwertbar Hunde können Vitamin D3 nicht selbst synthetisieren	Pflanzen enthalten nur wenig Na >> braucht Salzlecken Pferd synthetisiert Vitamin C selbst, auch Vit. B2, B3, B5,B6 und Biotin werden von gesundem Pferd selbst produziert Acht essentielle Aminosäuren: Leucin, Isoleucin, Lysin, Valin, Tryptophan, Mentionin, Treonin, Phenylalanin Können Vit. D 3 mit UV B Licht synthetisieren
Trinken: Empfehlung 2-3 Liter Flüssigkeit am Tag inklusive Essen. Trinkt saugend Urin durchschnittlich pH 6,0. (von 4,8 bis selten 8 (Urvölker)). Ab 6,5 wird heute als alkalisch normal eingestuft.	Schäferhund trinkt 1,5 Liter bei Trockenfutter, Hunde lieben natürliches Wasser mit Schwebstoffen Hund formt Zunge zur Kelle beim Trinken und schlabbert Hundeurin pH 5 bis 6	35 bis 80 l/d. Shires bis max. 100 l bei Laktation + Hitze + Heu Pferd saugt 3- 10 Liter Urin/d Alkalischer Harn pH 8,5
Verhalten: Soziales Gemeinschaftswesen Familiengebundenes Sippenleben. Gruppe bedeutet Vorteil bei Gefahr, Nahrungsbeschaffung, Arbeitsteilung bei Aufzucht. Nachteil ist Nahrungskonkurrenz. Bei zunehmender Gruppengröße mehr Spannungen. Savannenmenschen lebten zu 30 Menschen, größere teilen sich in Familienclans, bis max. 50 Menschen (und Schimpansen) überschaubar Kannibalismus in Notlagen, früher bei medizinischen Zubereitungen, bei manchen Völkern von Feinden + Angehörigen	Soziales Rudeltier Familiengebundenes Sippenleben bei Wölfen bis max. 30 Tieren im Rudel. Gruppe gilt als Vorteil bei Gefahr, Nahrungsbeschaffung, Arbeitsteilung bei Aufzucht. Bei zunehmender Rudelgröße mehr Spannungen Kannibalismus in Hungerzeiten	Soziales Herdentier Sippenbildung als Vorteil bei Gefahr, etwa 30 in Herde, Vorteile für Gefahr und Abwehr. Nachteile Nahrungs- und Paarungskonkurrenz. Nur in Not und bei Kalkmangel Annagen von Skeletten verstorbener Pferde beobachtet.

Mensch	Hund	Pferd
Grundcharakter angepasst Wenn uns etwas unheimlich ist, haben wir Gänsehaut	Grundcharakter loyal, mutbestimmt Stellen die Nackenhaare auf bei Aggression	Grundcharakter nobel, angstbestimmt Hengste schütteln die Mähne
1.Sammlerinnen >2. Jäger als Nomade. Jagdhelfer untereinander > 3.seit 10 Taus. Jahren sesshaft als Landwirt Territorial, Reviere Jagdinstinkt beim Mann, (Gruppenjagd bei männlichen Schimpansen), Eingeschränkte Vorratshaltung. Primaten legen keine Nahrungs-Vorräte an, Menschen gelegentlich je nach Klima.	Vom Jäger im Rudel >>zum Jagdhelfer und Resteverwerter des Menschen Nomadisch mit Kernrevier Jagdinstinkt beider Geschlechter Vorratshaltung	Opfertier, Beutetier. Jagdhelfer für den Menschen von Natur aus ängstlicher als Raubtiere, Wehrverhalten Kein Jagdinstinkt, aber gelegentlich Treibverhalten, Vorratshaltung nicht nötig
Multifunktionale Hände Fäuste und Beine zur Verteidigung, Bisse. Vorwiegend tagaktiv	Pfoten zum Laufen, Graben, Festhalten, Untersuchen und Kontakt Maul zur Verteidigung Angepasst mehr tagaktiv	Ohne Huf kein Pferd! Scharren, Steigen, Ausschlagen und 3 Grundgangarten, daneben Untergangarten. Maul und Gliedmaßen zur Verteidigung Tag- und nachtaktiv
<u>Fortbewegung:</u> Stehen ermüdet, bevorzugt sitzen 54 % des Tages. Hauptsächliche Fortbewegungsart: Schreiten mit ca. 4 km/h Früher nomadisch, heute halb-territorial Schwimmen und Tauchen müssen erlernt werden, hält dann lebenslang	Stehen ermüdet, bevorzugt sitzen und liegen Hauptsächliche Fortbewegungsart: Zockeltrab, relativ ermüdungsfrei, stundenlang mit wenig Anstrengung und viel Ausdauer, entspricht verkürztem Trab des Pferdes mit 6 – 14 km/h. Reviergebunden Schwimmvermögen angeboren, können tauchen lernen	Stehen entlastet, Pferde liegen wenig. Hauptsächliche Fortbewegungsart: Schreiten mit 3-5 km/h, 17 bis 19 Stunden/d Wenig territorial, nomadische Wanderschaft, bei Wildpferden können Sommerweide und Winterweiden mehrere Tausend km entfernt liegen Schwimmvermögen angeboren, können nicht tauchen

Mensch	Hund	Pferd
Verständigung: vorwiegend verbal. Gesicht hat 36 Muskeln, acht davon für Mimik von Gefühlen an Augen, Stirn, Mund. Regeln und Gesetze für das Miteinander	Verständigung über Körpersprache und Laute	Verständigung über Mimik (17 Muskeln), Körpersprache auch auf Distanz, Lautgebung seltener
Diese Ausdrucksart ist uns nicht gegeben	Ohren anlegen = Ängstlichkeit	Ohren anlegen = Drohen, Missmut
Diese auch nicht	Schwanz wedeln = Freude, Erregung	Schweif schlagen = Unbehagen, Stress, Insektenabwehr
	Rute einziehen= Angst, Unterwerfung	Schweif einklemmen=Unlust, Spannung, Schmerz
	Gespitzte Ohren = Aufmerksamkeit	Gespitzte Ohren = Aufmerksamkeit
	Vorderkörper tief= Spielaufforderung	Kopf und Hals tief = Spielaufforderung, Treiben
Zähne zeigen = freundliches Lächeln	Vorne hoch = Spiel, Freude, Begrüßung	Vorne hoch = Spiel oder Angriff
	Zähne blecken = Warnung, Aggression	Zähne blecken, Lippen hochziehen beim Fohlen = Unterwerfung, bei Hengst Flemen
Liegen= Schlaf, Entspannung, Krankheit	Seitlich liegen = Schlaf, Entspannung	Seitlich liegen = Tiefschlaf, Krankheit, Tod
Springen, Toben= Freude, Übermut	Bocksprünge = Freude, Spiel	Bocksprünge = Freude, Übermut, Spiel
Rekeln= Wohlbefinden	Wälzen= Wohlbefinden	Wälzen= normalerweise Wohlbefinden (Außer Kolik)
Adrenalin macht Mensch angriffsbereit	Adrenalin macht Hund angriffsbereit	Adrenalin macht Pferde fluchtbereit
Sex: Dauerhaft sexuell, polyöstrisch, serielle Monogamie. Verdeckte Ovulation	Saisonal sexuell, diöstrisch, promiskuitiv (Wolf monogam). Olfaktorisch wahrnehmbare Ovulation	Saisonal sexuell, saisonal polyöstrisch Olfaktorisch wahrnehmbare Ovulation
Gelegentliches Kontaktliegen Paare, Kinder. Mäßiger Körperkontakt mit Freunden	Kontaktliegen vor Läufigkeit, mit Welpen und befreundeten Familienmitgliedern, auch mit Mensch	Kein Kontaktliegen, gelegentlich Kontaktstehen mit Kopf auf Rücken, Schulter oder Hals des Freundes in verschiedene Richtungen stehend, um Fliegen zu verjagen, sich zu beknabbern
Individualdistanz zu Fremden ca. 1,2 m, ab 45 cm unangenehm. Individualdistanz als Wohlfühlabstand, Unterschreitung nur bei Freunden und zur Begrüßung	Sozialdistanz 0 – 2 ½ cm	Individualdistanz 1,50 bis 2,50 m, Rassen unterschiedlich, bei nicht befreundeten bis 5 Meter

Mensch	Hund	Pferd
Soziales: Nesthocker, soziale Prägephase = Sozialkompetenz mit 4-5 Jahren Laufen und essen selbständig mit ca. einem Jahr Jugend von 12 bis 19 Jahren Spielen je älter desto kreativer, Rennspiele, Verstecken, Jungen Ringkämpfe	Nesthocker, soziale Prägephase erstes Lebensjahr = Sozialkompetenz mit 1 Jahr fressen selbständig mit 1 Monat Jugend von 5 Monaten bis 3 Jahre Rennspiele, Jagen und Fangen, Ringkämpfe	Nestflüchter, soziale Prägephase in den ersten 2 Jahren Laufen und ernähren sich vom ersten Lebenstag Remonten bis 5 Jahre Rennspiele, Springen, Buckeln, Keilen, Hengste Ringkämpfe
Begrüßung: Menschen verbeugen sich, geben sich die Hand oder küssen sich	Hunde beschnüffeln einander	Pferde strecken den Kopf vor und nehmen Geruchskontakt auf
Schlaf: Mensch verbringt ein Drittel seines Lebens mit Schlaf, davon 25 % REM und Traum. Schläft ausgestreckt oder seitlich eingerollt.	Hunde können bis zu 20 Stunden am Tag schlafen. REM-Schlaf tritt nur bei Raubtieren auf, die ihn sich leisten können, nicht bei Fluchttieren. REM Phase bei träumenden Hunden mit Augenbewegungen. Schlafen in eingerollter Bauchlage oder seitlich ausgestreckt. Hund steht zuerst mit Vorderbeinen auf. Knicken zum Legen zuerst die Hinterbeine ein. Ruhe – und Schlafdauer von Hund viermal so lang wie Pferd kurze Fress- und lange Ruhezeit	Pferd nur max.4 Stunden Schlaf, davon 20 % im REM-Modus, aber max.8 Std. im Dösen. Fohlen bis 9 Stunden, davon Tiefschlaf 5 bis 10% ohne REM-Phasen. Erwachsene selten und kurz in Seitenlage, dösen im Stehen wg. Flucht, liegen in eingerollter Bauchlage, Kinn aufgestützt. Stehen mit Vorderbeinen zuerst auf und springt dann auf Hinterhand. Knicken zum Legen Vorderbeine und Hinterbeine gleichzeitig ein. Schlafen ohne Körperkontakt, immer mit einem stehenden Wachpferd lange Fress- und kurze Ruhezeit
Schmerz: Tränen weinen, Stöhnen	Jaulen, Fiepen	Keine Lautäußerung bei Schmerz, höchstens leises Stöhnen
Orientierungssinn: Reiter bestätigen: Mensch verirrt sich leicht in unübersichtlichem Gelände, weil uns die Fähigkeiten der Urahnen verloren gingen. Olfaktorische Geländemarken nicht, oder höchstens bei Blinden vorhanden	Gutes Ortungsvermögen Master sagen: ein guter Hund findet allein zurück und einen schlechten nimmt man nicht mit. Finden 25 km und mehr zurück, Richtung stimmt. Nutzen olfaktorische Geländemarken	Außerordentliches Ortungsvermögen Pferd wird mit großer Sicherheit zurückfinden, wenn man nicht mehr lenkend eingreift. Sie gehen meist Luftlinie Querbeet, finden auch Brückenübergänge, stehen schon mal vor Zäunen. Orientierung optisch, akustisch und olfaktorisch

Mensch	Hund	Pferd
Sauberkeit: Normalerweise Ekel vor Ausscheidungen	Nur Welpenhöhle und Schlafplatz werden rein gehalten, direktes Umfeld nicht. Alle Ausscheidungen wirken anziehend zum Wälzen oder fressen von Unrat.	Koten wo sie gehen und stehen, da Wanderschaft normal. Meiden Kontakt mit Ausscheidungen jeder Art, aber Riechen an unbekannter Pferdehinterlassenschaft und äppeln drüber
Empfindlichkeiten: Können seekrank werden, Empfänglichkeit für Tollwut: wenig Können gut schwitzen, weil Drüsen am ganzen Körper. Achsel, Stirn, Hals, Hände, Füße und zwischen Schenkeln vermehrt.	Empfänglichkeit für Tollwut: mittelgradig, Können schlecht schwitzen, weil Drüsen nur an den Pfotenballen.	Können seekrank werden Empfänglichkeit für Tollwut: hoch, sehr empfindlich. Können gut schwitzen, weil Drüsen am ganzen Körper, Schwitzen zuerst an Brust, Hals und zwischen den Hinterschenkeln.
Kraft: Man vergleiche: Schulkind 27 kg zu Ranzen 5Kg = 5,4 (trägt mehr als ein Fünftel seines Körpergewichtes)	Ziehen Dog Carts und Schlitten, tragen Taschen und Beutetiere	Man vergleiche: 450 kg Pferd zu 50 kg Reiter = ein Neuntel, dabei 10 bis 20 mal mehr Kraft als Mensch!
Anpassungen heute: an Handywellen, Mikrowellen, Radioaktivität, Arbeits- und Behördenstress, Dauerlärm, Chemikalien, Fertigfraß, Autos, Kunstlicht, Plastikkleidung >> besser Bauer, Gärtner, Fischer sein	an Autos, Abgase, Radio, Lautsprecher, Motorräder, Sprays, Staubsauger, Laminat, Treppen, Busse, Fahrstühle, Tüten- und Dosennahrung >>wollen Sand, Sonne, Erdlöcher, Gras, Stöcke, Höhlen, Pipinachrichten, Tierspuren, Wassergräben	an Ställe, Industriepellets, Transporter, Verkehr, Sattel und Reiter oder Zuggerät, Asphalt, Im-Kreis-Laufen, staubige Hallen, Drahtzäune >> wollen Luft, Sonne, Grasflächen, Weite, Schattenbäume, Sandbäder, reines Wasser und Schwemmen

Literatur

1 Bekoff, Marc, Das Gefühlsleben der Tiere, Animal Learn Verlag, Bernau 2008
2 Precht, R. David, Wer bin ich und wenn ja wie viele, Goldmann, München 2007
3 Hildebrandt/ Willemsen, „Ich gebe Ihnen mein Ehrenwort", S. Fischer Verlag, Berlin o. J.
4 Illies, Joachim, Anthropologie des Tieres, Piper, München 1973
5 Blech, Jörg, Leben auf dem Menschen, Rowohlt, Reinbek 2010
6 Biber, Vera, Gauchopferde Südamerikas: Criollos, Edition Castora, 2005
7 Spilker, Imke, Selbstbewusste Pferde, animal learn Verlag, Bernau 2006
8 Dahlke, Rüdiger, in: „Natur und Heilen" Nr. 8, München 2012
9 Heinrich, Alexandra, Geimpft, entwurmt und doch verloren, in: „Artgerecht" 6/2012, Schairon Verlag, Wolnzach 2012
10 Biber, Vera, Allergien beim Hund, Kosmos, Stuttgart 2010
11 o. A., in: „Artgerecht" Nr. 5 von 3/2012, Schairon Verlag, Wolnzach 2012
12 Dörken, G. / Stegmann, H., Handbuch Jagdreiten, FN Verlag, Warendorf 1999
13 Prat, Henri, Explosion und Verwandlung der Menschheit, Walter Verlag, Freiburg 1965
14 Rhoïdis, Emmanuel, in „Päpstin Johanna", Verlag Klaus Wagenbach, Berlin 1977
15 Spitz, Réné, Vom Dialog, Klett Verlag, Stuttgart 1976
16 Fischer, Ernst Peter, Die Beweglichkeit der Gene, Goldmann, München 1988
17 Pert, Candace, Moleküle der Gefühle, Rowohlt, Reinbek 2007
18 Platon für Gestreßte, Insel TB, Frankfurt 2000
19 Vester, Frederic, Neuland des Denkens, Deutsche Verlagsanstalt, München 1981
20 Don Campbell, Die Heilkraft der Musik, Droemer, München 1997
21 Laughlin, Robert B., Das Verbrechen der Vernunft, Suhrkamp, Frankfurt 2008
22 Davidson, John, Strahlenfeld, Droemer Knaur, München 1987
23 Friesen, Astrid von, Liebe spielt eine Rolle, Rowohlt, Hamburg 1995
24 Das C. G. Jung Lesebuch, Walter Verlag, 2000
25 Magee, Brian, Geschichte der Philosophie, Coventgarden, London, München 2007
26 Dysli, Jean-Claude, His way of Life, wu-wei Verlag, Schondorf 2012
27 Horowitz, Alexandra, Was denkt der Hund?, Springer Spektrum, Berlin 2010
28 Runow, Klaus-Dietrich, Wenn Gifte auf die Nerven gehen, Südwest Verlag, 2008
29 Zinken, Richard (Hrsg.), Warum Kühe im Dialekt muhen, Rowohlt Verlag, Reinbek 2010
30 Bloch/ Radinger, Wölfisch für Hundehalter, Kosmos, Stuttgart 2010
31 Biber, Vera, Warum sind Sie noch kein Vegetarier?, in: Jagd und Natur 11/2010, S.46, Pfäffikon (Schweiz)
32 Balcombe, Jonathan, Tierisch vergnügt, Kosmos, Stuttgart 2007
33 Weber, Andreas, Alles fühlt, Berliner TB Verlag, Berlin 2008
34 Hänfling, Klaus Ferdinand, Wenn sich Pferde offenbaren, Kosmos, Stuttgart 2003
35 Zimek, Tatjana, Filmstars auf vier Pfoten, Kosmos Verlag, Stuttgart 2008

36 Bloch, Günther und Karin, Timberwolf, Yukon und Co, Kynos, Mürlenbach/ Eifel 2002
37 Damasio, Antonio, Descartes' Irrtum, dtv, München 1997
38 Grandin, Temple, Ich sehe die Welt wie ein frohes Tier, Ullstein, Berlin 2008
39 Bateson, Gregory, Ökonomie des Geistes, Suhrkamp, Frankfurt/M. 1985
40 o. A. in: Geo11/ 2012, Gruner + Jahr, Hamburg 2012
41 o. A. in: „2000 plus", Mai 2010
42 Zimmer, Katharina, Doktor Delphin, Econ, Berlin 2004
43 Goodall, Jane, Mein Leben für Tiere und Natur, Bassermann, München 2010
44 Tolzin, Hans, Fehldiagnose Pferdeseuche, in: „Impfreport" Nr. 24/5, Tolzin Verlag, Augsburg 2006
45 König, Karl, Bruder Tier, Fischer TB, Frankfurt Main 1988
46 Baumann/Fink, Wie tierlieb sind die Deutschen, Fischer, Frankfurt/M. 1979
47 o. A. in: Geo kompakt Nr. 33, „Wie Tiere denken", Gruner + Jahr, Hamburg 2012
48 Deichmann, T. / Ganten, G. / Spahl, T., Die Steinzeit steckt uns in den Knochen, Piper, München 2011
49 o. A. in: Geo 1/2013, Gruner + Jahr, Hamburg 2013
50 Verhoef, Esther, Enciclopedia de los perros, Edimat Libros, Madrid 2006
51 Hämpfling, Klaus-Ferdinand, Frau und Pferd, Goldmann, München 2001
52 Laszlo, Ervin, Der Quantensprung im globalen Gedächtnis, Verlag Via Nova, Petersberg 2008
53 Metzinger, Thomas, Der Ego-Tunnel, BV Verlag, Berlin 2011
54 Servan-Schreiber, David, Die neue Medizin der Emotionen, Goldmann Verlag, München 2006
55 Laszlo, Ervin, Holos. Die Welt der neuen Wissenschaften, Verlag Via Nova, Petersberg 2002
56 Walter, Chip, Hand und Fuß, Campus Verlag, Frankfurt/M. 2008
57 Bischof, Marco, Biophotonen, Zeitausendeins, Frankfurt/M. 2008
58 Sojka, Nikolaus, Tierschutz, Blickpunkt Verlag, Quickborn 1985
59 Hauss, Dentler et al., Medizinische Psychologie im Grundriß, Verlag für Psychologie, 1981
60 Grant, William / Spitz, Jörg / Krebszellen mögen keine Sonne, Mankau Verlag, Murnau 2011
61 Eschbach, A. und M., Reiten so frei wie möglich, Kosmos Verlag, Stuttgart 2010
62 Tellington-Jones, Linda., Liebe Linda, Kosmos Verlag, Stuttgart 1997
63 Vester, Frederic, Denken, Lernen, Vergessen, dtv, München 1998
64 Steffen, A. et al., Wölfe in Brandenburg, Ministerium für Umwelt, Düsseldorf 2010
65 Rowlands, Mark, Der Philosoph und der Wolf, Piper Verlag, München 2012
66 van Lommel, Pim, Endloses Bewusstsein, Knaur, München 2007
67 Swaab, Dick, Wir sind unser Gehirn, Droemer Verlag, München 2011
68 o. A., TTeam News International 1/2003, deutsche Ausgabe, Geldern
69 Tschulok, S., Lamarck, Max Niehans Verlag, Zürich 1937
70 Darwin, Charles, Der Ausdruck der Gemüthsbewegungen bei dem Menschen und den Thieren, Schweizerbartsche Verlagshandlung, Stuttgart 1884
71 Morris, Desmond, Die Welt der Menschenaffen, in: National Geographic, Hamburg 2010
72 Allister, Ian, Wilde Wölfe, in: National Geographic, Hamburg 2011

73 Chopra, Deepak und Gotham, Weisheit auf vier Pfoten, Nymphenburger Verlag, München 2010
74 Goleman, Daniel, Emotionale Intelligenz, dtv, München 2009
75 Mowat, Farley, Ein Sommer mit Wölfen, rororo, Hamburg 2010
76 o. A., in: Greenpeace Magazin 2/12, Hamburg
77 o. A., in: Spektrum der Wissenschaft 04/09, Heidelberg
78 Spork, Peter, Der zweite Code, Rowohlt TB Verlag, Reinbek 2012
79 Sheldrake, Rupert, Der Wissenschaftswahn, O. W. Barth Verlag, Lüdinghausen 2012
80 o. A., in: Geo, Gruner + Jahr 11/2012, Hamburg
81 o. A., in: Spektrum der Wissenschaft 7/2008, Heidelberg
82 o. A., in: Spektrum der Wissenschaft 2/2006, Heidelberg
83 o. A., Evolution, in: Geo kompakt Nr. 23, Gruner + Jahr, Hamburg
84 o. A., in: Geo 2/2012, Gruner + Jahr, Hamburg 2012
85 Schulte, Barbara, Vom Fluchttier zum Designerpferd, Müller Rüschlikon, Stuttgart 2012
86 Birmelin, Immanuel, Tierisch intelligent, Kosmos Verlag, Stuttgart 2011
87 o. A., in: Greenpeace Magazin 3/2013, Hamburg
88 o. A., in: Geo 6/2013, Gruner + Jahr, Hamburg,
89 o. A., in: Spektrum der Wissenschaft 7/08, Heidelberg
90 o. A., in: Spektrum der Wissenschaft 10/08, Heidelberg
91 o. A., in: Artgerecht 4/2011, Schairon Verlag, Wolnzach
92 o. A., in: Naturarzt 2/2013, Access Marketing GmbH, Königstein 2013
93 o. A., in: Dogs 3/2009, Gruner + Jahr, Hamburg 2009
94 Thadeusz, Frank, Alarm im Napf, in: Der Spiegel 36/2008, Hamburg
95 Biber, Vera, Hilfe, mein Kind ist unerziehbar! Verlag Hartmut Becker, Kirchhain 1999
96 Biber, Vera, Hilfe, mein Hund ist unerziehbar! Verlag Hartmut Becker, Kirchhain 2017
97 Ramachandran, Vilaynur, Die blinde Frau, die sehen kann, rororo, Hamburg 2009
98 Everett, Daniel, Die größte Erfindung der Menschheit, Deutsche Verlagsanstalt, München 2012
99 Brabeck-Letmathe, P., in: Trend 9/2007, Bochum
100 Shiva, Vandana, Biopiraterie. Kolonialismus des 21. Jahrhunderts, Unrast Verlag, Münster 2002
101 o. A. in: Geo spezial 1/1999, Gruner + Jahr, Hamburg 1999
102 o. A. in: Zoologischer Zentral Anzeiger ZZA 8/2009, Wiesbaden
103 Bloch, Günther, Die Pizza-Hunde, Kosmos Verlag, Stuttgart 2007
104 o. A. in: Zoologischer Zentral Anzeiger 7/2011, Wiesbaden
105 Eissele, Ingrid, Kalte Kinder, Herder Verlag, Freiburg 2009
106 Berger, Ruth, Warum der Mensch spricht, Eichborn Verlag, Frankfurt2008
107 Wickert, J., Albert Einstein, Rowohlt TB, Reinbek 2010
108 Tanner, Nancy M., Der Anteil der Frau an der Entstehung des Menschen, dtv, München 1997
109 Stern, Horst, Mut zum Widerspruch, Kindler, München 1974
110 o. A., in: Cavallo, Motor Presse 9/2009, Stuttgart
111 o. A., in: Geo 10/2009, Gruner + Jahr, Hamburg 2009
112 o. A., in: Spektrum der Wissenschaft 11/2008, Heidelberg

113 Draaisma, Douwe, Warum das Leben schneller vergeht, wenn man älter wird, Piper, München / Zürich 2012
114 http://www.spiegel.de/wissenschaft/natur/0,1518,572690,00.html
115 o. A., in: ZZA 8/2014, Wiesbaden
116 o. A., in: Zeit Magazin Nr. 30, 07/2014, Hamburg
117 Niederste-Werbeck / Dorn, (Hrsg.), Hunde der Welt, Gruner + Jahr, Hamburg 2011
118 Klein, Thomas, Volkskrankheit Vitamin B 12 Mangel, Hygeia Verlag, Dresden 2013
119 Kotrschal, Kurt; Wolf, Hund, Mensch, Piper, München 2014
120 Damásio, António, Selbst ist der Mensch, Siedler Verlag, München 2010
121 Thadeusz, Frank, Im Reich der Träume, in: Der Spiegel 2/2015, Hamburg
122 Gansloßer, U. / Kitchenham, K., Forschung trifft Hund, Kosmos Verlag, Stuttgart 2012
123 Bloch, G. / Radinger, E., Affe trifft Wolf, Kosmos Verlag, Stuttgart 2012
124 Kaminski, J. / Bräuer, J., So klug ist Ihr Hund, Kosmos, Stuttgart 2011
125 Bender, Ingolf, Handbuch Pferd, Kosmos, Stuttgart 2006
126 Wilber, Ken, Eine kurze Geschichte des Kosmos, Fischer TB Verlag, Frankfurt a.M. 2004
127 Diamond, James, Vermächtnis, Fischer TB, Frankfurt a. M. 2013
128 Ziegler, Jean, Das Imperium der Schande, Goldmann, München 2008
129 Vavra, Robert, Vavras Pferde, Tandem Verlag GmbH, Innsbruck 2007
130 Goodall, Jane, in: Der Spiegel Nr. 41/2015, Hamburg
131 Chopra, Deepak, Die heilende Kraft, Driediger Verlag, Georgsmarienhütte2014
132 Dröscher, Vitus, Weiße Löwen müssen sterben, Rasch & Röhrig Verlag, Hamburg 1989
133 Sacks, Oliver, Drachen, Doppelgänger und Dämonen, Rowohlt, Reinbek 2013
134 Costa, Alberto, Buen vivir, oekom Verlag, München 2015
135 Stammel, H. J., Indianer, Orbis Verlag, München 1992
136 Fischer, Hans (Hrsg.), Feldforschungen, Dietrich Reimer Verlag, Berlin 1985
137 Bartens, Werner, Peng, Peng!, in: Süddeutsche Zeitung v. 26.09.2017, München
138 Humboldt, Alexander von, Ansichten der Natur, Nikol Verlag, Hamburg 2009 (nach 1807)
139 Goddall, Jane, Unschuldige Mörder, Rowohlt Verlag, Hamburg 1972
140 Arzt, V. / Birmelin, I., Haben Tiere ein Bewußtsein, Bertelsmann, 1993, Gütersloh
141 Matignon, L. K., Was Tiere fühlen, Frederking & Thaler, München 2006
142 Pietschmann, C., Gefahr aus der Pfütze, in: Wissenschaftsmagazin der Max-Planck-Gesellschaft 1/2018, München
143 o. A., Schimpansen unter Hitzestress, in: Wissenschaftsmagazin der Max-Planck-Gesellschaft 2/2018, München
144 Garber, Marjorie, Dog Love, edition tieger, Berlin 2008
145 Fallon, James, Der Psychopath in mir, Herbig, München 2013
146 Langaney, A. et al., Die schönste Geschichte des Menschen, 2001
147 Wehr, Gerhard, Carl Gustav Jung, Kösel Verlag, München1985
148 Olson, Steve, Herkunft und Geschichte des Menschen, Berliner Tb Verlag, Berlin 2007

149 Fromm, Erich, Anatomie der menschlichen Destruktivität, Rowohlt, Hamburg 1997
150 Henrich, E.-W., Die gesündeste Ernährung, ProVegan Stiftung, 2018, Kreuzlingen
151 Daston, L., Forschungsfreiheit, in: Wissenschaftsmagazin der Max-Planck-Gesellschaft 3/2019, München
152 de Waal, Frans, Mamas letzte Umarmung, Klett-Cotta, Stuttgart 2020
153 o. A., Wie der Mensch die Erde eroberte, in: Geo kompakt 24/ 2010, Hamburg
154 Sachser, Norbert, Der Mensch im Tier, rororo, Hamburg 2021
155 Friederici, Angela, Raus mit der Sprache, in: Wissenschaftsmagazin der Max-Planck-Gesellschaft 4/2019, München
156 o. A., Tiere mit sechstem Sinn, in: Wissenschaftsmagazin der Max-Planck-Gesellschaft 3/2020, München
157 Dürr, H.-P. / Popp, F.-A., Elemente des Lebens, Naturwissenschaftliche Zugänge zu philosophischen Positionen, Die Graue Edition, Kusterdingen 2000
158 Rauner, Max, Die Heilkraft der Musik, in: ZeitWissen 4/2020, Hamburg
159 Reuther, Gerd, Heilung Nebensache, riva Verlag, München 2021
160 Mann, Christine und Frido, Im Lichte der Quanten, Wissenschaftliche Buchgesellschaft, Darmstadt 2021
161 Krimphove, Petra, Fehlt hier was?, in: Forschungsfelder 1/21, Berlin
162 Feustel, Rudolf, Abstammungsgeschichte des Menschen, Sammlung Aula, Wiesbaden 1986
163 Hausen / Nowotny (Hrsg.), Wie männlich ist die Wissenschaft? Suhrkamp, Frankfurt 1986
164 Sacks, Oliver, Verborgene Geschichten der Wissenschaft, Knaur, München 1998
165 Shiva, Vandana, Wer ernährt die Welt wirklich?, Neue Erde, Saarbrücken 2021
166 o. A., Schubladendenken, in: Max Planck Forschung 2/2021, München
167 Reinberger, Stefanie, Wir Kulturmenschen, in: Max Planck Forschung 4/2020, München
168 Doyle, Claudia, Vorsicht, giftiges Grün! in: Max Planck Forschung 4/2020, München
169 Proß, Anna, Post aus Ghana, in: Max Planck Forschung 4/2020, München
170 Ricard, Mathieu/ Singer, Wolf, Jenseits des Selbst, Suhrkamp, Berlin 2018
171 Niemz, Markolf H., Bin ich, wenn ich nicht mehr bin, Herder, Freiburg 2020

Glossar

ADHS = **A**ufmerksamkeits-**D**efizit-**H**yperaktivitäts-**S**yndrom

Adrenalin = Stresshormon der Nebennierenrinde zur Aktivierung von Flucht und Energie

Anthropologe = Wissenschaftler, die den Menschen, griech. Anthropos, studieren

BARF = **B**iologisches, **a**rtgerechtes, **r**ohes **F**üttern bei Karnivoren

Biophotonen = winzige Lichtenergie-Quanten, die lebendige Materie im atomaren Bereich ausstrahlt, je gesünder und lebendiger, desto mehr.

Bonobos = Zwergschimpansen

BSE = Bovine Spongiforme Encephalitis = Schwammförmige Gehirnentzündung bei Rindern

Calciferole = Vitamine D: Ergocalciferol = Vitamin D2 in Pflanzlichem. Cholecalciferol = Vitamin D3 = in Tierischem und durch Sonne

DHA = Dihydroxyaceton = Hauptbestandteil der Neuronenmembranen, verbessert Lernvermögen

EMS = Equines Metabolisches Syndrom durch Überfütterung, verbunden mit Fettleibigkeit und Diabetes

Endorphine = sogenannte Glückshormone. Körpereigenes, im Gehirn gebildetes, schmerzlindernd wirkendes Morphin

EPA = Eicosapentaensäure, gegen Depression, entzündungshemmend

Epigenetik = Die Wissenschaft, die sich mit dem Einfluss der Umwelt auf das Ein- und Abschalten von Genen und ihre Weitergabe an die Nachkommen befasst. Einflüsse können sein: kulturelle Geschmacksvorlieben, mütterliche Fürsorge, Minderernährung, Hungerperioden, Traumen, Verlust von nahestehenden Artgenossen, Vertreibung, Heimatlosigkeit, Kriege, Misshandlungen, negative Erfahrungen. Sie verändern DNA und Modi der Stressbewältigung.

FCI = Fédéracion cynologique internacional

FEI = Fédéderation Equestre Internationale

FN = Fédération Equestre Nationale

Gen = Vererbungseinheiten, welche Information in Proteinstruktur verwandeln

Hominide = Oberbegriff für prähistorische Urmenschen und die heutigen Menschen

Hypothese = Annahme

Kognition = Erkenntnisvermögen

Larva migrans = durch die Wanderlarve des Hundespulwurms hervorgerufene Erkrankung von Auge und Eingeweiden beim Menschen.

Mashmallowtest = Psychologischer Test mit Kindern, denen eine größere Belohnung versprochen wurde, wenn sie sich unbeobachtet beherrschten, die Mashmallows für eine angegebene Zeit nicht zu essen.

mDNS = mitochondriale DNS in den Energiezentren der Zellen, die nur matrilinear weitervererbt wird.

Melatonin = brauner Hautfarbstoff

Milgram-Versuche = Professor Stanley Milgram machte 1974 in den USA Versuche zur Autoritätshörigkeit mit dem Befehl, elektrische Schläge bis an die Todesgrenze an Unbekannte auszuteilen. 62% kamen diesen Befehlen nach.

Nano = Mikropartikel, die in Zellen eingeschleust werden können.

NLP = **N**euro**l**inguistische **P**rogrammierung zur bewussten kommunikativen Steuerung

Physiologie = Lehre der inneren Stoffwechselvorgänge

Prostaglandine = Gewebshormone, welche als Entzündungsstoffe die Reparatur beschädigten Gewebes zum Ziel haben.

REM = Rapid Eye Movement = schnelle Augenbewegungen im Traum

Remonte = junges Nachwuchspferd in Ausbildung

Savants = meist Autisten, die herausragende besondere Fähigkeiten in Rechnen, Musik oder Merkfähigkeit haben, jedoch mit sozialen Beziehungen nicht zurechtkommen und deshalb oft nur in betreuter Umgebung leben können.

Stanford-Versuch = In einem experimentellen Gefängnis in Stanford, USA, wurden von dem Psychologen Ph. Zimbardo Versuche mit Studenten als Wärter und Häftlinge durchgeführt.

Soziopath = Menschen, auch Tiere, mit einer antisozialen Persönlichkeitsstörung, die sich nicht oder nur zu ihrem Vorteil in die Gemeinschaft einpassen. Dysfunktionale Hirnareale verursachen mangelndes Mitgefühl.

Spiegeltest = Test für die Existenz von Ich-Bewusstsein mit einem Spiegel, in dem der Getestete (Kinder mit 1½ bis 2 Jahren) oder Tiere (Affen, Hunde etc.) sich selbst wiedererkennen sollen.

Sachverzeichnis

Personen